Auslegung geräuschoptimierter pulvermetallurgischer Stirnradverzahnungen

Design of Noise Optimized Powder Metallurgical Cylindrical Gears

Von der Fakultät für Maschinenwesen
der Rheinisch-Westfälischen Technischen Hochschule Aachen
zur Erlangung des akademischen Grades eines
Doktors der Ingenieurwissenschaften
genehmigte Dissertation

vorgelegt von

Philipp Alexander Scholzen

Berichter/in:

Univ.-Prof. Dr.-Ing. Christian Brecher
Univ.-Prof. Dr.-Ing. Christoph Broeckmann

Tag der mündlichen Prüfung: 12. Dezember 2023

ERGEBNISSE AUS DER PRODUKTIONSTECHNIK

Philipp Scholzen

Auslegung geräuschoptimierter pulvermetallurgischer Stirnradverzahnungen

Herausgeber:
Prof. Dr.-Ing. T. Bergs
Prof. Dr.-Ing. Dipl.-Wirt. Ing. G. Schuh
Prof. Dr.-Ing. C. Brecher
Prof. Dr.-Ing. R. H. Schmitt

Band 14/2024

Fraunhofer IPT

Bibliografische Information der Deutschen Nationalbibliothek
Die Deutsche Nationalbibliothek verzeichnet diese Publikation in der Deutschen Nationalbibliografie; detaillierte bibliografische Daten sind im Internet über https://portal.dnb.de abrufbar.

Philipp Scholzen:

Auslegung geräuschoptimierter pulvermetallurgischer Stirnradverzahnungen

1. Auflage, 2024

Gedruckt auf holz- und säurefreiem Papier, 100% chlorfrei gebleicht.

Wissenschaftsverlag des Instituts für Industriekommunikation und Fachmedien an der RWTH Aachen
Steinbachstr. 25, 52074 Aachen
Internet: www.apprimus-verlag.de, E-Mail: info@apprimus-verlag.de

Druck: CPI Druckdienstleistungen GmbH, Ferdinand-Jühlke-Straße 7 I 99095 Erfurt

ISBN 978-3-98555-216-0

D 82 (Diss. RWTH Aachen University, 2023)

Vorwort

Die vorliegende Dissertation entstand während meiner Tätigkeit als wissenschaftlicher Mitarbeiter im Forschungsbereich Getriebetechnik am Lehrstuhl für Werkzeugmaschinen am Werkzeugmaschinenlabor (WZL) der RWTH Aachen. Die Arbeit umfasst meine wesentlichen Forschungsergebnisse im Bereich der pulvermetallurgischen Stirnradverzahnungen. An dieser Stelle möchte ich mich bei allen Personen bedanken, die mich bei der Erstellung dieser Arbeit unterstützt haben.

Mein besonderer Dank gilt Herrn Prof. Dr.-Ing. Christian Brecher, dem Inhaber des Lehrstuhls für Werkzeugmaschinen, für die Unterstützung, die Diskussionsbereitschaft und konstruktive Kritik, welche wesentlich zum Gelingen dieser Arbeit beigetragen haben. Herrn Prof. Dr.-Ing. Christoph Broeckmann, dem Leiter des Lehrstuhls für Werkstoffanwendungen im Maschinenbau, danke ich für die Übernahme des Koreferats sowie die Diskussion meiner Arbeit. Weiterhin gilt mein Dank Herrn Prof. Dr.-Ing. Kai-Uwe Schröder, dem Inhaber des Lehrstuhls für Strukturmechanik und Leichtbau, für die Übernahme des Prüfungsvorsitzes.

Für die finanzielle Unterstützung möchte ich mich bei der Deutschen Forschungsgemeinschaft (DFG), der Forschungsvereinigung Antriebstechnik (FVA) und der Arbeitsgemeinschaft industrieller Forschungsvereinigungen „Otto von Guericke“ e.V. (AiF) bedanken. Weiterhin danke ich den Mitgliedern des WZL-Getriebekreises für die fachliche und finanzielle Förderung.

An die gemeinsame Arbeit, die Unterstützung sowie die fachlichen Diskussionen mit den Kolleginnen und Kollegen der Getriebeabteilung, insbesondere der Gruppe Getriebeakustik, werde ich mich stets positiv erinnern.

An dieser Stelle bedanke ich mich bei den Herren Egon Winkler, Andreas Schuhmacher, Christoph Braun, Rico Gross, Jonas Baumgärtner, Lukas Vonberg, Stephan Henschel, Jürgen Krause, Ingmar Emonts, Rainer Stephan und Kevin Broich für ihren technischen Einsatz in den Bereichen Verzahnungsfertigung, Prüfstandsaufbau, Programmierung und Unterstützung bei der Realisierung meines Forschungsvorhabens.

Ein besonderer Dank gilt Herrn Dr.-Ing. Martin Hellmann, der meine Anfangszeit am WZL wesentlich geprägt und den Grundstein für meinen weiteren beruflichen Weg gelegt hat. Für eine unvergessliche Arbeitsatmosphäre, fachliche Diskussionen und ein motivierendes Arbeitsumfeld möchte ich im Speziellen den Herren Moritz Zalfen, Julian Theling, Fabian Goergen, Dr.-Ing. Mubarik Ahmad, Lukas Klee, Christian Westphal und Gerrit Hellenbrandt danken. Das kollegiale Miteinander sowie schöne gemeinsame berufliche wie auch private Erlebnisse werden mir in guter Erinnerung bleiben. Den Herren Dr.-Ing Christoph Löpenhaus und Dr.-Ing. Jens Brimmers danke ich für die Motivation, Förderung und Unterstützung als Vorgesetzte.

Ebenfalls danke ich meinen ehemaligen Projekt-, Bachelor- sowie Masterarbeitern für ihre Beteiligung und ihren Einsatz. Ein besonderer Dank gilt meinen ehemaligen wissenschaftlichen Hilfskräften, die mit hohem persönlichem Engagement meine Forschungsarbeiten unterstützt haben. Vornehmlich danke ich den Herren Max Stary, Petros Pantelios und Tom Weiß.

Für die beständige Unterstützung und Motivation danke ich ganz herzlich meiner Familie und meinen Freunden. Die familiäre und freundschaftliche Stärkung sowie motivierende Worte haben zu jederzeit zu meinem Durchhaltevermögen und zu meiner Inspiration beigetragen.

Mein abschließender größter Dank gilt meiner Partnerin Verena, die mich in allen Lebenslagen gestärkt und unterstützt hat. Ihre Geduld und Motivation haben wesentlich zur Fertigstellung dieser Arbeit beigetragen.

Aachen, im März 2024 — Philipp Scholzen

Kurzzusammenfassung

Das Ziel der vorliegenden Dissertation ist eine Auslegungsmethode zur Geräuschoptimierung pulvermetallurgischer Stirnradverzahnungen. Im ersten Schritt wird der Einfluss der Verdichtungs- und Einsatzhärtetiefe auf die resultierende Zahnfuß- und Zahnflankentragfähigkeit sowie das Anregungsverhalten untersucht. Zur Berücksichtigung des Verdichtungsprofils wird eine Berechnungsmethode entwickelt und validiert. Bei einer geringeren Einsatzhärtetiefe wird ein antiproportionales Verhalten der Zahnflankentragfähigkeit in Bezug zur Verdichtungstiefe festgestellt. Als Grund wird eine lastbedingte Nachverdichtung der Zahnflanken im Versuch identifiziert, welche die Tragfähigkeit als auch das Geräuschverhalten beeinflusst. Ferner wird der Einfluss der geringeren Werkstoffsteifigkeit auf das Anregungsverhalten untersucht und eine Lastverschiebung des Drehfehlerverlaufs der Zahneingriffsordnungen festgestellt. Mit der entwickelten Berechnungsmethode werden die Einflüsse abgebildet und können hinsichtlich der Auslegung vorhergesagt werden.

Im zweiten Schritt erfolgt die Untersuchung des Einflusses der Radkörpergeometrie und –dichte auf das Einsatz- und Geräuschverhalten. Es wird eine dreigeteilte Berechnungsmethode entwickelt und validiert. Die drei Ziele der Berechnungsmethode sind die Berechnung des Einsatzverhalten, der Radkörpertragfähigkeit und des Schwingungsverhaltens. Radkörpermodifikationen bewirken eine über dem Umfang variierenden diskontinuierlichen Steifigkeitscharakteristik, woraus ein variierendes Einsatz- und Schwingungsverhalten resultiert. Zur Untersuchung des Schwingungsverhaltens wird der KÖRPERSCHALLTRANSFERPRÜFSTAND entwickelt. Der Prüfstand ermöglicht die Untersuchung des Schwingungsverhaltens von Stirnradverzahnungen durch experimentelle Bestimmung der Übertragungsfunktion unter Last. Das Prüfergebnis ist die Übertragungsfunktion, womit die Berechnung des Schwingungsverhaltens direkt validiert wird. Ferner wird ein signifikanter Einfluss der Lage der Verzahnungseigenfrequenzen das dynamische Geräuschverhalten festgestellt.

Im dritten Schritt wird, auf Basis der validierten Berechnungsmethoden, eine Methode zur Radkörperauslegung durch modale Formoptimierung entwickelt. Die Zielgrößen sind die Optimierung des Geräuschverhaltens sowie die Reduzierung der Masse. Durch die Vorgabe von kritischen Frequenzen wird ein Zielpegel berechnet, auf den die Übertragungsfunktion der Verzahnung durch Variation des Radkörpers optimiert wird. Die Verzahnungseigenfrequenzen werden in unkritische Frequenzbereiche verschoben und die Masse der Verzahnung reduziert. Die Anwendung der Auslegungsmethode erfolgt für die erste Stufe eines elektrischen Fahrzeuggetriebes. Das Ergebnis sind drei optimierte Radkörper, welche die gestellten Fertigungs- und Tragfähigkeitsrestriktionen erfüllen.

Abstract

The objective of this thesis is to develop a design method for noise optimized powder metallurgical cylindrical gears. In the first step, the influence of the densification and case hardness depth on the resulting tooth root and tooth flank load capacity as well as the excitation behavior is investigated. A calculation method is developed and validated for considering the densification profile in the tooth contact analysis. At lower case hardness depth, an antiproportional behavior of the tooth flank load capacity with respect to the densification depth is observed. The reason for this is identified as load-induced redensification of the tooth flanks in the experiment, which influences the load capacity as well as the noise behavior. Furthermore, the influence of the lower material stiffness of powder metallurgical gears on the excitation behavior is investigated and a load shift of the transmission error of the gear mesh orders is determined. The developed calculation method can simulate these influences and thus predict them during design.

In the second step, the influence of the gear body geometry and density on the operating and noise behavior is investigated. A three-part calculation method is developed and validated. The three objectives of the calculation method are the calculation of the operational behavior, the gear body load capacity and the vibration behavior. Gear body modifications cause a discontinuous stiffness characteristic that varies over the circumference, resulting in a varying operational and vibration behavior. For the investigation of the vibration behavior the structure borne noise transfer test rig is developed. The test rig enables the investigation of the vibration behavior of cylindrical gears by experimentally measuring the transfer function under load. The test result is the transfer function, which directly validates the calculation of the vibration behavior. Furthermore, a significant influence of the position of the gear set natural frequencies on the dynamic noise behavior is identified.

In the third step, a method for gear body design by modal form optimization is developed based on the validated calculation methods. The target parameters are the optimization of noise behavior and the reduction of mass. With the specification of critical frequencies, a target level is calculated to which the transfer function of the gear set is optimized by varying the gear body geometry and density. The natural frequencies of the gear set are shifted into non-critical frequency ranges and the mass of the gear set is reduced. The design method is applied to the first stage of an electric vehicle transmission. The result is three optimized gear bodies which fulfill the specified manufacturing and load capacity restrictions.

Inhaltsverzeichnis

Content

Formelzeichen und Abkürzungsverzeichnis

Formula Symbols and Abbreviations

Buchstaben

a	mm	Achsabstand
a_{BK}	%	Dynamischer Auslastungsgrad
a_{dRKa}	m/s²	Beschleunigung am Radkörperaußendurchmesser
a_{dRKi}	m/s²	Beschleunigung am Radkörperinnendurchmesser
a_{FKM}	-	Werkstoffgruppenabhängige Konstante a
a_m	mm	Aufmaß
A_{RB}	-	Randbedingungsmatrix
a_{RK}	%	Radkörpergesamtauslastung
a_{RKP}	%	Zulässige Radkörpergesamtauslastung
$a_{r\sigma}$	-	Werkstoffgruppenabhängige Konstante
a_{SK}	%	Statischer Auslastungsgrad
b_A	-	Ausfallsteilheit
b_{FKM}	-	Werkstoffgruppenabhängige Konstante b
b_L	mm	Nutlänge
b_{Nabe}	mm	Nabenbreite
b_{Nut}	mm	Nutbreite
b_{RB}	-	Randbedingungsvektor
b_{RK}	mm	Radkörperbreite
b_{Sg}	mm	Segmentbreite
b_{VDP}	-	Laufvariable in Zahnbreitenrichtung
b_z	mm	Zahnbreite
c	N/m	Steifigkeit
c_A	N/m	Axialsteifigkeit
C_a	µm	Kopfrücknahme Betrag
C_f	µm	Fußrücknahme Betrag
$C_{H\alpha}$	µm	Profillinienwinkelmodifikation
$C_{H\beta}$	µm	Flankenlinienwinkelmodifikation
c_R	N/m	Radialsteifigkeit
c_{Rot}	Nm/°	Rotationssteifigkeit
C_α	µm	Profilballigkeit
C_β	µm	Breitenballigkeit
$C_{\beta I,II}$	µm	Endrücknahme Betrag
$c_{\gamma\alpha}$	N/µm/mm	Tangenten-Eingriffssteifigkeit
d	mm	Teilkreisdurchmesser
D	%	Dämpfungsgrad
$d_{30°}$	mm	Durchmesser der 30°-Tangente
d_a	mm	Kopfkreisdurchmesser
d_B	mm	Bohrungspositionsdurchmesser
d_{Bohr}	mm	Bohrungsdurchmesser

d_{ca}	mm	Kopfrücknahme Durchmesser
d_{cf}	mm	Fußrücknahme Durchmesser
d_D	mm	Dreiecksdurchmesser
d_f	mm	Fußkreisdurchmesser
d_{ini}	mm	Rissinitialdurchmesser
d_{Na}	mm	Kopfnutzkreisdurchmesser
d_{Nf}	mm	Fußnutzkreisdurchmesser
d_{Nut}	mm	Nutdurchmesser
$d_{Rk,a}$	mm	Radkörperaußendurchmesser
$d_{Rk,i}$	mm	Radkörperinnendurchmesser
d_w	mm	Wälzkreisdurchmesser
E	N/mm^2	Elastizitätsmodul
E_0	N/mm^2	Bezugs-Elastizitätsmodul
E_{Breite}	---	Anzahl der Elemente in Zahnbreitenrichtung
E_{Dicke}	---	Anzahl der Elemente in Zahndickenrichtung
E_{Flanke}	---	Anzahl der Elemente der Zahnflanke im Profil
$E_{Fuß}$	---	Anzahl der Elemente des Zahnfußes im Profil
E_{Nummer}	---	Elementnummer
E_{Profil}	---	Anzahl der Elemente in Zahnhöhenrichtung
E_{Zahn}	---	Anzahl der Elemente pro Zahn
$E_{Zahnfrei}$	---	Anzahl der zahnfreien Elemente
f	Hz	Frequenz
F	N	Kraft
F_A	N	Kraftamplitude
f_a	-	Multiplikationsfaktor der A-Bewertungsfunktion
$f_{f\alpha}$	µm	Profillinienformabweichung
$f_{f\beta}$	µm	Flankenlinienformabweichung
$f_{H\alpha}$	µm	Profillinienwinkelabweichung
$f_{H\beta}$	µm	Flankenlinien-Winkelabweichung
F_M	N	Mittelkraft
F_N	N	Normalkraft
F_P	µm	Teilungsgesamtabweichung
F_R	µm	Rundlaufabweichung
F_{Reib}	N	Reibkraft
f_{RK}	Hz	Radkörperfrequenz
$F_{S/W}$	-	Schwarz-Weiß-Filter
$f_{w\sigma,FKM}$	-	Zugdruckwechselfestigkeitsfaktor
f_z	Hz	Zahneingriffsfrequenz
F_α	µm	Profilliniengesamtabweichung
F_β	µm	Flankenliniengesamtabweichung
g_m	-	Gewichtungsfaktor Masse
$g_{\Delta LDP}$	-	Gewichtungsfaktor Differenzpegel
h	mm	Höhe

h_D	mm	Dreieckshöhe
h_{RK}	mm	Radkörperhöhe
h_{Sp}	mm	Speichenhöhe
h_t	mm	Zahnhöhe
i	-	Übersetzungsverhältnis
I	mm^4	Flächenträgheitsmoment
$j_{F,stat/dyn,FKM}$	-	Materialsicherheitsfaktor
$j_{M,stat,FKM}$	-	Sicherheitsfaktor gegen Bruch
$j_{P,stat,FKM}$	-	Sicherheitsfaktor gegen Fließen
$j_{S,dyn,FKM}$	-	Sicherheit Lastannahme
$j_{S,stat,FKM}$	-	Beanspruchungssicherheitsfaktor
K	-	Koeffizient
k	-	Varianz
$K_{A,FKM}$	-	Anisotropiefaktor
$K_{BK,FKM}$	-	Betriebsfestigkeitsfaktor
$K_{dm,FKM}$	-	Größenfaktor Zugfestigkeit
$K_{dp,FKM}$	-	Größenfaktor Fließgrenze
$K_{E,FKM}$	-	Eigenspannungsfaktor
$K_{f,FKM}$	-	Kerbwirkungszahl
$K_{V,FKM}$	-	Randschichtfaktor
L_a	dB	Körperschallpegel
$L_{a/F}$	dB	Übertragungsfunktion
L_{DP}	dB	Differenzpegel
L_{MP}	dB	Maximalpegel
L_p	dB	Schalldruckpegel
L_{RP}	dB	Reduktionspegel
L_W	dB	Schallleistungspegel
L_{ZP}	dB	Zielpegel
L_φ	dB	Drehbeschleunigungspegel
m	-	Dichteexponent
$M_{1/2}$	Nm	Drehmoment
M_A	Nm	Drehmomentanregungsamplitude
m_g	kg	Masse
m_n	mm	Normalmodul
Mr	%	Materialtraganteil
n	-	Dichteexponent
N	-	Lastspielzahl
n'	-	Zyklischer Verfestigungsexponent
$n_{1/2}$	min^{-1}	Drehzahl
N_E	-	Anzahl an Eigenfrequenzen
N_G	-	Grenzlastspielzahl
$N_{imp.}$	-	Anzahl an Impedanzelementen
n_X	-	Gesamtstützzahl

O_{RK}	-	Radkörperordnung
O_Z	-	Zahneingriffsordnung
P	W	Leistung
p	mm	Teilung
$P(h)$	N/mm^2	Druck in Abhängigkeit der Höhe
p_0	N/mm^2	Hertz'sche Pressung
P_A	-	Ausfallwahrscheinlichkeit
$P_{Induziert}$	N/mm^2	Induzierter Pressdruck
P_S	K	Larson-Miller-Parameter
p_{VDP}	-	Laufvariable in Zahnhöhenrichtung
Q	N	Querkraft
r	mm	Radius
r_b	mm	Grundkreisradius
Rk	µm	Kernrautiefe
R_m	N/mm^2	Zugfestigkeit
$R_{p0,2}$	N/mm^2	Fließgrenze
Rpk	µm	Reduzierte Spitzenhöhe
Rvk	µm	Reduzierte Riefentiefe
Rz	µm	Gemittelte Rautiefe
s	mm	Weg
S_F	-	Sicherheit gegen Zahnfußbruch
S_H	-	Sicherheit gegen Grübchenschaden
s_R	mm	Zahnkranzdicke
S_{RK}	-	Sicherheit gegen Radkörperbruch
T	s	Zeit
t	mm	Tiefe
$t_{d,98}$	mm	Verdichtungstiefe
$T_{Öl}$	°C	Öltemperatur
t_{VDP}	-	Laufvariable in Zahntiefenreichtung
U	V	Spannung
U_A	V	Spannungsamplitude
U_M	V	Mittelspannung
V	m^3	Volumen
v	m/s	Geschwindigkeit
V_B	-	Verdichtungsbreite
V_{BNZ}	-	Breite der neutralen Zone
V_{FFV}	-	Fuß-Flanken-Verhältnis
V_{SF}	-	Stirnflächenverdichtungsfaktor
V_{SF}	-	Höhe des Dichteabfalls
V_V	-	Verdichtungsfaktor
V_{VNZ}	-	Verdichtungsfaktor der neutralen Zone
w	m%	Massenanteil
x	mm	Taststrecke

$x_{FE\text{-}Netz}$	mm	Kantenlänge des FE-Netzes
X_i	-	Positionsfaktoren
x_{KST}	mm	Körperschalltransferweg
x_{NZ}	-	Positionsfaktor der neutralen Zone
x_{OP}	-	Optimierungsparametervektor
x_ρ	-	Parameter des Dichtetiefenverlaufs
z	-	Zähnezahl
Z	-	Zahnnummer
z_{Opt}	-	Zielwert

Griechische Buchstaben

α	°	Winkel
α_D	°	Dreieckswinkel
α_{Ini}	°	Rissinitialwinkel
α_n	°	Normaleingriffswinkel
α_{Sp}	°	Speichenwinkel
α_{wt}	°	Betriebseingriffswinkel
β	°	Schrägungswinkel
$\Delta Topo$	µm	Differenz zur Solltopografie
$\Delta\varphi$	µm	Drehfehler
ε_α	-	Profilüberdeckung
ε_β	-	Sprungüberdeckung
ε_γ	-	Gesamtüberdeckung
λc	mm	Filterlänge
μ	-	Reibungskoeffizient
ν	-	Querkontraktionszahl
ρ	g/cm^3	Dichte
ρ_0	g/cm^3	Bezugs-Dichte
ρ_{RK}	g/cm^3	Radkörperdichte
σ_F	N/mm^2	Zahnfußspannung
$\sigma_{F,30°}$	N/mm^2	Zahnfußspannung an der 30°-Tangente
$\sigma_{f,krit}$	Hz	Standardabweichung der kritischen Frequenzen
$\sigma_{F,lim}$	N/mm^2	Zahnfußdauerfestigkeit
$\sigma_{F,max}$	N/mm^2	Maximale Zahnfußspannung
σ_{F0}	N/mm^2	Nominelle Zahnfußspannung
σ_{FP}	N/mm^2	Zulässige Zahnfußspannung
σ_H	N/mm^2	Zahnflankenpressung
$\sigma_{H,lim}$	N/mm^2	Flankendauerfestigkeit
$\sigma_{H,max}$	N/mm^2	Maximale Zahnflankenpressung
σ_{H0}	N/mm^2	Nominelle Flankenpressung
σ_{HP}	N/mm^2	Zulässige Flankenpressung
$\sigma_{i,AK}$	N/mm^2	Grenz-Hauptspannung
$\sigma_{I/II/III}$	N/mm^2	Hauptspannung

σ_{Mises}	N/mm^2	Mises-Spannung
σ_{SK}	N/mm^2	Grenz-Mises-Spannung
σ_V	N/mm^2	Vergleichsspannung
τ	N/mm^2	Schubspannung
φ	°	Drehwinkel

Indizes

1	Antrieb
2	Abtrieb

Abkürzungen

AGMA	American Gear Manufacturers Association
CHD	Einsatzhärtetiefe
DIN	Deutsches Institut für Normung e.V.
E-Modul	Elastizitätsmodul
ES	Eigenspannung
FE	Finite Elemente
FEM	Finite Elemente Methode
FKM	Festigkeitsnachweis für Maschinenelemente
FVA	Forschungsvereinigung Antriebstechnik e.V.
G-Modul	Schubmodul
ISO	International Organization for Standardization
KS	Körperschallsensor
PM	Pulvermetallurgisch
REF	Referenz
RT	Raumtemperatur
RWTH	Rheinisch-Westfälische Technische Hochschule Aachen
SAE	Society of Automotive Engineers
ST	Schmelzmetallurgischer Stahl
VDI	Verein Deutscher Ingenieure e.V.
VDP	Verdichtungsprofil
WZL	Werkzeugmaschinenlabor

1 Einleitung

Die steigenden Anforderungen an die Geräuschemission und die Ressourceneffizienz von Antriebssystemen werden auf Grundlage des Bewusstseins für das umgebende Geräusch, des Klimawandels sowie der gesetzlich steigenden Grenzwerte bestimmt [GENU10]. Die fortschreitende Elektrifizierung des Antriebsstrangs ist, infolge der Verminderung bis hin zum Wegfall der maskierenden Geräusche des konventionellen Verbrennungsmotors, eine wesentliche, einflussnehmende Determinante auf die Getriebegeräuschemission [STEI07]. Zur Reduzierung der Kosten und Erhöhung der Leistungsdichte des Elektromotors ist ein Trend zu schnelllaufenden Elektromotoren in Kombination mit mehrstufigen Stirnradgetrieben zu verzeichnen [FÜßE17]. Die Forderung nach hohen Übersetzungen der einzelnen Stirnradstufen führt zu einer Erhöhung des Außendurchmessers des Rads, welche eine signifikante Steigung des Radkörperanteils des Zahnrads bedingt. Eine Steigerung der Leistungsdichte kann durch eine Verringerung der Masse sowie durch alternative Werkstoffe realisiert werden. Bei gegebener Tragfähigkeit, kann Leichtbau durch geometrische Radkörpermodifikationen oder einer geringeren Werkstoffdichte im – in der Regel – überdimensionierten Radkörper einer Stirnradverzahnung erzielt werden. Als Impedanzelemente, wie Geometrie-, Werkstoff- und Querschnittsänderungen, bieten Radkörpermodifikationen das Potenzial, den Körperschalltransfer durch den Radkörper zu beeinflussen und zu optimieren. Jedoch führen Radkörpermodifikationen stets zu zusätzlichen Prozessschritten in der spanenden Fertigung. In der pulvermetallurgischen (PM) Prozesskette wird die Zahnradgeometrie endkonturnah durch Pressen hergestellt, wodurch Radkörpermodifikationen ohne zusätzliche Prozessschritte vorgesehen werden können. Zusätzlich bieten pulvermetallurgische Zahnräder aufgrund ihrer lokal einstellbaren Werkstoffdichte ein Leichtbaupotenzial sowie Werkstoffänderungen und Dämpfungseigenschaften. Die Auslegung des Einsatzverhaltens von PM Zahnrädern basiert bislang auf den Methoden für konventionelle schmelzmetallurgische Zahnrädern. Aufgrund dessen werden das lokale Verdichtungsprofil der Zähne sowie das Potenzial der Dichte- und Geometriemodifikationen des Radkörpers meist nicht berücksichtigt.

Die Erhöhung der Antriebsdrehzahl des Elektromotors führt hinsichtlich des Geräuschverhaltens zu einer Steigerung der Zahneingriffsfrequenz und deren Höherharmonischen. Infolgedessen werden die Frequenzen und ebenso die Verzahnungseigenfrequenzen im gesamten menschlichen Hörbereich angeregt, wodurch das Getriebegeräusch ansteigt. Die Verzahnungseigenfrequenzen ergeben sich aus dem Verhältnis der Steifigkeit zur Masse. Obwohl beide Bauteileigenschaften maßgeblich durch den Radkörper und dessen Modifikationen bestimmt werden, fehlt es bislang an einer systematischen Untersuchung zum Einfluss des Radkörpers auf das Einsatz- und Geräuschverhalten sowie an einer Auslegungsmethode. Die vorliegende Dissertation zielt auf die geräuschoptimierte Auslegung pulvermetallurgisch hergestellter Zahnräder für die Elektromobilität ab. Neben dem Einfluss des Verdichtungsprofils auf das Einsatzverhalten, liegt der Fokus der Arbeit auf der Optimierung des Geräuschverhaltens von Zahnrädern durch die Auslegung der Werkstoffdichte und geometrischer Radkörpermodifikationen unter Berücksichtigung der Tragfähigkeit.

Introduction

The increasing demands on noise emission and resource efficiency of drive systems are determined on the basis of the awareness of the surrounding noise, climate change and the increasing legal limits [GENU10]. The progressive electrification of the powertrain is a major influencing determinant, as a result of the reduction to the elimination of the masking noise of the conventional combustion engine [STEI07]. To reduce costs and increase the power density of the electric motor, there is a trend toward high-speed electric motors in combination with multi-stage cylindrical gear transmissions [FÜßE17]. The demand for high gear ratios of the individual cylindrical gear stages leads to an increase in the outer diameter of the gear, which requires a significant increase of the gear body section of the gear. An increase in power density can be achieved by reducing the dimensions and using alternative materials. For a given load-carrying capacity, lightweight design can be achieved by geometric gear body modifications or a lower material density in the - usually - oversized gear body of a cylindrical gear. As impedance elements, such as geometry, material and cross-section changes, gear body modifications offer the potential to influence and optimize the transfer of structure-borne noise through the gear body. However, gear body modifications lead to additional process steps in the machining process. In the powder metallurgical (PM) process chain, the gear geometry is produced near-net-shape by pressing, so that gear body modifications can be implemented without additional process steps. In addition, due to their locally adjustable material density, powder-metallurgical gears offer lightweight design potential as well as material modification and damping properties. The design of PM gears is based on the methods used for conventional wrought steel gears. As a result, the local densification profile of the teeth as well as the potential of density and geometry modifications of the gear body are not considered in most cases.

In terms of noise behavior, increasing the drive speed of the electric motor leads to an increase in the gear mesh frequency and its higher harmonics. As a result, the frequencies and also the resonance frequencies of the gears are excited throughout the human hearing range, causing an increase in the transmission noise emission. The gear natural frequencies result from the ratio of stiffness to mass. Although both component properties are significantly determined by the gear body and its modifications, there has been no systematic investigation of the influence of the gear body on the operating and noise behavior and no design method. The present dissertation objectives are the noise-optimized design of powder-metallurgical produced gears with regard to electro mobility. In addition to the influence of the densification profile on the operating behavior, the focus of the research is on the optimization of the noise behavior of gears through the design of locally adjustable material density and geometric gear body modifications, taking into account the load capacity.

2 Stand der Technik in Forschung und Industrie

State of the Art in Research and Industry

Die Grundlage zur geräuschoptimierten Auslegung pulvermetallurgischer Stirnradverzahnungen bilden die aktuellen Erkenntnisse der Industrie und Forschung. Beginnend mit der Auslegung von Stirnradverzahnungen, werden die Grundlagen der Geräuschentstehung in Zahnradgetrieben sowie der Einfluss des Radkörpers erörtert. Es folgt die Fertigung und die resultierenden Werkstoffeigenschaften von pulvermetallurgischen Stirnradverzahnungen. Anschließend werden die bisherigen Untersuchungen zum Einsatzverhalten pulvermetallurgischer Stirnradverzahnungen hinsichtlich des Geräuschverhaltens sowie der Zahnfuß- und Zahnflankentragfähigkeit vorgestellt.

2.1 Auslegung von Stirnradverzahnungen

Design of Cylindrical Gears

Der Auslegungsprozess von Stirnradverzahnungen basiert auf der Berechnung des resultierenden Einsatzverhaltens. Aktuell werden Leistungsverzahnungen vorwiegend schmelzmetallurgisch spanend hergestellt, wodurch sich die Auslegungsmethoden auf schmelzmetallurgische Einsatzstähle fokussieren. Ziel der Verzahnungsauslegung ist eine geringe Geräuschemission, eine ausreichende Tragfähigkeit und ein hoher Wirkungsgrad bei minimalem Gewicht. Der wirtschaftliche Druck zur Kostenoptimierung erfordert neben einer funktionalen, auch eine wirtschaftliche Auslegung der Verzahnung. Da sich die gestellten Anforderungen widersprechen, bedarf deren gegenläufiges Verhalten stets die Findung eines geeigneten Kompromisses zwischen den Zielen. [KLOC17b]

2.1.1 Schadensmechanismen und Schadensarten

Damage Mechanisms and Types

Die Sicherheit gegen Bauteilversagen stellt für Maschinenelemente ein notwendiges Kriterium dar. Die Bewertung der Tragfähigkeit von Zahnrädern erfolgt durch die Gegenüberstellung von Beanspruchung und Beanspruchbarkeit. Während der Zahnfuß vorwiegend mechanisch beansprucht ist, wird die Zahnflanke zusätzlich tribologisch belastet [KLOC17b]. Die Belastungsmechanismen werden in verschiedenen Fachbüchern umfangreich beschrieben [WECK92, LINK10, KLOC17b]. Die aus der Belastung resultierenden Zahnradschäden werden nach DIN 3979 klassifiziert und gemäß des Entstehungsorts eingeteilt [DIN79]. Schäden werden als erkennbare Veränderung der Zahnflanke definiert und sind nicht der Funktionserfüllung zugeordnet [DIN79]. Während es durch Zahnflankenschäden zu einer Beeinflussung der Geräuschemission und Erwärmung kommt, führt ein Zahnfußbruch zum direkten Ausfall des Getriebes [KLOC17b].

Ein Zahnfußbruch ist das Ausbrechen ganzer oder größerer Teile des Zahns am Zahnfuß. Es wird zwischen Gewaltbruch und Ermüdungsbruch unterschieden. Ein Gewaltbruch ist das Resultat unvorhergesehener Überlastung, welche in der Regel nicht in der Auslegung berücksichtigt wird. Ein Ermüdungsbruch ist eine Folge der schwellendenden, bzw. wechselnden Belastung der Zähne oberhalb der Dauerfestigkeit [KLOC17b]. In der Auslegung wird der Ermüdungsbruch, nach ISO 6336, über den Vergleich der zulässigen Zahnfußspannung σ_{FP} und der im Betrieb erwarteten Zahnfußspannung an der 30°-Tangente σ_F berücksichtigt [ISO19a].

Zahnflankenschäden entstehen aufgrund von einzelnen Verschleißmechanismen sowie deren Überlagerung und Wechselwirkung [KLOC17b]. Die GESELLSCHAFT FÜR TRIBOLOGIE definiert die vier grundlegenden Verschleißmechanismen; Adhäsion, Abrasion, Oberflächenzerrüttung und tribochemische Reaktion [GESE02]. An der Zahnflanke führen die Verschleißmechanismen zu Graufleckigkeit, Grübchenschäden, Fressen und Abrasivverschleiß [KLOC17b]. Ein weiterer Zahnflankenschaden ist der Zahnflankenbruch, welcher u.a. von WITZIG und KONOWALCYK untersucht wird [WITZ12, KONO18].

Fressen tritt infolge des Versagens des Schmierfilms auf, wodurch es zu einem metallischen Kontakt und zur Adhäsion im Zahnkontakt kommt [CZIC10, KLOC17b]. Infolge von Fressen nehmen der Wirkungsgrad ab und die Temperatur, der Materialverlust sowie die Geräuschemission steigen [KLOC17b].

Graufleckigkeit und Grübchenschäden sind muschelförmige Ausbrücke, welche in der Regel unterhalb des Wälzkreises der Zahnflanke liegen. Die Hauptursache von Graufleckigkeit ist eine niedrige relative Schmierfilmdicke [SCHR02, KLOC17b]. Infolge der Graufleckigkeit entsteht eine mattgraue Oberfläche der Zahnflanke [NAUN07]. Während Graufleckigkeit Kleinstausbrüche beschreibt, ist ein Grübchenschaden als größerer muschelförmiger Ausbruch der Zahnflanke definiert, welcher bei Überschreitung der lokalen Wälzfestigkeit des Zahnradwerkstoffs entsteht [KLOC17b]. Es handelt sich um einen Ermüdungsschaden. Die Schädigung tritt daher frühestens nach $N = 50 \cdot 10^3$ Lastwechseln auf [NIEM03]. In der Auslegung werden Grübchenschäden analog zum Ermüdungsbruch im Zahnfuß berücksichtigt. Die Sicherheit gegen Grübchenschäden wird infolge des Vergleichs der zulässigen Zahnflankenpressung σ_{HP} und der berechneten mittleren Zahnflankenpressung am Wälzkreis σ_H bewertet [ISO19c]. Zur Qualifizierung von Zahnradwerkstoffen für den Einsatz in Leistungsgetrieben ist somit deren zulässige Zahnfußspannung σ_{FP} und Zahnflankenpressung σ_{HP} entscheidend.

2.1.2 Berechnungsverfahren zur Verzahnungsauslegung

Calculation Methods for Gear Design

Die Auslegung von Stirnradverzahnungen basiert auf der Berechnung des Einsatzverhaltens. Die zugrundeliegenden Berechnungsverfahren können nach analytischen und numerischen Verfahren unterteilt werden. Die Norm ISO 6336 ist das aktuellste standardisierte Verfahren und wird zum Nachweis der Tragfähigkeit von Stirnradverzahnungen genutzt [ISO16, ISO19a, ISO19c, ISO19b]. Durch den Vergleich der Beanspruchung und der Beanspruchbarkeit wird die Sicherheit gegen Bauteilversagen bestimmt. Für die Sicherheit gegen Grübchenschaden wird $S_H \geq 1{,}2$ empfohlen [NAUN07, LINK10]. Eine ausreichende Sicherheit gegen Zahnfußbruch gilt ab $S_F \geq 1{,}3$

[LINK10]. Hinsichtlich des Radkörpers sind Mindestwerte für die Zahnkranzdicke für die Normberechnung der Zahnfußspannung angegeben. In der Zahnfußtragfähigkeitsberechnung von Außenverzahnungen nach DIN 3990-3 ist eine Mindestzahnkranzdicke von $s_R \geq 3{,}5 \cdot m_n$ für die Anwendbarkeit des Rechenverfahrens erforderlich [DIN87]. In der Norm ISO 6336-3 wird eine Mindestzahnkranzdicke von $s_R \geq 0{,}5 \cdot h_t$ in Abhängigkeit der Zahnhöhe angegeben [ISO19a]. Die Berechnung basiert auf empirisch ermittelten Einflussfaktoren und der Verzahnungsmakrogeometrie. Neben der werkstoffspezifischen Beanspruchbarkeit werden die Betriebsbedingungen und die Korrekturfaktoren zur Ermittlung der Flankenpressung bei statischer Belastung sowie Kraftüberhöhungsfaktoren für die Berechnung der Sicherheit gegen Grübchenschaden berücksichtigt. Die Berechnung der Zahnfußsicherheit beinhaltet die ertragbare Zahnfußspannung sowie die Korrekturfaktoren für die Zahnfußspannung und für die Zahnkraft. Die Mikrogeometrie der Verzahnung wird bei beiden Berechnungen nicht berücksichtigt.

Die Finite-Elemente-Methode (FEM) bietet im Gegensatz zu den analytischen Normen eine detailliertere Berechnung von Stirnradverzahnungen. Zur Berechnung und Auslegung von Stirnradverzahnungen werden meist rechenzeitoptimierte FE-basierte Zahnkontaktanalysen, wie z.B. die FE-STIRNRADKETTE, verwendet. Das Berechnungsprogramm FE-STIRNRADKETTE verbindet die FE-Methode mit dem mathematischen Federmodell [NEUP83, BREC17a]. Durch diesen Ansatz können die Lastverteilung, die Verformung, die Flankenpressung und Zahnfußspannungen sowie die Zahnfedersteifigkeiten im Zahneingriff berechnet werden. Die Steifigkeitseigenschaften des Zahnkontakts werden mithilfe von Verschiebungseinflusszahlen bestimmt, die durch die FE-Berechnung ermittelt werden [NEUP83]. Basierend auf den Steifigkeitsverläufen im Zahneingriff wird das Anregungsverhalten berechnet. Der Unterschied zu analytischen Rechenverfahren ist die Berücksichtigung der exakten Zahnflanken- und Zahnfußgeometrie sowie die Möglichkeit der impliziten Analyse des Verformungsverhaltens. Die Anregung im Zahneingriff wird durch den Drehfehler definiert. Der Drehfehler beschreibt die ungleichförmige Abwälzbewegung entlang der Eingriffsstrecke einer Verzahnung und ergibt sich aus der Drehwinkeldifferenz bezogen auf das Rad φ_2 oder das Ritzel φ_1 [VDI01]. Infolge der Umrechnung des Differenzwinkels auf die Grundkreisdurchmesser der Zahnräder resultiert der Drehfehler als Schwankungsbreite entlang der Eingriffsstrecke, wodurch die Angabe in µm erfolgt.

Die allgemeine Vorgehensweise der FE-basierten Zahnkontaktanalyse FE-STIRNRADKETTE umfasst sechs Schritte [CAO02, SCHÄ08]. Im ersten Schritt wird die Verzahnungsmakro- und -mikrogeometrie als dreidimensionale Punktewolke definiert. Der zweite Schritt ist die FE-Modellierung der Verzahnung. Mit dem Vernetzungsalgorithmus des FE-Strukturgenerators wird das FE-Netz im NASTRAN-Format erzeugt. Die Werkstoffeigenschaften werden homogen durch Elastizitätsmodul und Querkontraktionszahl definiert. Lokale Werkstoffeigenschaften, welche bei PM Zahnrädern vorliegen, werden nicht abgebildet. Zur Verringerung der Rechenzeit und des Speicherbedarfs werden in der Regel nur die im Eingriff befindlichen Zähne sowie ein Teil des Radkörpers, dessen Steifigkeit den Zahneingriff beeinflusst, abgebildet [CAO02]. Im dritten Schritt erfolgt die Berechnung der Verschiebungseinflusszahlen, wodurch die Verschiebung jedes FE-Knoten für die sukzessive Belastung aller FE-Knoten mit einer Einheitskraft in Richtung der Zahnnormalen vorliegt. Die Lösung des Kontaktproblems erfolgt mit dem mathematischen Federmodell, das den Kontaktbereich des Zahneingriffs durch diskrete Berührpunkte annähert und auf ein FE-Oberflächennetz überträgt [NEUP83, BONG90]. Das Ergebnis der Zahnkontaktanalyse sind die Kennwerte des Einsatzverhaltens. Für die Auslegung relevante Kennwerte sind u.a. die Zahnflankenpressung, die Zahnfußspannung, der Wirkungsgrad sowie der Summendrehfehler und das Tragbild unter Last.

2.1.3 Vorgehensweise zur Auslegung von Stirnradverzahnungen

Approach for Designing Cylindrical Gears

Der Auslegungsprozess von Zahnradgetrieben gliedert sich in sechs Schritte und wird durch verschiedene Restriktionen bestimmt [KLOC17b]:

1. Pflichtenheft
2. Konzeptionierung von Zahnradgetrieben
3. Vorauslegung der Verzahnung
4. Optimierung der Makrogeometrie
5. Auslegung der Welle-Lager-Systeme
6. Auslegung der Mikrogeometrie

Im ersten Schritt werden der Bedarf und die Anforderungen an das Getriebe definiert, die aus dem Liefer- und Bedarfskennfeld des Antriebstrangs resultieren. Der zweite Schritt beinhaltet die Auswahl und Bewertung von möglichen Getriebekonzepten im Hinblick auf die festgelegten Anforderungen. Der dritte Schritt ist die Vorauslegung der Verzahnung, die sich aufgrund der zu übertragenden Leistung ergibt. Die Vorauslegung der Verzahnung basiert auf der analytischen Berechnung der Sicherheitswerte für die Zahnflankenpressung und die Zahnfußspannung, wodurch die notwendigen Auslegungskriterien erfüllt werden [KLOC17b]. Entsprechend der geforderten Leistungsübertragung wird die Sicherheit hinsichtlich der häufigsten auftretenden Schadensfälle, wie dem Zahnfußbruch, der Grübchenbildung und dem Warmfressen bestimmt [NIEM03].

Im vierten Schritt, der Optimierung der Makrogeometrie, werden u.a. das Anregungsverhalten und die Leistungsdichte adressiert. Ein geringes Anregungsverhalten wird analytisch durch eine hohe Gesamtüberdeckung der Zahnradpaarung erreicht [VDI90]. Nach MÜLLER werden für die Profilüberdeckung ε_α = 1,7 - 1,8 und ein ganzzahliger Wert für die Sprungüberdeckung ε_β empfohlen [MÜLL91]. Eine ganzzahlige Sprungüberdeckung führt zu einer konstanten Anzahl der Berührlinien im Zahnkontakt und bewirkt eine Glättung des Steifigkeitsverlaufs über den Wälzstellungen [SCHM73]. Die empfohlenen Werte aus der Literatur beziehen sich auf die theoretische Überdeckung bei einer ideal steifen sowie abweichungs- und modifikationsfreien evolventischen Stirnradverzahnung. Infolge von Zahnflankenmodifikationen und lastbedingten

Verformungen weicht die reale Gesamtüberdeckung von der theoretischen Überdeckung ab. BRECHER ET AL. zeigen an PM Stirnradverzahnungen, dass die reale Gesamtüberdeckung unter Last mit dem Anregungsverhalten korreliert [BREC17c]. Das Minimum des Drehfehler der ersten Zahneingriffsordnung tritt bei einer Gesamtüberdeckung unter Last von $\varepsilon_\gamma \approx 1{,}6$ auf [BREC17c].

Nach dem fünften Schritt, der Auslegung des Welle-Lager-Systems, ist der sechste Schritt des Auslegungsprozesses die Auslegung der Mikrogeometrie. Die allgemeinen Zahnflankenmodifikationen sind in DIN ISO 21771 definiert [DIN14]. Während TENBERGE analytische Methoden zur Auslegung der Verzahnung verwendet, baut CAO auf den Arbeiten auf und nutzt die FE-basierte Zahnkontaktanalyse zu deren Berechnung [TENB96, CAO02]. Das Ziel der Mikrogeometrieoptimierung ist die Auswirkung von Störgrößen, welche die Kontaktverhältnisse negativ beeinflussen, zu mindern [WECK92]. Zur Berücksichtigung fertigungsbedingter Abweichungen entwickelte CAO eine Methode zur anforderungs- und fertigungsgerechten toleranzfeldbasierten Mikrogeometrieauslegung für eine festgelegte Makrogeometrie [CAO02]. WITTKE und CAO zeigen, dass eine Toleranzfeldverschiebung von einer optimalen Soll-Auslegung das durchschnittliche Einsatzverhalten einer Verzahnung im Variationsraum der Fertigungstoleranzen verbessern kann [WITT94, CAO02]. HELLMANN erweiterte die Vorgehensweise zur fertigungsgerechten Auslegung der Mikrogeometrie [HELL15]. Mithilfe von Polynomfunktionen wird die fertigungsbedingte Verschränkung abgebildet und die lastabhängige Verkippung der Zahnräder zueinander in Abhängigkeit des Drehmoments berücksichtigt. Neben der Auslegung genormter Zahnflankenmodifikationen zeigen RADEV, SCHÄFER und BRIMMERS, dass topologisch ausgelegte Mikrogeometrien das Einsatzverhalten weiter optimieren können [RADE07, SCHÄ08, BRIM21]. Verschiedene Ansätze den Radkörper zur Geräuschoptimierung zu nutzen, wurden an schmelzmetallurgischen Zahnrädern von [ENGE96a, ENGE96b, DIET97, CHUN99, DILG04, MAND06, HÖHN12, BRÄU14] untersucht. Eine methodische Auslegung des Radkörpers auf Basis des resultierenden Einsatz- und Geräuschverhaltens erfolgt in diesen Arbeiten nicht.

2.1.4 Geräuschentstehung und Minderungsmaßnahmen

Noise Generation and Reduction Measures

Die Auslegung des Geräuschverhaltens beruht auf der Geräuschentstehung im Zahnrad. Die Geräuschemission von Zahnradgetrieben wird in direkte und indirekte Abstrahlung unterteilt [KOLL00]. Der direkte Luftschall entsteht direkt am Zahneingriff infolge der Schalldruckschwankungen durch Luftströmungsvorgänge in die unmittelbare Umgebung. Durch die umgebenden Getriebekomponenten werden diese direkten Abstrahlungen weitgehend abgeschirmt und weisen daher einen vernachlässigbaren Einfluss auf das Gesamtgeräuschverhalten auf [SCHM84]. Der indirekte Luftschall bezeichnet Geräusche, die von den dynamischen Betriebskräften im Zahneingriff hervorgerufen werden. Die Geräuschentstehung ergibt sich nach dem Source-Path-Receiver Prinzip aus der Schwingungsanregung im Zahneingriff (Source), über den Transfer der Schwingung in Form von Körperschall durch den Radkörper und der Getriebebauteile

(Path) und resultiert in dem von den Strukturbauteilen abgestrahlten Luftschall, vgl. **Bild 2-1** [CERR11, CARL14, BERG18]. Dieser wird durch den Menschen wahrgenommen (Receiver). Es ist ein frequenzabhängiger Zusammenhang zwischen den Anregungskräften im Zahneingriff und dem abgestrahlten Luftschall nach der maschinenakustischen Grundgleichung festzustellen [STOR92, KOLL00]. CARL validierte dieses Prinzip durch experimentelle Versuche und berechnete durch Mehrkörpersimulationen das resultierende Getriebegeräusch [CARL14].

Die Schwingungsanregung im Zahneingriff entsteht aufgrund der inneren Anregungsmechanismen, die aus der Änderung der Kontaktverhältnisse im Zahneingriff resultieren [LINK70, KLOC17b]. Die drei Anregungsmechanismen im Zahneingriff sind die Weganregung, aufgrund der geometrischen Abweichungen der Zahnflanken zur idealen Evolvente, die Stoßanregung, welche durch den Eingriffsstoß hervorgerufen wird und die Parameteranregung, durch die zeitlich veränderte Zahnfedersteifigkeit entlang der Eingriffsstrecke [TOPP66, MÖLL82, MAUE90, KLOC17b]. Aufgrund von Wechselwirkungen zwischen den einzelnen Anregungsmechanismen kann keine klare Abgrenzung bezüglich der Auswirkungen auf die Gesamtanregung im Zahneingriff definiert werden [SALJ87, VDI90, WECK92, KLOC17b]. Bei niedrigen Lasten ist nach SALJE die Weganregung dominierend [SALJ87]. Mit steigendem Drehmoment reduziert sich dieser Einfluss und die Stoß- und Parameteranregung werden zu den Haupteinflussgrößen auf die Gesamtanregung der Verzahnung [NIEM03].

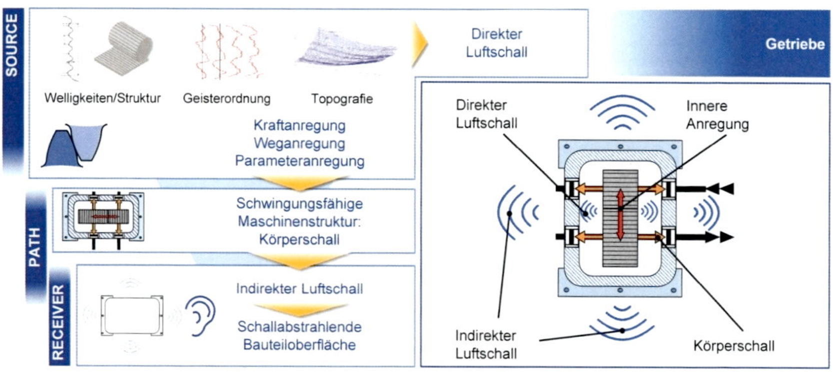

Bild 2-1: Geräuschentstehungskette im Getriebe [BERG18]
Noise Generation Chain in Transmissions [BERG18]

Neben den Anregungsmechanismen im Zahneingriff, untersuchte AHMAD den Einfluss von langwelligen Abweichungen der Verzahnungsgeometrie auf das Anregungsverhalten von Stirnradverzahnungen [AHMA18]. Exzentrizität, Teilungsabweichung sowie Taumel führen in Abhängigkeit der Periodizität über dem Verzahnungsumfang zu einer langwelligen Anregung in den ersten Drehordnungen [AHMA18]. Infolge steigender Antriebsdrehzahlen resultiert eine Geräuschemission im Frequenzbereich des menschlichen Gehörs [AHMA18].

Zur Reduzierung der Geräuschemission lassen sich basierend auf der Geräuschentstehungskette aktive und passive Maßnahmen ableiten. Aktive Maßnahmen sind als Reduzierung der Ursache der Geräuschentstehung definiert. Hierzu werden primär die Reduzierung der Anregung im Zahneingriff und weiterer anregender Kräfte zugeordnet. Zu den sekundären Maßnahmen zählen die Beeinflussung der Körperschallübertragung sowie die Reduzierung der Schallabstrahlung von der Oberfläche der Strukturbauteile. Passivmaßnahmen sind primär die Beeinflussung der Schallabstrahlung und sekundär die Beeinflussung der Schalleinwirkung. [KLOC17b]

2.2 Einfluss des Radkörpers auf das Einsatzverhalten

Influence of the Gear Body on the Operating Behavior

Im Radkörper einer Verzahnung können aktive sekundäre Maßnahmen genutzt werden, um das Getriebegeräusch zu reduzieren. Die Reduzierung des Körperschalltransfers im Radkörper basiert auf Dämmungs- und Dämpfungsmechanismen. Ausgehend von der Anregung im Zahnkontakt wird Körperschall durch den Radkörper transferiert und infolgedessen von der Geometrie und den Werkstoffeigenschaften des Radkörpers beeinflusst.

2.2.1 Dämmungs- und Dämpfungsmechanismen im Radkörper

Damping and Insulation Mechanisms in the Gear Body

Beim Körperschall werden im Gegensatz zum Luftschall, bei dem Kräfte nur senkrecht zu den angrenzenden Flächen übertragen werden, auch tangentiale Kräfte übertragen [CREM96]. Dadurch müssen bei der Betrachtung von Volumenelementen in festen Körpern an jeder Begrenzungsfläche drei Kraftkomponenten berücksichtigt werden. Die Kraftkomponenten führen zu Spannungen und einer elastischen Verformung des Körpers, der mit einem zurückfedernden Einschwingen in seine Ruheform reagiert. Der Schwingvorgang ist ein fortwährendes zeitliches und örtliches Umwandeln von potentieller Energie, die in der Form- und Volumenänderung gespeichert ist, in Bewegungsenergie der beteiligten Massen, und umgekehrt.

Die Körperschalldämmung ist als Reflektion und Transmission mechanischer Schwingungen an Unstetigkeitsstellen (Werkstoff-, Querschnitts- und Geometrieänderung) in der Struktur definiert [CREM96]. Dadurch wird die Verteilung des Körperschalls beeinflusst, wobei die Schwingungsenergie im Bauteil konstant bleibt. Eine Zielvorstellung der Körperschalldämmung zur Reduzierung des Getriebegeräusches stellt die Fokussierung oder Verteilung der Körperschallenergie auf einen bestimmten Bauteilbereich dar [ENGE96b]. Bei gleichbleibendem Werkstoff führen Querschnitts- und Geometrieänderungen zur Reflektion und Transmission der einzelnen Wellenarten, wodurch sich die Energieverteilung zwischen den Wellenarten verändert [CREM96]. Bei zwei unterschiedlichen Werkstoffen, respektive Medien, ergibt sich der Reflektions- und Transmissionsgrad aus der Höhe der Differenz der Schallgeschwindigkeiten in beiden

Medien. Nach dem SNELLIUSSCHEN Brechungsgesetz steht der Ein- und Austrittswinkelunterschied von Longitudinal- und Transversalwellen, analog zur Optik, proportional zum Verhältnis der spezifischen Schallgeschwindigkeiten [CREM96].

Die Körperschalldämpfung ist als Umwandlung, der in einer Schwingung enthaltenen Energie in eine andere Energieform, definiert [CREM96]. Infolgedessen führt eine Dämmungsmaßnahme bei kontinuierlicher Anregung, ohne Dämpfung, in Bauteilen endlicher Größe zu einem Anstieg der Schwingungsenergie vor der Maßnahme. Nur durch Dämpfung ist eine frequenzunabhängige Reduzierung des Körperschallpegels zu erreichen. Bei der Energieumwandlung im Werkstoff führen Dehnungen und Verzerrungen zu molekularen Vorgängen (z.B. Platzwechsel und Kristallwandverschiebungen), wodurch die Schwingungsenergie meist in Wärme umgewandelt und dem System irreversibel entzogen wird [CREM96]. Nach DRESIG werden Schwingungen bei geringerer Materialsteifigkeit des Werkstoffs, durch dessen höhere Dehnungen bei gleicher Belastung, besser gedämpft [DRES14].

2.2.2 Untersuchungen zum Radkörpereinfluss auf das Geräuschverhalten

Investigations of the Gear Body Influence on the Noise Behavior

Im Radkörper können zur Körperschalldämmung Material-, Querschnitts- und Geometrieänderungen genutzt werden. Bezüglich der Körperschalldämpfung ist die Radkörpersteifigkeit sowie die Materialdämpfung entscheidend. Ein weiterer Mechanismus ist die Masseanhäufung an der Nabe und am Zahnkranz, wodurch der Transferpfad bestimmter Frequenzen reduziert werden kann [KOLL00]. Auf der Grundlage von Dämmungs- und Dämpfungsmechanismen werden in der Literatur die beiden Optimierungsansätze Werkstoffverbundräder und Radkörperimpedanzelemente unterschieden.

Werkstoffverbundzahnräder sind Zahnräder, bei denen Zahnkranz und Nabe konventionell aus Einsatzstahl und der Radkörper aus einem Leichtbauwerkstoff gefertigt werden. Das Hauptziel des Ansatzes stellt die Verminderung der Körperschallleitung durch den Radkörper sowie die Reduzierung des Bauteilgewichts dar. Als Leichtbaufüllwerkstoff werden in der Regel Metallschäume oder Harze mit einem hohen Dämpfungsgrad verwendet. Dies hat eine geringere Steifigkeit und Tragfähigkeit des Radkörpers zur Folge, wodurch die Tragfähigkeit des Zahnrads maßgeblich durch den Radkörper bestimmt wird. Zudem können die elastischen Verformungen des Radkörpers die Parameter- sowie die Stoßanregung im Zahneingriff erhöhen.

DILGER ET AL. stellten in einem Beitrag die Entwicklung von Werkstoffverbund-Zahnrädern aus Epoxidharz-Schaum und Stahl zur Erhöhung der Strukturdämpfung vor. In Prüfstandsversuchen wurde die Oberflächenbeschleunigung am Getriebegehäuse bis zu einer maximalen ersten Zahneingriffsfrequenz von $f_{max,1.fz}$ = 800 Hz gemessen. Bei einer Gewichtsreduzierung von bis zu 40 % wurde im Vergleich zu einer konventionellen Referenzverzahnung eine Reduzierung der Oberflächenbeschleunigung von

ΔL_a = 15 dB erreicht. Das maximale dauerfest übertragbare Drehmoment der Versuchszahnräder wurde durch die elastische Zwischenschicht um bis zu 50 % reduziert. [DILG04]

MANDT stellte in experimentellen Untersuchungen die Verwendung von Aluminiumschaum, Hartschaumstoff und Epoxidharzschaum als Füllwerkstoffe des Radkörpers gegenüber und analysierte verschiedene Einfüllformen des Füllwerkstoffs. Während Aluminiumschaum und Hartschaumstoff die Grenzen ihrer zulässigen Belastung überschritten, erfüllte Epoxidharzschaum die an ein Zahnrad gestellten Tragfähigkeitsanforderungen. Trotz der höheren Anregung im Zahneingriff durch die geringere Gesamtsteifigkeit der Verzahnung konnte durch den Einsatz des Schaums eine Reduzierung des Körperschalls von bis zu ΔL_a = 15 dB ($f_{max,1.fz}$ = 800 Hz) erreicht werden. [MAND06]

HÖHN ET AL. untersuchten Werkstoffverbundräder mit einer Hochleistungspolymerfüllung (glasfaserverstärktes Polyphthalamid) bis zu einer maximalen Anregungsfrequenz der ersten Zahneingriffsfrequenz von $f_{max,1.fz}$ = 3600 Hz. Neben dem Dämpfungsgrad des Hochleistungspolymers wurde die Drehbeschleunigung des Werkstoffverbundrads im Vergleich zu einem konventionellen, schmelzmetallurgischen Zahnrad in einem Zahnradverspannungsprüfstand gemessen. Während die Drehbeschleunigung in der ersten Zahneingriffsordnung gestiegen ist, wurde in der zweiten Zahneingriffsordnung ($f_{max,2.fz}$ = 7200 Hz) eine Reduzierung der Drehbeschleunigung von $\Delta L_{\varphi''}$ = 11 dB festgestellt. [HÖHN12]

Durch *Radkörperimpedanzelemente* wird der Körperschalltransfer infolge von Dämmungsmechanismen durch innere Diskontinuitäten im Ausbreitungsweg beeinflusst. Neben der Verschiebung der Eigenfrequenzen durch die Geometrieänderung des Radkörpers kommt es zur Änderung der Radkörpersteifigkeit über einer Umdrehung.

CHUNG ET AL. zeigen, dass die Eigenmoden des Zahnrads im höheren Frequenzbereich eine der Haupteinflussgrößen auf die dynamische Zahnsteifigkeit und die Verzahnungsanregung sind. Infolge der Verschiebung der Eigenfrequenzen in höhere Frequenzbereiche (> 5 kHz) konnte der Schalldruckpegel um bis zu ΔL_p = 10 dB (f_{max} = 8000 Hz) reduziert werden. [CHUN99]

ENGEL UND DIETZ ET AL. untersuchten die Körperschallübertragung im Radkörper auf Basis der Ähnlichkeitsmechanik anhand von spannungsoptischen Ganzfeldanalysen unter anderem im Rahmen des FVA-Forschungsvorhabens Nr. 235 „Impedanzelement“. Bei der Untersuchung wurde ein polarisierter Lichtstrahl durch ein lichtdurchlässiges Zahnradmodell geleitet, während dieses mechanisch zu Schwingung angeregt wird. Das Transferverhalten des Prüfobjekts wurde aus der Lichtbrechung infolge der entstehenden Materialspannungen abgeleitet. Die Ergebnisse zeigen, dass eine Optimierung der Körperschallübertragung durch Diskontinuitäten des Radkörpers zielführend ist. Die mehrfache Reflektion des Körperschalls an Diskontinuitäten zwischen Zahnkranz und Zahnradnabe führt zu einer Vergrößerung des Körperschalltransferwegs durch das Bauteil. Die innere Materialdämpfung reduziert im Transferweg die

Schwingungsenergie, wodurch sich die Körperschallamplituden mit zunehmendem Transferweg verringern. [ENGE96a, ENGE96b, DIET97]

BRÄUNIG ET AL. bewerten das Körperschallübertragungsverhalten von Zahnradkörpern auf Basis der Vierpolmethode. Methodenbedingt umfasste die Simulation zur Abbildung der Umgebung das modifizierte Zahnrad mit einem Wellenstumpf. Es wurden Zahnräder mit Impedanzelementen im Radkörper analysiert. Infolge der Modifikationen ergaben sich bei beiden Ansätzen geringere Steifigkeiten des Zahnrads, wodurch erst im höheren Frequenzbereich ($4\ kHz \leq f \leq 5\ kHz$) eine Optimierung des Körperschallübertragungsverhaltens festgestellt werden konnte. [BRÄU14]

SANZENBACHER untersuchte verschiedene dämmende und dämpfende Maßnahmen anhand eines Adapterrings zwischen dem Lager, der Getriebeeingangswelle und dem Getriebegehäuse in Drehzahlhochläufen. Die Oberflächenbeschleunigung des Getriebegehäuses wurde bis zur ersten Zahneingriffsfrequenz von $f_{max,1.fz} = 3250$ Hz gemessen. Ringvarianten mit geometrischen Dämmungsmechanismen zeigten in den Untersuchungen eine Reduktion des Körperschallpegels um $\Delta L_a = 3$ dB bei einer Steifigkeit von 67 % gegenüber dem Referenzring. Hinsichtlich elastischer Zwischenschichten zeigte die Variante mit einer Schicht aus Metallgeflecht das größte Potenzial mit einer Reduktion des Körperschallpegels um $\Delta L_a = 3$ dB bei einer Steifigkeit von 61 % gegenüber dem Referenzring. Bei der Simulation des Versuchsgetriebes mit einem flexiblen Mehrkörpermodell konnten die Wirkmechanismen der Körperschallminderung jedoch nicht realitätsnah abgebildet werden. [SANZ16]

Der Einfluss von geometrischen Radkörpermodifikationen auf das quasistatische Anregungsverhalten wurde für schmelzmetallurgische Verzahnungen von SHWEIKI ET AL. und GUILBERT ET AL. untersucht [GUIL17, SHWE17]. Auf der Basis von Simulationsmodellen wurde gezeigt, dass geometrische Radkörpermodifikationen Einfluss auf den Drehfehlerverlauf haben. Infolge der Radkörpermodifikationen entsteht eine Modulation der Eingriffssteifigkeit, wodurch der Drehfehlerverlauf über einer Umdrehung differiert. Des Weiteren wurde der Einfluss von Radkörpermodifikationen auf Seitenbänder der Zahneingriffsordnungen thematisiert.

GALE ET AL. berechneten die Nachgiebigkeitsfrequenzgänge (bis $f = 8$ kHz) eines Stirnrads bei variabler Stegbreite und untersuchten das resultierende Geräuschverhalten. Eine höhere Radkörperbreite führt zu geringerer Nachgiebigkeit, wodurch sich höhere dynamische Eingriffskräfte innerhalb des Betriebsbereichs ergeben. Durch Optimierung der Stegbreite und der Zahnkranzdicke wurde in der Simulation eine Reduzierung Schallleitung von $\Delta L_W \approx 10$ dB erreicht. Ferner wurde eine Geometrie mit Langlöchern zur Reduzierung der Geräuschemission optimiert. Die Langlöcher bewirken eine Änderung der Masse und Steifigkeit im Zahnkontakt. Es wurde postuliert, dass bei einem rotierenden Zahnrad der Schwingungspegel nicht die volle Resonanz erreicht, bevor sich die Masse und Steifigkeit verändert. Der Effekt der Resonanzmodulation konnte jedoch nicht im Frequenzbereich simuliert werden. Vergleichbar mit SHWEIKI ET AL. und GUILBERT ET AL. stellten GALE ET AL. einen Modulationseffekt des Drehfehlers durch Seitenbänder neben den Zahneingriffsordnungen fest. [GALE20]

Die Untersuchungen zum Radkörpereinfluss zeigen, dass Dämpfung- und Dämmungsmechanismen im Radkörper das Anregungs- und Schwingungsverhalten sowie den Körperschalltransfer beeinflussen. Als Limitationen wird für Werkstoffverbundzahnräder die Radkörpertragfähigkeit herausgestellt. Trotz der Erkenntnisse konnte keine Methode zur Auslegung des Radkörpers identifiziert werden. Ferner wurden in den Untersuchungen ausschließlich schmelzmetallurgische Zahnradwerkstoffe analysiert.

2.3 Pulvermetallurgische Zahnradfertigung und Werkstoffeigenschaften

Powder Metallurgical Gear Manufacturing and Material Properties

Die pulvermetallurgische Prozesskette bietet eine endkonturnahe Fertigung des Radkörpers im Pressprozess. Radkörpermodifikationen lassen sich ohne zusätzliche Prozessschritte in den Radkörper integrieren. Zudem bietet der Pressprozess die Möglichkeit, inhomogene Werkstoffdichten in den Radkörper zu integrieren [LEUP15, KOTT18]. Infolge der unterschiedlichen Fertigungsschritte und der dichteabhängigen Werkstoffeigenschaften resultieren jedoch differente Bauteileigenschaften, welche im Auslegungsprozess von PM Stirnradverzahnungen berücksichtigt werden müssen.

2.3.1 Fertigungskette

Manufacturing Chain

Die Fertigungskette für PM Stirnradverzahnungen gliedert sich in der Regel in sechs Schritte, welche in **Bild 2-2** aufgeführt sind [KLOC17b]. Der erste Schritt ist die Pulverherstellung, wobei das Pulver in der gewünschten Legierungszusammensetzung gemischt und mit Kohlenstoff in Form von Grafit sowie einem Gleitmittel zur Reibungssenkung im Pressvorgang versetzt wird.

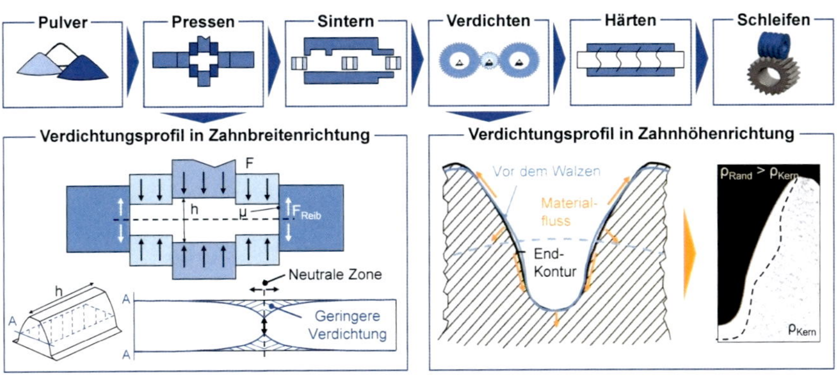

Bild 2-2: Pulvermetallurgische Fertigungskette von Stirnradverzahnungen [BREC17c]
Powder metallurgical manufacturing chain of cylindrical gears [BREC17c]

Im zweiten Schritt wird die Pulvermischung unter hohem Druck in die Zahnradform gepresst und als Grünling gebunden. Beim Pressen in die Zahnradform (Matrize) bewirkt die Reibung zwischen den Werkzeugwänden und dem Metallpulver eine ungleichmäßige Verteilung der Kräfte im Grünling, welche eine inhomogene Dichteverteilung bewirkt, die bis zum Ende der Prozesskette bestehen bleibt [SCHA07]. Der größte effektive Druck und damit auch die größte Verdichtung des Grünlings ist an der Position der eingedrungen Pressstempel festzustellen. Bei beidseitiger Krafteinleitung in den Grünling fällt die Presskraft aufgrund der entgegenwirkenden Reibkraft ab. Für die Reduzierung des Pressdruckes von $P_{Induziert}$ auf $P(h)$ im Abstand h vom Oberstempel, bzw. vom Unterstempel des Werkzeuges, existiert folgender formaler Zusammenhang, vgl. Formel (2-1) [SCHA07].

$$\frac{P(h)}{P_{Induziert}} = e^{-8 \cdot \frac{h}{D} \cdot K \cdot \mu} \tag{2-1}$$

Durch die inhomogene Pressung des Grünlings entsteht eine neutrale Zone, welche den Bereich mit einer geringeren Verdichtung beschreibt. Die Position der neutralen Zone wird durch das Verhältnis der oberen und unteren Krafteinleitung des Presswerkzeugs bestimmt und entsteht bei beidseitig gleichmäßiger Krafteinleitung des Ober- und Unterstempels in der Mitte des Grünlings. Reibungsmindernde Maßnahmen, wie der Einsatz von Gleitmitteln oder der Schmierung der Presswand, verbessern die Homogenität der Dichteverteilung, aber verhindern die neutrale Zone nicht. [SCHA07]

Im dritten Schritt wird der Grünling gesintert, wodurch sich die Pulverpartikel durch Diffusion zu einem festen Bauteil verbinden. Der Sinterprozess erfolgt mit geringer Schrumpfung, sodass Poren im Bauteil verbleiben. Zur Optimierung der Oberflächen- und Werkstoffeigenschaften hinsichtlich der Festigkeit wird im vierten Schritt die hochbelastete Randzone des Zahnrads durch nachverdichtende Fertigungsprozesse, wie dem Dichtwalzen im Außenquerwalzprozess oder dem Kugelstrahlen, verdichtet. [BEIS13]

Im Außenquerwalzprozess wird der Werkstoff infolge eines Aufmaßes auf der Zahnflanke in der Randzone der Zähne plastisch verformt [FREC19]. Dies bewirkt sowohl eine Verdichtung als auch eine Verformung der Zähne. Das zu verdichtende Stirnrad (Werkstück) wird zwischen einem oder mehreren Werkzeugrädern eingespannt und eingemittet. Die Werkzeugräder werden rotiert und treiben das Werkstück an. Durch die axiale Zustellung der Werkzeugräder wird der Achsabstand zwischen Werkzeugrädern und Werkstück bis auf das Nennmaß reduziert. In der Kalibrierphase wird die Rotationsrichtung bei maximaler Zustellung reversiert, sodass die einlaufende und die auslaufende Zahnflanke gewechselt wird. Hierdurch werden die Zahnflanken gleichmäßig auf beiden Seiten verdichtet [KOTT03, KAUF12]. Während der Verdichtung verschiebt sich das Material sowohl in Zahnbreitenrichtung, als auch in Zahnhöhenrichtung. In Abhängigkeit des Aufmaßes, der Prozessführung und der Werkzeuggeometrie ergibt sich ein dreidimensionales Verdichtungsprofil, welches unter anderem die Produkteigenschaften des PM Zahnrads bestimmt [KAUF12].

Ein typisches Verdichtungsprofil in Zahnhöhenrichtung ist in Bild 2-2 (unten rechts) dargestellt. Die eingezeichnete schwarze Linie trennt die verdichtete Randzone vom unverdichteten Bereich des Zahnrads. Durch die wirkenden Kräfte im Außenquerwalzprozess entsteht in Zahnhöhenrichtung ein Verdichtungsprofil, welches sich im Bereich des Wälzkreises und im Bereich der 30°-Tangente durch eine erhöhte Verdichtungstiefe auszeichnet. Die erhöhte Verdichtung der Zahnflanke ist durch die Prozesskinematik zu erklären, welche u.a. von KAUFFMANN und FRECH beschrieben wird [KAUF12, FREC19]. Im Wälzpunkt wirkt die Normalkraft entlang der Eingriffstrecke, wodurch reines, gleitfreies Abwälzen vorliegt. Es resultiert ein Materialfluss in Normalrichtung zur Oberfläche. Außerhalb des Wälzpunkts ist ein zusätzlicher Materialfluss in Zahnhöhenrichtung zu verzeichnen. Zudem fließt das Material ebenso in den materialfreien Raum in Zahnbreitenrichtung. Im Außenquerwalzprozess ist an den Stirnseiten des Stirnrads, aufgrund fehlender Abstützung, der Materialfließwiderstand geringer, wodurch es zu einer geringeren Verdichtung der Seiten der Zahnflanke kommt.

Analog zur Fertigungskette konventioneller schmelzmetallurgischer Zahnräder werden PM Leistungsverzahnungen im fünften Schritt einsatzgehärtet. In dem thermochemischen Wärmebehandlungsverfahren wird die Randschicht der Zahnräder aufgekohlt, anschließend abgeschreckt und angelassen. Beim Einsatzhärten bildet sich aufgrund des höheren Kohlenstoffgehalts Martensit in der Randschicht aus. Somit werden Zahnräder mit einem zähen Kern und einer harten Randschicht hergestellt. Während die Erhöhung der Randschichthärte zu einer Steigerung des Verschleißwiderstandes führt, bewirkt der zähere Kern eine Verbesserung der Biegewechselfestigkeit und Überlasttoleranz. Des Weiteren wirken die in der Randschicht aufgebauten Druckeigenspannungen dem Risswachstum entgegen. [KLOC17b]

Infolge der Einsatzhärtung entstehen geometrische Härteverzüge. Diese werden, im sechsten Schritt, durch die Hartfeinbearbeitung der Funktionsflächen egalisiert. Zur Hartfeinbearbeitung zählen das Plan- und Bohrungsschleifen sowie das Verzahnungsschleifen. Am Ende der Prozesskette liegt ein einbaufertiges Zahnrad vor, dessen Produktqualität durch die Werkstoffeigenschaften und das resultierende Einsatzverhalten definiert wird.

Der Fertigungsprozess pulvermetallurgischer Zahnräder ist geprägt von geometriespezifischen Werkzeugen, welche für den Press- und Nachverdichtungsprozess benötigt werden. Aufgrund der hohen Kosten für spezialisierte Werkzeuge eignet sich die pulvermetallurgische Fertigungskette vor allem für die Serienfertigung von Zahnrädern [FREC19]. Die Presswerkzeuge verzeichnen eine Standzeit von mehreren tausend Bauteilen [KOCH94]. Die höheren Investitionskosten der Werkzeuge können aufgrund der höheren Ressourceneffizienz hinsichtlich Material- und Energieeinsatz egalisiert werden [KRUZ12]. In **Bild 2-3** sind die potenziellen Einsparungen an eingesetztem Rohmaterial sowie die Einsparungen an Energiekosten für ein typisches PM-Zahnrad im Bereich $m_n = 2$ mm im Vergleich zur spanenden Fertigung zusammengefasst [FREC15, KLOC17a].

Die Ressourceneffizienz der pulvermetallurgischen Prozesskette führt zu einem Einsparpotenzial von 5,4 % hinsichtlich der Energie sowie 52,2 % bezüglich des eingesetzten Materials. Aus diesen beiden Einsparpotenzialen ergibt sich zusammenfassend ein Kostenvorteil der PM Prozesskette gegenüber der konventionellen Prozesskette von 21,7 %. Ferner führt der geringere Materialeinsatz zu einer Reduzierung der Transportkosten, welche bislang nicht im Einsparpotenzial berücksichtigt ist. Weitere Kostenvorteile liegen beispielsweise in den geringen Maschinenkosten aufgrund verkürzter Prozesszeiten sowie geringerer Raum- und Instandhaltungskosten [STRE12]. Durch den geringeren Werkstoffeinsatz infolge von Leichtbauradkörpern kann sowohl die benötigte Presskraft als auch der Materialbedarf weiter reduziert werden.

Verzahnungsdaten	
m_n	= 2 mm
α_n	= 20 °
β	= 0 °
b_z	= 14 mm
z_2	= 27
d_{a2}	= 56,8 mm
d_{Bohr}	= 22 mm

Konventionelle Prozesskette	
Stahlherstellung	690 Wh
Schmieden	229 Wh
Drehen	17 Wh
Bohren	6 Wh
Fräsen	23 Wh
Gesamtenergie	*965 Wh*

Pulvermetallurgische Prozesskette	
Pulverherstellung	396 Wh
Verdichten	176 Wh
Sintern	330 Wh
Walzen	8 Wh
Gesamtenergie	*910 Wh*

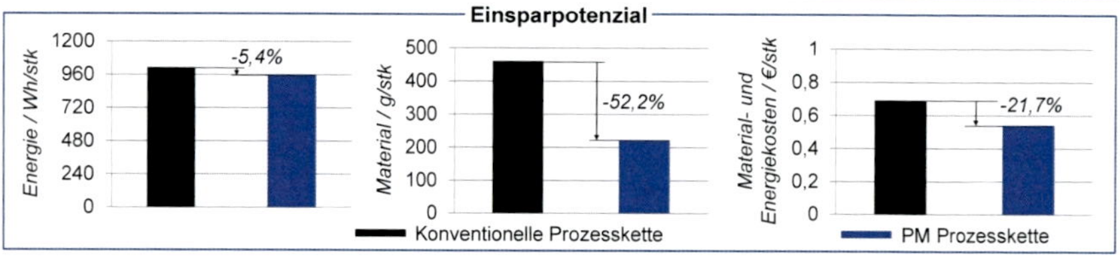

Bild 2-3: Ressourceneffizienz pulvermetallurgischer Stirnradverzahnungen [FREC15]
Resource efficiency of powder metal gears [FREC15]

2.3.2 Dichteabhängige Werkstoffeigenschaften

Density Dependent Material Properties

Die fertigungsbedingten lokalen Werkstoffdichten pulvermetallurgischen Stirnradverzahnungen infolge des Press- und Verdichtungsprozesses, führen zu variierenden elastischen Werkstoffeigenschaften. Für die Beschreibung der elastischen Eigenschaften von metallischen Werkstoffen sind allein zwei elastische Konstanten voneinander unabhängig. Die jeweils anderen Größen können in Abhängigkeit der beiden Konstanten berechnet werden. Im Stand der Technik ist der Zusammenhang zwischen der Werkstoffsteifigkeit, bzw. dem Elastizitätsmodul (E-Modul) pulvermetallurgischer Eisenwerkstoffe und der Porosität, adäquat bewiesen. BEISS stellte mittels Regressionsrechnungen, auf der Basis von experimentellen Untersuchungsergebnissen, Gleichungen zur Berechnung des Elastizitätsmoduls, des Schubmoduls, der Querkontraktionszahl und des Kompressionsmoduls auf. Der E-Modul E eines pulvermetallurgischen Werkstoffs steht in direkter Abhängigkeit der Dichte und kann mittels **Formel (2-2)** analytisch berechnet werden. [BEIS13]

$$E = E_0 \cdot \left(\frac{\rho}{\rho_0}\right)^m \tag{2-2}$$

Die Querkontraktionszahl ν steht gemäß **Formel (2-3)** ebenfalls im potenziellen Zusammenhang zur Dichte. Die beiden Exponenten m und n zur Abschätzung der Werkstoffeigenschaften sind abhängig vom Pulvertyp und den Sinterbedingungen. Für wasserverdüstes Pulver, welches bei normalen Sinterbedingungen 27.000 K ≤ P_S ≤ 29.000 K (Larson-Miller-Parameter P_S) gesintert wurde, ist m = 3,5 und n = 3,34. [BEIS13]

$$v = \left((1 + v_0) \cdot \left(\frac{\rho}{\rho_0}\right)^{m-n}\right) - 1 \quad \textbf{(2-3)}$$

In **Bild 2-4** sind die drei Werkstoffeigenschaften Elastizitätsmodul, Querkontraktionszahl und der Dämpfungsgrad in Abhängigkeit der Dichte dargestellt. Die dichteabhängige Dämpfung ist bislang von FLODIN, HENSER und BRECHER ET AL. untersucht worden [FLOD10, HENS10, FLOD11, BREC18].

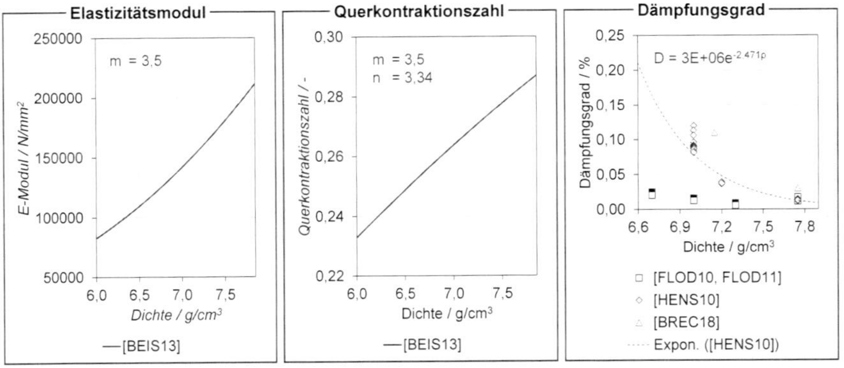

Bild 2-4: Pulvermetallurgische Werkstoffeigenschaften in Abhängigkeit der Dichte [FLOD10, HENS10, FLOD11, BEIS13, BREC18]

Powder Metallurgical Material Properties as a Function of Density [FLOD10, HENS10, FLOD11, BEIS13, BREC18]

FLODIN ET AL. untersuchten die Werkstoffdämpfung mit Impulsanschlagversuchen und berechneten abklingzeitbasiert die Werkstoffdämpfung [FLOD10, FLOD11]. Die Ergebnisse zeigen eine steigende Werkstoffdämpfung bei geringeren Dichten. Die schmelzmetallurgische Variante mit einer Dichte von ρ = 7,75 g/cm³ zeigte eine vergleichbare Werkstoffdämpfung wie die PM Variante mit einer Dichte von ρ = 7,0 g/cm³. Dieses Ergebnis wurde auf die geringere Korngröße der schmelzmetallurgischen Variante zurückgeführt. Die für die Untersuchungen genutzte Bauteilgeometrie wurde nicht beschrieben.

HENSER untersuchte, in einer Diplomarbeit, die Werkstoffdämpfung in Abhängigkeit der Dichte, des Kohlenstoffgehalts und mit einer Ringgeometrie. Mit Impulsanschlagversuchen wurde der Verlustfaktor abklingzeitbasiert gemessen und ein exponentieller Zusammenhang zwischen Werkstoffdämpfung und Dichte festgestellt. Ferner wird gezeigt, dass ein steigender Kohlenstoffgehalt die Werkstoffdämpfung reduziert. Der Einfluss der Dichte ist in den untersuchten Variationsbereichen dominierend. [HENS10]

BRECHER ET AL. haben die Werkstoffdämpfung an PM und schmelzmetallurgischen Stirnradverzahnungen mit Impulsanschlagversuchen gemessen. Bei Reduzierung der Werkstoffdichte von $\rho = 7{,}75$ g/cm^3 auf $\rho = 7{,}15$ g/cm^3 wurde eine Steigerung des Dämpfungsgrads um den Faktor 3,7 gemessen. [BREC18]

Der Einfluss der Werkstoffsteifigkeit auf das Einsatzverhalten von Zahnrädern kann näherungsweise mit approximierenden Modellen abgeschätzt werden. Hinsichtlich der Abplattung der Zahnflanke unter Last kann die Zahnflankenpressung herangezogen werden, welche sich mit der Kontakttheorie nach HERTZ berechnen lässt [HERT82]. Die Druckbeanspruchung der Zahnflanken wird bei der analytischen Berechnung durch zwei parallele Walzen angenähert und in einen Zylinder-Ebene-Kontakt überführt. Für diese Kontaktform kann die Pressung in der Kontaktmitte gemäß **Formel (2-4)** berechnet werden.

$$p_0 = \sqrt{\frac{F_N}{l} \cdot \frac{1}{r} \cdot \frac{1}{\pi \cdot \left(\frac{1-v_1{}^2}{E_1} + \frac{1-v_2{}^2}{E_2}\right)}} \qquad \textbf{(2-4)}$$

Der E-Modul steht nach der Hertz'schen Theorie durch eine Wurzelfunktion im formalen Zusammenhang mit der Pressung in der Kontaktmitte. Bei linear-elastischem Materialverhalten ist die Verformung der Zahnflanke proportional zur Pressung, wodurch sich zwischen der Abplattung der Zahnflanken und der Beanspruchung ein wurzelförmiger Zusammenhang ergibt. [KLOC17b]

Der Einfluss der Werkstoffsteifigkeit auf die Parameteranregung hinsichtlich der Zahnbiegung ergibt sich aus der Verformung des gesamten Zahns. Die mechanische Spannung und Durchbiegung des Zahns können vereinfacht mit einem Biegebalkenmodell beschrieben werden. Die Durchbiegung eines Biegebalken infolge einer Querkraft berechnet sich gemäß **Formel (2-5)**. [KLOC17b]

$$v = \frac{Q \cdot l^3}{3 \cdot E \cdot I} \qquad \textbf{(2-5)}$$

Die Durchbiegung des Zahns verhält sich antiproportional zum E-Modul des Zahnradwerkstoffs. Im Hinblick auf die allgemeinen Kontaktbedingungen im Zahneingriff infolge eines linear-elastischen Materialverhaltens besteht demnach ein höherer Einfluss der Werkstoffsteifigkeit auf die Biegung des Zahns unter Last als auf die Abplattung der Zahnflanke.

Neben den elastischen Eigenschaften und der Dämpfung beeinflusst die Werkstoffdichte die Tragfähigkeit. Zur Tragfähigkeitsbewertung von Maschinenelementen gilt der Festigkeitsnachweis für Maschinenelemente, kurz: FKM-RICHTLINIE, als Stand der Technik [FKM03]. Die Grundlage der Beanspruchungsbewertung der FKM-RICHTLINIE bilden die MISES-Vergleichsspannung und die Mittel- und Ausschlagspannung der drei Hauptspannungskomponenten [HAIB89]. Die Tragfähigkeit ergibt sich aus der Gegenüberstellung ermittelter Spannungskennwerte mit werkstoff- und fertigungsabhängigen ertragbaren Grenzspannungen. Während die ertragbaren Grenzspannungen maßgeblich durch den Werkstoff bestimmt werden, beeinflusst der Fertigungsprozess die resultierenden Kerbwirkungen und die Rauheit. Der Quotient aus ertragbarer Grenzspannung und berechneter auftretender Spannung definiert die Sicherheit gegen Bauteilversagen. Der Kehrwert gibt die Auslastung des Bauteils an. Es werden der statische Auslastungsgrad a_{SK} und der dynamische Gesamtauslastungsgrad $a_{BK,V}$ unterschieden. Mit **Formel (2-6)** wird aus den einzelnen dynamischen Auslastungsgraden $a_{BK,i}$, infolge der drei Hauptspannungen, der Gesamtauslastungsgrad berechnet.

$$a_{BK,V} = \sqrt{\frac{(a_{BK,1}-a_{BK,2})^2+(a_{BK,2}-a_{BK,3})^2+(a_{BK,3}-a_{BK,1})^2}{2}} \quad \textbf{(2-6)}$$

Die Beanspruchbarkeit des Werkstoffs wird mit der Zugfestigkeit R_m, der Fließgrenze $R_{p0,2}$, dem Elastizitätsmodul E und der Gesamtstützzahl n_X bestimmt. GAISINA ET AL. untersuchten den Einfluss der Werkstoffdichte auf die Zugfestigkeit des pulvermetallurgischen Zahnradwerkstoff Astaloy-85Mo [GAIS22]. Zur Messung der Werkstoffparameter wurden normgerecht Zugversuche an Standardproben mit fünf unterschiedlichen Werkstoffdichten durchgeführt. Es wurden die Werkstoffdichten ρ = 6,5 / 6,8 / 7,0 / 7,2 und 7,5 g/cm^3 unter Standardsinterbedingungen von T = 1120°C bei t = 30 min untersucht. Nach **Formel (2-7)** und **Formel (2-8)** steht sowohl die Zugfestigkeit R_m als auch die Fließgrenze $R_{p0,2}$ in einem potenziellen Zusammenhang zur relativen Werkstoffdichte.

$$R_m = 724 \cdot \left(\frac{\rho}{\rho_0}\right)^4 \; N/mm^2 \quad \textbf{(2-7)}$$

$$R_{p0,2} = 515 \cdot \left(\frac{\rho}{\rho_0}\right)^4 \; N/mm^2 \quad \textbf{(2-8)}$$

Hinsichtlich der werkstoffabhängigen Gesamtstützzahl n_X zeigten SCHNEIDER und SAVU, dass für pulvermetallurgische Werkstoffe keine Dichteabhängigkeit zu verzeichnen ist [SCHN19]. Unabhängig von der Zugfestigkeit und der Werkstoffdichte kann eine konstante Stützzahl von n_X = 1,65 für pulvermetallurgische Werkstoffe angenommen werden. Somit liegt die Dichteabhängigkeit hinsichtlich der Tragfähigkeit pulvermetallurgischer Werkstoffe vor allem in der Zugfestigkeit und der Fließgrenze.

2.4 Einsatzverhalten pulvermetallurgischer Zahnräder

Operation Behavior of Powder Metal Gears

Die dichteabhängigen Werkstoffeigenschaften von PM Zahnrädern führen zu einem differenten Einsatzverhalten im Vergleich zu schmelzmetallurgischen Zahnrädern. Maßgebliche Kennwerte des Einsatzverhaltens sind die Zahnfußtragfähigkeit, die Zahnflankentragfähigkeit sowie das Anregungs- und Geräuschverhalten.

2.4.1 Zahnfußtragfähigkeit

Tooth Root Load Capacity

Untersuchungen zur Zahnfußtragfähigkeit von PM Zahnrädern werden in verschiedenen wissenschaftlichen Arbeiten beschrieben [STRE97, KOTT03, STAU04, DIZD12,

KLOC17a]. Bei den Untersuchungen wurde die Zahnfußtragfähigkeit nicht in Laufversuchen, sondern im Pulsatorversuch getestet. Die Vorgehensweise von Pulsatorversuchen sowie die Übertragung der Ergebnisse auf den Laufversuch wurden von KLOCKE ET AL. umfassend beschrieben [KLOC17b].

STREHL untersuchte den Einfluss des Kugelstrahlens auf die Zahnfußtragfähigkeit von PM Zahnrädern. Es wurde eine schmelzmetallurgische Referenzverzahnung (16MnCr5) mit einer geometriegleichen PM Verzahnung (Fe-3,5%Mo) verglichen. Die Ergebnisse zeigen, dass die Zahnfußtragfähigkeit der kugelgestrahlten PM Verzahnung auf ein vergleichbares Niveau zur schmelzmetallurgischen Referenzverzahnung steigt, welche nicht kugelgestrahlt ist. Verglichen mit der kugelgestrahlten Referenzverzahnung liegt die erreichte Zahnfußtragfähigkeit der kugelgestrahlten PM Verzahnung um 33 % geringer. [STRE97]

KOTTHOFF bestätigte den tragfähigkeitssteigernden Einfluss des Kugelstrahlens auf die Zahnfußtragfähigkeit von PM Verzahnungen anhand der Untersuchung der beiden Werkstoffe Fe-4,0Mo und Fe-4,0Mo-0,1Nb. In Pulsatorversuchen erhöhte sich für beide Werkstoffe die Zahnfußtragfähigkeit, infolge des Kugelstrahlens, gegenüber der schmelzmetallurgischen nicht kugelgestrahlten Referenzverzahnung (16MnCr5). [KOTT03]

DIZDAR hat Versuchsergebnisse zum Einfluss der Kerndichte, des Dichtwalzens und des Kugelstrahlens von PM Zahnrädern auf die Zahnfußtragfähigkeit gegenübergestellt. Es wurden die beiden PM Werkstoffe Astaloy CrL+0,2C und Astaloy 85Mo+0,2C sowie der schmelzmetallurgische Referenzwerkstoff 16MnCr5 untersucht. Die Ergebnisse sind in **Bild 2-5** gegenübergestellt. [DIZD12]

Beide Werkstoffe zeigen bei gleicher Kerndichte eine vergleichbare Zahnfußtragfähigkeit, vgl. *V2* und *V6*. Der Vergleich von *V2* zu *V3* zeigt, dass eine höhere Kerndichte eine Steigerung der Zahnfußtragfähigkeit bewirkt. Zusätzlich führt die Verdichtung der Randzone durch Dichtwalzen zu einer werkstoffunabhängigen Erhöhung der Zahnfußtragfähigkeit. Die beiden Einflussgrößen Dichtwalzen und Kerndichte ergänzen sich. Ferner wurde gezeigt, dass eine tiefere Verdichtung der Randzone die Zahnfußtragfähigkeit erhöht, vgl. *V7* zu *V8*. Zu beachten ist, dass die unterschiedlichen Verdichtungstiefen auf die differenten Fertigungsprozesse Kugelstrahlen (*V7*) und Dichtwalzen (*V8*) zurückzuführen sind. [DIZD12]

KLOCKE ET AL. stellten Versuchsergebnisse einer schmelzmetallurgischen Referenzverzahnung aus 16MnCr5 und einer dichtgewalzten PM Verzahnung aus FE-0,85Mo-0,25C gegenüber. Beide Varianten wurden einsatzgehärtet und geschliffen. Die ertragbare Zahnfußspannung der PM Verzahnung war im Dauerfestigkeitsbereich um $\Delta\sigma_{F0}$ = 23,35 % geringer. Die geringere Zahnfußtragfähigkeit wurde u.a. durch eine Spannungsüberhöhung in der Randzone begründet. Es wurde gezeigt, dass die Zahnfußspannungsverteilung bei randzonenverdichteten PM Verzahnungen mit einem Sandwichbalkenmodell beschrieben werden kann. Bei der Belastung eines Sandwichbalkens mit einer Querkraft führt die inhomogene Materialsteifigkeit zu einer differenten Spannungsverteilung und es kommt zu einem Spannungssprung zwischen der Randschicht und dem Kern. Wenn die Materialsteifigkeit der Randschicht infolge der höheren Dichte durch die Nachverdichtung eine höhere Werkstoffsteifigkeit aufweist als die des Kerns, nimmt die Biegespannung in der Randschicht zu. Bei einer tieferen Verdichtung oder höheren Kerndichte nimmt der Gradient der Werkstoffsteifigkeit in Tiefenrichtung ab. Dadurch wird der Spannungssprung reduziert und die Zahnfußtragfähigkeit steigt. [KLOC17a]

Versuchsaufbau

- ***Versuchsaufbau***
  - Resonanz-Pulsatorprüfstand
  - T = RT
- ***Verzahnungsdaten***
  - m_n = 1,5875 mm
  - z = 18
  - b_z = 10 mm
  - α_n = 20°
  - β = 0°

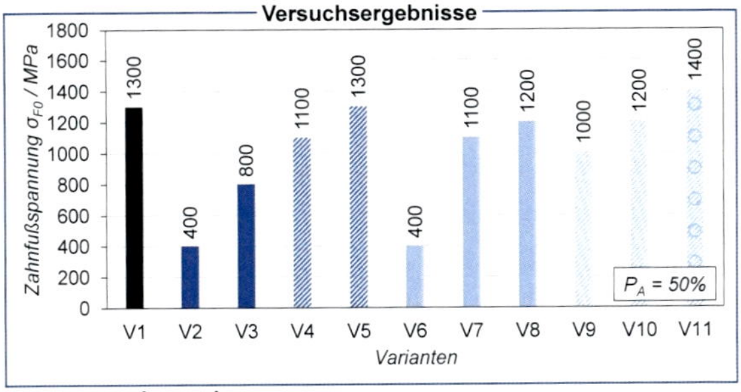

Legende

Variante	Werkstoff	Prozess	ρ_{Kern} / g/cm³	ρ_{Rand} / g/cm³	t_{d98} / mm	CHD / mm
V1	16MnCr5	EH	7,8	7,8	-	0,250
V2	Astaloy 85Mo+0.2C	EH	7,3	7,3	-	0,250
V3	Astaloy 85Mo+0.2C	EH	7,6	7,6	-	0,250
V4	Astaloy 85Mo+0.2C	DW, EH	7,1	k.A.	0,300	0,250
V5	Astaloy 85Mo+0.2C	DW, EH	7,4	k.A.	0,300	0,250
V6	Astaloy CrL+0.2C	EH	7,3	7,3	-	0,250
V7	Astaloy CrL+0.2C	KS, EH	7,5	k.A.	0,150	0,250
V8	Astaloy CrL+0.2C	DW, EH	7,5	k.A.	0,300	0,250
V9	Astaloy CrL+0.2C	DW, EH	7,1	k.A.	0,300	0,250
V10	Astaloy CrL+0.2C	DW, EH	7,4	k.A.	0,300	0,250
V11	Astaloy CrL+0.2C	DW, EH, KS	7,5	k.A.	0,300	0,250

EH – Einsatzhärten
KS – Kugelstrahlen
DW – Dichtwalzen

Bild 2-5: Untersuchungsergebnisse zur Zahnfußtragfähigkeit pulvermetallurgischer Stirnradverzahnungen [DIZD12]

Results of investigations on the tooth root load capacity of powder-metallurgical spur gears [DIZD12]

STAUFFER stellte Untersuchungsergebnisse des PM Werkstoffs SAE 4620 gegenüber. Die experimentell gemessenen Zahnfußtragfähigkeiten der Varianten bestätigen die Ergebnisse von DIZDAR. Zudem untersucht STAUFFER zwei vollverdichtete Zahnräder, welche pulvergeschmiedet und schmelzmetallurgisch gefertigt wurden. Für beide Varianten wurde dieselbe Zahnfußtragfähigkeit ermittelt, sodass eine Beeinflussung der unterschiedlichen Fertigungsprozesse ausgeschlossen werden konnte. [STAU04]

Zur Steigerung der Zahnfußtragfähigkeit stellen KLOCKE ET AL. und FLODIN ET AL. Optimierungsmethoden durch die Auslegung der Zahnfußform vor [FLOD13, KLOC17a]. Die Gestaltung der Zahnfußgeometrie ist infolge der Fertigung der Zahnfußform durch Wälzfräsen limitiert. Bei PM Zahnrädern wird die Zahnfußgeometrie im Pressprozess gefertigt, wodurch geringere Fertigungsrestriktionen bestehen. FLODIN ET AL. optimierten die Zahnfußform zur Reduzierung der Zahnfußspannung iterativ mit FE-Berechnungen in welcher die Zahnfußform mit einer Spline-Funktion approximiert wird [FLOD13]. Die Zahnfußspannung konnte durch eine nicht-trochoidale Zahnfußform reduziert werden [FLOD13]. KLOCKE ET AL. bestätigten die Forschungsergebnisse und beschreiben Fertigungsrestriktionen der Zahnfußform durch die Kinematik des Dichtwalzen [KLOC17a]. Für eine freie Zahnfußformoptimierung verwendeten KLOCKE ET AL. das Kugelstrahlen als Nachverdichtungsverfahren, wodurch keine Restriktion der Zahnfußformoptimierung vorliegen [KLOC17a]. Auf Basis der beiden Fertigungsverfahren wurden zwei zahnfußspannungsoptimierte PM Zahnradvarianten ausgelegt und experimentell im Pulsatorversuch untersucht. Die Versuchsergebnisse zeigen eine Steigerung der Zahnfußtragfähigkeit infolge der Zahnfußformoptimierung. Die freie Zahnfußgeometrieoptimierung mit Nachverdichtung durch Kugelstrahlen führte zur höchsten Tragfähigkeit.

HAJECK hat die Einflussgrößen Dichte, Größeneinfluss und Kohlenstoffgehalt auf die Zahnfußtragfähigkeit untersucht und eine Gleichung zur Berechnung der Zahnfußtragfähigkeit einsatzgehärteter pulvermetallurgischer Zahnräder formuliert. Auf Basis des Volumen-Konzepts wird die Bauteilschwingfestigkeit untersucht und gezeigt, dass Druckeigenspannungen über das Spannungsverhältnis in der Berechnung berücksichtigt werden können. [HAJE18]

Zur Prognose des Eigenspannungszustands von PM Zahnrädern hat RAJAEI eine Wärmebehandlungssimulation entwickelt. Die Einsatzhärtetiefe und die Druckeigenspannungen können demnach für nachverdichtete PM Zahnräder vorhergesagt werden. [RAJA23]

Insgesamt adressieren die genannten Untersuchungen zur Zahnfußtragfähigkeit von PM Zahnrädern den Einfluss verschiedener Werkstoffe, Kerndichten sowie Fertigungsprozessketten auf die Zahnfußtragfähigkeit. Untersuchungen zum Einfluss der Wärmebehandlung sowie der Verdichtungstiefe bei konstanter Fertigungskette wurden nicht thematisiert.

2.4.2 Zahnflankentragfähigkeit

Tooth Flank Load Capacity

Die Untersuchungen zur Zahnflankentragfähigkeit, bzw. Wälzfestigkeit von PM Verzahnungen beziehen sich auf zwei unterschiedliche Bauteilproben. Einerseits wurde die Wälzfestigkeit von PM Werkstoffen mit Rollen, bzw. Scheiben untersucht. Andererseits wurden Untersuchungsergebnisse an Zahnrädern im Laufversuch publiziert. Rollenuntersuchungen sind Analogieversuche und bilden die Kinematik des Zahnkontakts auf einem Punkt der Eingriffsstrecke ab [KLOC17b].

Untersuchungen zur Wälzfestigkeit pulvermetallurgisch hergestellter Bauteile sind Gegenstand unterschiedlicher Arbeiten [LIPP97, STRE97, JOHA02, FORD03, KOTT03, JAND04, PETE05, HOFF06, LAWC06, DIZD12, ANDE14, JANI14, HOLM19]. FORDÉN ET AL., KOTTHOFF und DIZDAR untersuchen Rollen aus unterschiedlichen PM Werkstoffen, Dichten sowie Härten und vergleichen diese mit dem konventionellen Zahnradwerkstoff 16MnCr5 [FORD03, KOTT03, DIZD12]. Nach FORDÉN ET AL. sind die identifizierten Schadensmechanismen auf Basis von Ermüdungsschäden randschichtverdichteter PM Rollen mit denen schmelzmetallurgisch hergestellter Rollen vergleichbar [FORD03]. KOTTHOFF zeigt, dass die Wälzfestigkeit von PM Rollen durch eine Verdichtung und Einsatzhärtung der Randschicht auf ein vergleichbares Niveau zum Einsatzstahl 16MnCr5 angehoben werden kann [KOTT03]. FORDÉN ET AL. bestätigen, dass eine lokale Verdichtung des Randbereichs die Wälzfestigkeit von PM Rollen steigert und die Wälzfestigkeit schmelzmetallurgisch hergestellter Rollen erreicht wird [FORD03]. HOFFMANN ET AL. zeigen an PM Rollen, dass eine zu große Verdichtungstiefe im Vergleich zu einer mittleren Verdichtungstiefe die Wälzfestigkeit reduziert [HOFF06].

Es ist zu beachten, dass die Wälzfestigkeit, welche mit Rollenversuchen ermittelt wird, in der Regel höher als bei der Untersuchung von Zahnrädern ist. Die Überschätzung der Beanspruchbarkeit auf Basis des Analogieversuchs ergibt sich aus der sich ändernden Kinematik über der Eingriffsstrecke im Zahnkontakt sowie der elastischen Verformung der Zähne aufgrund von Biegung, welche nicht abgebildet werden [DIZD13]. Bei PM Zahnrädern ist die Verdichtungstiefe über der Zahnhöhe nicht konstant. Da zylindrische Prüfkörper im Analogieversuch eine konstante Verdichtungstiefe über dem Umfang aufweisen, werden Effekte aufgrund des sich über der Zahnhöhe ändernden Verdichtungsprofils nicht berücksichtigt. Untersuchungen zur Wälzfestigkeit von PM Zahnrädern wurden von YOSHIDA ET AL., DIZDAR und TAKEMASU ET AL. durchgeführt [YOSH94, YOSH03, DIZD13, TAKE14]. Zur Darstellung des erreichbaren Wälzfestigkeitsniveaus pulvermetallurgisch hergestellter Zahnräder sind die von DIZDAR durchgeführten Untersuchungen in **Bild 2-6** dargestellt [DIZD13].

Versuchsaufbau

- ***Versuchsaufbau***
  - Zwei-Wellen-Verspannungsprüfstand
  - Shell Spirax MA 80 W
  - T = 80° C
  - n_1 = 2850 min^{-1}
- ***Verzahnungsdaten***
  - a = 35,72 mm
  - m_n = 1,5875 mm
  - z_1 = 18
  - z_2 = 27
  - α_n = 20°
  - β = 0°

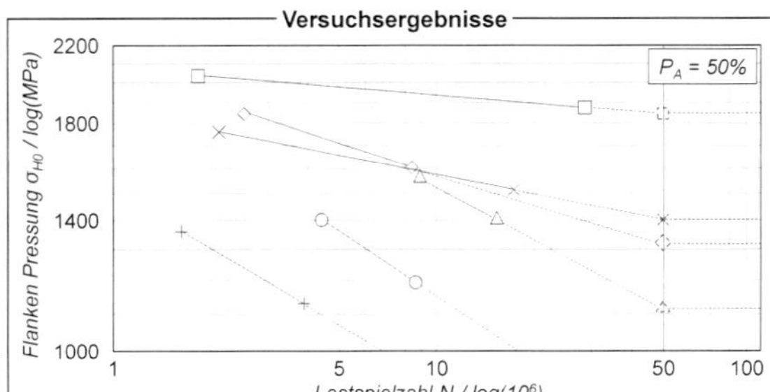

Legende

Variante		Werkstoff	Prozess	ρ_{Kern} / g/cm^3	ρ_{Rand} / g/cm^3	t_{d98} / mm	CHD / mm
□	V1	16MnCr5	EH	7,9	7,9	-	0,157
◇	V2	Fe-1,5Cr-0,2Mo-0,2C	KS, K, EH	7,5	7,9	0,126	0,252
△	V3	Fe-1,5Cr-0,2Mo-0,7Ni-0,2C	DW, EH	7,5	7,9	0,252	0,252
×	V4	Fe-1,5Cr-0,2Mo-0,7Ni-0,2C	DW, S2, EH	7,5	7,9	0,252	0,252
○	V5	Fe-0,85Mo-0,2C	DW, EH	7,4	7,9	0,157	0,189
+	V6	Fe-1,5Mo-0,2C	EH	7,6	7,6	-	0,189

EH – Einsatzhärten
KS – Kugelstrahlen
K - Kalibrieren
DW – Dichtwalzen
S2 – Nachsintern
Werte extrapoliert

Bild 2-6: Untersuchungsergebnisse zur Zahnflankentragfähigkeit pulvermetallurgischer Stirnradverzahnungen [DIZD13]

Results of investigations on the tooth flank load capacity of powder-metallurgical spur gears [DIZD13]

DIZDAR untersuchte verschiedene pulvermetallische Werkstoffe, unterschiedliche Kerndichten, Nachverdichtungsverfahren und Wärmebehandlungen. Insgesamt wurden sechs Varianten verglichen. Der Vergleich der Versuchsergebnisse von *V5* zu *V6* zeigt u.a. den Einfluss der Verdichtung der Randzone auf die Zahnflankentragfähigkeit. Gegensätzlich der um $\Delta\rho_{Kern}$ = 0,2 g/cm³ geringeren Kerndichte von *V5*, zeigt sich im Vergleich zu *V6* eine Erhöhung der Zahnflankentragfähigkeit infolge der Nachverdichtung der Randzone. Es ist zu berücksichtigen, dass der Molybdän-Anteil der Variante *V6* um Δw_{Mo} = 0,65 m% höher liegt. Die Ergebnissen von KOTTHOFF zeigen, dass der Einfluss der Verdichtung der Randschicht dem Einfluss des Molybdängehalts überwiegt [KOTT03]. Anhand der Untersuchungsergebnisse der Prüfverzahnungen aus dem Werkstoff FE-1,5Cr-0,2Mo-0,7Ni-0,2C zeigt DIZDAR, dass durch einen zweiten Sintervorgang nach dem Nachverdichten, die Zahnflankentragfähigkeit – insbesondere die Dauerfestigkeit – gesteigert werden kann, vgl. *V4* mit *V3* [DIZD13]. HOFFMANN UND JANDESKA erklären dieses Phänomen durch das während des zweiten Sintervorgangs auftretende Ausheilen von Porenfragmenten in der vollverdichteten Randzone, welche als Initialrisse gelten [HOFF07]. TAKEMASU ET AL. haben festgestellt, dass der Einfluss der Verdichtung der Randzone bei Bauteilen mit einer geringeren Kerndichte (ρ_{Kern} ≈ 7,3 g/cm³) einen größeren Einfluss hat, als bei Bauteilen mit einer höheren Kerndichte (ρ_{Kern} ≈ 7,5 g/cm³) [TAKE14]. YOSHIDA ET AL. untersuchten den Einfluss der Einsatzhärtetiefe auf die Zahnflankentragfähigkeit von induktionsgehärteten und nicht nachverdichteten pulvermetallurgischen Zahnrädern. Die Zahnflankentragfähigkeit der induktiv gehärteten PM Stirnräder wurde durch die Einsatzhärtetiefe nicht signifikant beeinflusst [YOSH94].

Die Untersuchungen zur Zahnflankentragfähigkeit adressieren den Einfluss verschiedener Werkstoffe, Kerndichten sowie Prozessketten auf die Wälzfestigkeit. Eine systematische Untersuchung der Wälzfestigkeit von PM Zahnrädern hinsichtlich der Kombination der Verdichtungs- und Einsatzhärtetiefe konnte nicht identifiziert werden. In der industriellen Praxis wird die Verdichtungstiefe in der Regel gleich der Einsatzhärtetiefe ausgelegt [FREC19]. Diese Annahme basiert auf den Erkenntnissen zu schmelzmetallurgischen Zahnrädern, welche bislang nicht systematisch für pulvermetallurgische Zahnräder überprüft wurde.

2.4.3 Geräuschverhalten

Noise Behavior

Die Porosität und dichteabhängige Werkstoffsteifigkeit von pulvermetallurgischen Zahnrädern führt zu einem differenten Anregungsverhalten im Gegensatz zu konventionellen schmelzmetallurgischen Zahnrädern [BREC17c]. Infolgedessen ist eine Übertragbarkeit der Erkenntnisse, welche mit schmelzmetallurgischen Zahnrädern erzielt worden sind, nur bedingt möglich.

SANDERS ET AL. haben Motorsteuerräder aus Einsatzstahl (16MnCr5) mit randzonenverdichteten PM Zahnrädern gleicher Geometrie verglichen. Die Untersuchungen zeigen, dass die PM Zahnräder aufgrund der Verdichtung der Randzone die geforderte Zahnflanken-, als auch Zahnfußtragfähigkeit erreichen. Zusätzlich wurden Geräuschuntersuchungen durchgeführt und mit den PM Zahnräder eine reduzierte Körperschallemission von bis zu ΔL_a = 15 % im Vergleich zu den schmelzmetallurgischen Zahnrädern gemessen. Die Körperschallreduktion wurde auf die verbleibende Restporosität bei der Dichte ρ = 7,0 g/cm^3 des Zahnrads zurückgeführt. [SAND04]

FLODIN untersuchte eine PM optimierte Leistungsverzahnung im Vergleich zu einer schmelzmetallurgischen Referenzverzahnung und verzeichnet eine Reduzierung der Körperschallemission zwischen ΔL_a = 6 bis 8,8 dB [FLOD16]. Den Untersuchungen liegen unterschiedliche Makrogeometrien zugrunde. Aufgrund der höheren Zähnezahl der PM Verzahnung ist die Körperschallreduktion daher nicht allein auf den Werkstoff, sondern auf eine höhere Gesamtüberdeckung und eine Änderung der Zahneingriffsfrequenz zurückzuführen.

BRECHER ET AL. haben Drehfehlermessungen durchgeführt und untersuchten die Körperschallemission bei dynamischen Drehzahlhochläufe. Neben dem Werkstoff ADI wurden zwei pulvermetallurgische Verzahnung mit unterschiedlicher Radkörperdichte verglichen. Infolge der Reduzierung der Radkörperdichte von ρ_{RK} = 7,15 g/cm^3 zu ρ_{RK} = 6,90 g/cm^3 verringert sich die Körperschallemission der ersten Zahneingriffsfrequenz um ΔL_a = 10,2 dB. Bei dem untersuchten Drehmoment wurde ein um $\Delta\varphi$ = 0,17 µm geringerer Drehfehler der ersten Zahneingriffsordnung der Variante mit geringerer Radkörperdichte gemessen. Daher ist die Körperschallreduktion nicht ausschließlich auf die Radkörperdichte zurückzuführen. [BREC17b]

KOTTHOFF zeigt, dass eine geringere Radkörperdichte bei PM Verzahnungen im Vergleich zu einer konstanten Dichte die Körperschallemission über einem Drehzahlhochlauf bis n = 5500 min^{-1} um ΔL_a = 10,7 dB reduzieren kann [KOTT18]. Den verglichenen Zahnrädern lag bei den Untersuchungen eine differente Mikrogeometrie zugrunde, weshalb sich die Körperschallreduktion nicht allein auf die differente Radkörperdichte zurückführen lässt.

HELLEIN untersuchte anhand von vier Motorsteuerrädern den Einfluss der Radkörpergeometrie auf das Geräuschverhalten von PM Zahnrädern. Durch die Anpassung der Radkörpergeometrie konnte eine Reduzierung des Verzahnungsheulens, infolge einer geringeren Torsionssteifigkeit, beobachtet werden. Die Körperschallemission reduzierte sich um bis zu ΔL_a = 10 dB. Ferner wurde der Summenpegelverlauf der ersten vier Zahneingriffsordnungen untersucht. Es wurde festgestellt, dass einerseits die Torsionssteifigkeit und andererseits die Verschiebung der Zahnradeigenfrequenzen zu einer Verminderung der Geräuschemission führen. [HELL19]

2.5 Fazit

Conclusion

Die fortschreitende Elektrifizierung des Antriebsstrangs stellt, infolge der Verminderung bis hin zum Wegfall der maskierenden Geräusche des Verbrennungsmotors, das Getriebegeräusch in den Vordergrund der Verzahnungsauslegung. Neben der Optimierung des Geräuschverhaltens lassen sich die Auslegungsziele von Stirnradverzahnungen in die Ziele Verbesserung des Leistungsgewichts, Erhöhung des Wirkungsgrads und Reduzierung der Bauteilkosten kategorisieren. Die heutigen Auslegungsmethoden für Stirnradverzahnungen basieren auf den Erkenntnissen zu schmelzmetallurgischen Verzahnungen. Die Auslegungsmethoden adressieren die Optimierung der Eingriffsbedingungen hinsichtlich des gewünschten Einsatzverhaltens. Der Fokus liegt auf der Auslegung der Makro- und Mikrogeometrie sowie deren Fertigungstoleranzen. Während die Auslegung der Makrogeometrie insbesondere das notwendige Kriterium der Tragfähigkeit adressiert und auf internationalen Normen basiert, erfolgt die Auslegung der Mikrogeometrie oftmals auf Basis der FE-basierten Berechnung des Einsatzverhaltens. Zahnkontaktanalysen ermöglichen sowohl die Berechnung der Beanspruchung als auch der Anregungscharakteristik und des Wirkungsgrads, wodurch deren Optimierung ermöglicht wird. Während die Makro- und Mikrogeometrie der Verzahnung bereits hinreichend ausgelegt werden können, werden Radkörpermodifikationen bislang nicht methodisch ausgelegt.

PM Fertigungsverfahren und Werkstoffe bieten neue Potenziale in der Getriebeauslegung. Aufgrund fehlender werkstoffgerechter Auslegungsmethoden werden PM Werkstoffe jedoch bislang nur bedingt bei der Auslegung von Leistungsverzahnungen berücksichtigt. Zur Herstellung eines PM Stirnrads wird das pulverförmige Grundmaterial durch Pressen und Sintern zu einem festen Bauteil verbunden. Die poröse und damit geringere Werkstoffdichte resultiert in einer geringeren Masse, geringeren Werkstoffsteifigkeit und höherem Dämpfungsgrad. Zahnradkritische Beanspruchungen liegen in der Randzone der Zahnflanke und des Zahnfußes. Durch Nachverdichtungsverfahren wird die Werkstoffdichte in der hochbelasteten Randzone von PM Stirnradverzahnungen lokal erhöht. Verschiedene experimentelle Untersuchungen zeigen eine allgemeine Steigerung der Zahnfuß- und Zahnflankentragfähigkeit infolge der Randzonenverdichtung. Neben Nachverdichtungsverfahren wird die Randzone durch die anschließende Wärmebehandlung infolge der Einsatzhärtung beeinflusst.

Der Einfluss der lokalen Werkstoffdichte des Verdichtungsprofils auf das Einsatzverhalten kann mit approximierenden Modellen qualitativ beurteilt werden. Infolgedessen zeigen PM Stirnräder ein differentes Anregungsverhalten sowie Zahnflankenpressung und Zahnfußspannung. Nach der Sandwichbalkentheorie führt die erhöhte Randdichte, infolge des höheren Elastizitätsmoduls, zu einer Steigerung der Zahnfußspannung. Die Zahnflankenpressung reduziert sich nach der Hertz'schen Pressungstheorie aufgrund der geringen Werkstoffsteifigkeit. Hinsichtlich des Anregungsverhaltens beeinflusst die steifigkeitsabhängige Verformung der Zähne unter Last, insbesondere den Mechanismus der Parameteranregung im Zahneingriff. Für die Berechnung der Beanspruchung und der Auslegung des Anregungsverhaltens nachverdichteter PM Stirnräder bedarf es daher einer Berücksichtigung der lokalen Werkstoffeigenschaften.

Die Anregung im Zahneingriff gilt nach der Geräuschentstehungskette als Geräuschquelle. Infolge des Körperschalltransfers durch den Radkörper und der Getriebebauteile resultiert die sekundäre Luftschallabstrahlung. Der Zahnradkörper wird als Bereich zwischen dem Zahnkranz und der Nabe definiert. Hier können Geräuschminderungsmaßnahmen genutzt werden, um den Körperschalltransfer zu reduzieren. Der

Stand der Technik zeigt, dass Dämmungs- und Dämpfungsmechanismen die Körperschallleitung beeinflussen. Beide Mechanismen wurden unabhängig voneinander mit Werkstoffverbundrädern und Impedanzelementen im Radkörper untersucht. Jedoch stellen Werkstoffverbundräder für Leistungsgetriebe, aufgrund der verminderten Tragfähigkeit des Radkörpers, keine Alternative dar. Des Weiteren werden für die Fertigung von Werkstoffverbundräder zusätzliche Prozessschritte benötigt. Diese Restriktion gilt ebenfalls für Impedanzelemente, welche konventionell spanend hergestellt werden. Neben dem Fertigungsaufwand gelten die Auswirkungen von Radkörpermodifikationen auf das Verformungs- und Anregungsverhalten als begrenzende Determinanten in der Radkörperauslegung. Ferner sind die maßgeblichen Limitationen der bislang durchgeführten Untersuchungen einerseits die untersuchten Anregungsfrequenzen, da diese nicht den gesamten menschlichen Hörbereich abdecken. Andererseits fehlt die Berücksichtigung der resultierenden Steifigkeitsmodulation des Radkörpers aufgrund von Impedanzelementen und die Gewährleistung der notwendigen Betriebssicherheit.

Mit der PM Fertigungskette lassen sich ohne zusätzliche Fertigungsprozesse sowohl geringere Werkstoffdichten als auch geometrische Impedanzelemente im Radkörper erzielen. Untersuchungen zum Geräuschverhalten pulvermetallurgischer Zahnräder belegen, dass ein relevanter Unterschied gegenüber schmelzmetallurgischen Zahnrädern besteht. Der Einfluss der Radkörpergeometrie und –dichte auf das Geräuschverhalten wurde bislang lediglich in experimentellen Stichversuchen untersucht. Die Ergebnisse zeigen eine Optimierung des Geräuschverhaltens infolge einer geringen Dichte des Radkörpers sowie geometrischer Radkörpermodifikationen. Die differente Anregung im Zahnkontakt sowie die Verschiebung der Zahnradeigenfrequenzen sind bislang jedoch nicht zusammenhängend thematisiert worden, wodurch die Wirkmechanismen nicht getrennt werden können. Zur Auslegung des Radkörpers fehlen demnach grundlegende systematische Untersuchungen zum kombinierten Einfluss der Radkörpergeometrie und -dichte auf das Geräuschverhalten von PM Stirnradverzahnungen. Ferner fehlt es an einer systematischen Auslegungsmethode des Radkörpers, womit das Potenzial der Geräuschreduzierung für unterschiedliche Anwendungsfälle genutzt werden kann.

3 Zielsetzung und Vorgehensweise

Objective and Approach

Die Erweiterung der Auslegung von Leistungsverzahnungen um pulvermetallurgische Einsatzstähle führt zu neuen Potenzialen in der Getriebeentwicklung. Die zugrundeliegende Prozesskette bietet aufgrund der endkonturnahen Fertigung des gesamten Stirnrads eine Steigerung der Leistungsdichte durch die Verwendung von Radkörpermodifikationen bei gleichzeitiger Einsparung von Material und Energie in der Fertigung. In den Radkörper integrierte Dämmungs- und Dämpfungselemente können den Körperschalltransfer zwischen Zahnkontakt und Wellenanbindung positiv beeinflussen. Dadurch können die im Rahmen der Elektromobilität steigenden Anforderungen an das Getriebegeräusch adressiert werden. Das Potenzial des Radkörpers zur Optimierung des Schwingverhaltens von Zahnradgetrieben wird vor allem durch die Kombination aus Eigenfrequenzverschiebung sowie Körperschalldämpfung und -dämmung erwartet.

Die Grundlage für eine wissensbasierte ganzheitliche Auslegung von PM Stirnradverzahnungen bildet die Kenntnis über die Auswirkungen der lokalen Werkstoffeigenschaften sowie die Modifikation der Radkörpergeometrie und -dichte. Das erste Forschungsdefizit liegt in der Berücksichtigung sowie der systematischen Untersuchung zum Einfluss des Verdichtungsprofils und der Einsatzhärtetiefe auf das Einsatzverhalten. Ferner ist mit den aktuellen Methoden aus dem Stand der Technik eine geräuschoptimierte Auslegung des Radkörpers aufgrund des geringen Detailierungsgrads nicht ausreichend. Das zweite Forschungsdefizit ergibt sich aus der unbekannten Wechselwirkung zwischen dem Einfluss des Verdichtungsprofils und des Radkörpers auf das Anregungs- und Körperschalltransferverhalten sowie der Tragfähigkeit von PM Stirnradverzahnungen. Um die Wirkmechanismen der Anregung und des Körperschalltransfers zu erforschen und auszulegen, ist es erforderlich, die Verzahnungsanregung und den Körperschalltransfer getrennt zu untersuchen sowie die notwendige Tragfähigkeit zu gewährleisten. Die Arbeit ist durch die folgende **Forschungshypothese** motiviert:

Mit einer validierten Methode zur werkstoffgerechten Auslegung von pulvermetallurgischen Stirnradverzahnungen kann eine Optimierung des Geräuschverhaltens durch eine gezielte Einstellung der lokalen Dichte und Auslegung der Radkörpergeometrie erfolgen, ohne die Tragfähigkeit zu senken oder die Fertigungskosten signifikant zu steigern

Zur Überprüfung der Forschungshypothese ist das übergeordnete **Ziel** der Arbeit:

Auslegungsmethode zur Geräuschoptimierung pulvermetallurgischer Stirnradverzahnungen

Zur Erreichung des Ziels werden drei **Forschungsfragen** untersucht:

Forschungsfrage 1: Welchen Einfluss hat das Verdichtungsprofil von pulvermetallurgischen Stirnradverzahnungen auf das Einsatzverhalten?

Forschungsfrage 2: Wie beeinflussen die Radkörpergeometrie und -dichte das Geräuschverhalten pulvermetallurgischer Stirnradverzahnungen hinsichtlich Dämpfungs- und Dämmungsmechanismen?

Forschungsfrage 3: Wie lässt sich das Geräuschverhalten von pulvermetallurgischen Stirnradverzahnungen durch die Auslegung des Radkörpers unter Berücksichtigung der Tragfähigkeit und Fertigung gezielt optimieren?

Die *Originalität* der Arbeit besteht in der ganzheitlichen kombinierten Berücksichtigung des Anregungsverhaltens, des Körperschalltransfers und der Tragfähigkeit von PM Stirnradverzahnungen. Für die *Wissenschaft* besteht der Fokus der Arbeit im Wissensaufbau und dem Verständnis grundlegender physikalischer Wirkmechanismen des Körperschalltransfers im Radkörper und dem Einfluss lokaler Werkstoffeigenschaften auf das Einsatzverhalten. Neben einem neuartigen Prüfkonzept und Berechnungsmethoden wird durch experimentelle Versuche neues Wissen geschaffen. Die *wirtschaftlich-technische Bedeutung* liegt in der Identifikation des Einsatzpotenzials von PM Stirnradverzahnungen in der Elektromobilität und einer werkstoff- und drehzahlgerechten Auslegungsmethode des Radkörpers. Ferner ist eine Übertragung der Methode zur Auslegung des Radkörpers sowie die Kenntnis der Wirkmechanismen ebenfalls auf konventionelle, schmelzmetallurgische Werkstoffe möglich.

Vorgehensweise

Nachdem in Kapitel 1 die Thematik eingeleitet, in Kapitel 2 der Stand der Technik erörtert und in Kapitel 3 die Zielsetzung dargestellt worden ist, erfolgt in Kapitel 4 die Untersuchung der *Forschungsfrage 1*. Aufbauend auf der FE-basierten Zahnkontaktanalyse FE-STIRNRADKETTE wird eine Methode zur Berechnung des Einsatzverhaltens von PM Stirnradverzahnungen entwickelt. Durch die Berücksichtigung lokaler Elastizitäten im FE-Modell wird die Zahnkontaktanalyse erweitert. Die Grundlage bilden die pulvermetallurgischen Werkstoffdefinitionen nach BEISS [BEIS13]. Für die Vorgabe und Beschreibung des Verdichtungsprofils wird eine eindeutige und parameterbasierte mathematische Definition des Verdichtungsprofils entwickelt, welche durch Verdichtungsparameter beschrieben wird. Die Analyse des Verdichtungsprofils erfolgt auf Basis von polierten Schliffbildern der Zähne. Mit der Methode zur Berechnung des Einsatzverhaltens wird der Einfluss der lokalen Verdichtung quantifiziert. Zur Validierung der Methode werden Verzahnungsvarianten ausgelegt und hinsichtlich der Zahnfuß- und Zahnflankentragfähigkeit sowie des Anregungsverhaltens untersucht. Neben dem Einfluss des Verdichtungsprofils wird die Einsatzhärtetiefe variiert, um etwaige Kreuzeinflüsse zum Verdichtungsprofil zu untersuchen. Zur Qualifizierung von PM Stirnradverzahnungen als Leistungsverzahnung wird untersucht, inwieweit die Beanspruchbarkeit infolge der Verdichtungs- und Einsatzhärtetiefe gesteigert werden kann. Die erreichten Zahnfuß- und Flankendauerfestigkeit bilden Randbedingungen für die werkstoffgerechte Auslegung pulvermetallurgischer Stirnradverzahnungen.

Kapitel 5 beinhaltet die Untersuchung der *Forschungsfrage 2*. Mit der Analyse des Stands der Technik wird ein systematisches Verständnis zum Einfluss von Radkörpermodifikationen auf den Körperschalltransfer geschaffen. Zur Berücksichtigung der Radkörpergeometrie und -dichte wird eine dreigeteilte Berechnungsmethode zum Einsatz- und Geräuschverhalten sowie zur Tragfähigkeitsbewertung entwickelt. Die Änderung des Anregungsverhaltens infolge geometrischer Radkörpermodifikationen stellt für das resultierende Geräuschverhalten eine zentrale Rolle dar. Hierzu wird eine Methode zur Berechnung des resultierenden Einsatzverhaltens als Erweiterung der FE-basierten Zahnkontaktanalyse FE-STIRNRADKETTE entwickelt. Zur Analyse des Radkörpereinflusses auf das Schwingungsverhalten und die Radkörpertragfähigkeit werden die Berechnungskerne des kommerziellen Berechnungsprogramms ABAQUS CAE herangezogen. Darauf aufbauend erfolgt die Entwicklung einer Berechnungsmethode zur Bestimmung des Einflusses der Radkörpergeometrie und -dichte auf das Schwingungsverhalten und den Körperschalltransfer von PM Stirnradverzahnungen. Zur Validierung der Simulation wird ein Prüfstand zur Messung des Körperschalltransfers durch den Zahnradkörper bei erzwungener Anregung entwickelt. Um den Einfluss von Dämpfungs- und Dämmungsmechanismen ganzheitlich zu analysieren, werden zunächst die Radkörpermechanismen zur Optimierung des Geräuschverhaltens analysiert. Es folgt die systematische Auslegung und Untersuchung von verschiedenen Radkörpervarianten. Neben dem Körperschalltransfer wird das Anregungsverhalten und das Geräuschverhalten unter Betriebsbedingungen untersucht.

In Kapitel 6 wird mit der Methode zur Auslegung des Radkörpers die *Forschungsfrage 3* beantwortet. Zur geräuschoptimierten Auslegung von Radkörpermodifikationen ist eine definierte Parametrisierung der Geometrie entscheidend. Die Parametrisierung bildet die Grundlage für die Variation der Radkörpermodifikationen in der Auslegung. Zur Berücksichtigung der Fertigung und der Tragfähigkeit werden Randbedingungen der Formoptimierung entwickelt. Darauf aufbauend erfolgt die Entwicklung einer Auslegungsmethode des Radkörpers. Die Auslegung von Radkörpermodifikationen zur Steigerung der Leistungsdichte durch Leichtbau und Optimierung des Geräuschverhaltens bildet die Grundlage zur Beantwortung der Forschungsfrage 3. Abschließend erfolgt die Anwendung der Auslegungsmethode hinsichtlich des Radkörpers einer PM Stirnradverzahnung für die Elektromobilität.

In Kapitel 7 wird die vorliegende Arbeit zusammenfassend beschrieben. Zudem wird ein Ausblick für weiteren Forschungsbedarf dargestellt.

4 Einfluss des lokalen Verdichtungsprofils auf das Einsatzverhalten

Influence of the Local Densification Profile on the Operating Behavior

Die lokalen, dichteabhängigen Werkstoffeigenschaften infolge des Verdichtungsprofils führen zu einem differenten Einsatzverhalten von PM Stirnradverzahnungen. Zur Berücksichtigung der lokalen Werkstoffeigenschaften wird die Methode zur Berechnung des Einsatzverhaltens lokal verdichteter PM Verzahnungen entwickelt und in die FE-STIRNRADKETTE integriert. Die Methode wird durch experimentelle Untersuchungen zur Zahnfuß- und Zahnflankentragfähigkeit sowie zum Anregungsverhalten validiert. Zudem wird der Einfluss der Verdichtungs- und Einsatzhärtetiefe auf die Zahnfuß- und Zahnflankentragfähigkeit und das Anregungsverhalten untersucht und die zulässige Zahnfußspannung sowie Zahnflankenpressung ermittelt.

4.1 Methode zur Berücksichtigung des lokalen Verdichtungsprofils

Method for Considering the Local Densification Profile

Die Methode zur Berücksichtigung des lokalen Verdichtungsprofils von PM Stirnradverzahnungen gliedert sich in drei Schritte. Der erste Schritt ist die mathematische Beschreibung des Verdichtungsprofils und die Entwicklung von Verdichtungsparametern. Im zweiten Schritt erfolgt die Analyse und Parametrisierung des Verdichtungsprofils auf Grundlage von metallografischen Schliffbildern. Der dritte Schritt ist die Erweiterung der FE-STIRNRADKETTE durch die sukzessive Anpassung des FE-Modells des Zahnrads zur Abbildung der lokalen Werkstoffeigenschaften.

4.1.1 Mathematische Beschreibung des Verdichtungsprofils

Mathematical Description of the Densification Profile

Eine adäquate Definition des Verdichtungsprofils zeichnet sich durch einen hohen Detaillierungsgrad mit eindeutigen Parametern aus. Die Parameter können einerseits zur allgemeinen Beschreibung des Dichteprofils verwendet und andererseits zur Qualitätsbewertung des Fertigungsprozesses eingesetzt werden. Die Oberfläche der Zahnflanke und des Zahnfußes wird im Außenquerwalzprozess bis auf eine relative Dichte von $\rho_{rel.}$ = 99 % nachverdichtet. Aus der Prozesskinematik ergibt sich ein dreidimensionales Verdichtungsprofil, welches in **Bild 4-1** in hellblau dargestellt ist. Die drei Dimensionen des Verdichtungsprofils sind die Zahnhöhenrichtung, die Zahnbreitenrichtung sowie die Zahntiefenrichtung mit den drei Laufvariablen p (Zahnhöhe/-profil), b (Zahnbreite) und t (Zahntiefe).

Die Verdichtung in Zahnhöhenrichtung der Zahnflanke sowie des Zahnfußes wird mathematisch auf Grundlage einer Gauß-Verteilungsfunktion beschrieben, die im Folgenden als Dichtefunktion bezeichnet wird, vgl. **Formel (4-1)**. Die sechs Parameter der Dichtefunktion erlauben die Abbildung unterschiedlicher Verdichtungsprofile (VDP) im

FE-Modell. Die Trennung der einzelnen Parameter in Zahnflanke (Flanke) und Zahnfuß (Fuß) führt zu mehr Freiheitsgraden in der Beschreibung des VDPs. Somit kann das VDP eines PM Stirnrads in Zahnhöhenrichtung durch insgesamt sechs Parameter beschrieben werden.

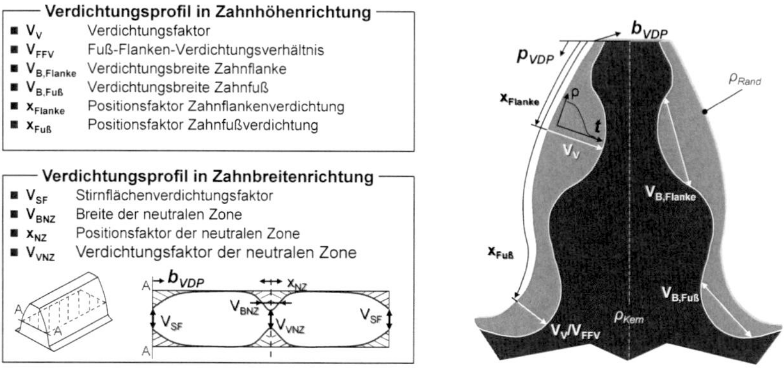

Bild 4-1: Definition der Verdichtungsparameter
Definition of Densification Parameters

Der *Verdichtungsfaktor* V_V definiert die Verdichtungstiefe in den Bereichen der Zahnflanke oder des Zahnfußes. Durch die Multiplikation mit der Funktion des Dichteprofilverlaufs bewirkt die Erhöhung des Vorfaktors eine proportionale Steigerung der Verdichtungstiefe. Die Verdichtungstiefe ist der Abstand zwischen der Zahnflankenoberfläche in Zahnnormalrichtung bis zu einer Verdichtung von $\Delta\rho$ = 98 %, welche durch das Formelzeichen $t_{d,98}$ beschrieben wird.

Die *Verdichtungsbreite* $V_{B,Flanke}$ *und* $V_{B,Fuß}$ beschreibt die Form der beiden hochverdichteten Bereiche im Wälzpunkt (Zahnflankenverdichtung) oder im Zahnfuß (Zahnfußverdichtung). In der mathematischen Beschreibung definiert die Verdichtungsbreite V_B den Abstand zwischen den Wendepunkten der Dichtefunktion. Je niedriger die Verdichtungsbreite V_B ist, desto steiler verläuft die Funktion um die Position der Zahnflanken-, bzw. der Zahnfußverdichtung.

$$V_{Profil}(p) = 15 \cdot V_V \cdot \left(\left(\frac{1}{2\pi \cdot V_{B,Flanke}^{\,2}} \cdot e^{-\frac{(p_{VDP}-x_{Flanke})^2}{2 \cdot V_{B,Flanke}^{\,2}}} \right) + \frac{1}{V_{FFV}} \cdot \left(\frac{1}{2\pi \cdot V_{B,Fuß}^{\,2}} \cdot e^{-\frac{(p_{VDP}-x_{Fuß})^2}{2 \cdot V_{B,Fuß}^{\,2}}} \right) \right) \quad \text{(4-1)}$$

Die *Positionsfaktoren* x_{Flanke} und $x_{Fuß}$ definieren die beiden Positionen in Zahnhöhenrichtung, in der die höchsten Verdichtungstiefen liegen. In der Regel liegt die höchste Verdichtung im Bereich des Wälzpunkts von Werkstück und den Werkzeugrädern im Außenquerwalzprozess. Der Bereich der höchsten Verdichtung kann jedoch im Hinblick auf den Dichtwalzprozess aufgrund der Geometrie, des Aufmaßes oder der Kinematik variieren und wird daher für die Zahnflanken- und die Zahnfußverdichtung separat definiert.

Das *Fuß-Flanken-Verhältnis* V_{FFV} beschreibt das Verhältnis zwischen der Verdichtung der Zahnflanke und des Zahnfußes. Zur Berechnung der Zahnfußverdichtung wird der Verdichtungsfaktor V_V durch das Fuß-Flanken-Verhältnis V_{FFV} dividiert. Damit steht das Fuß-Flanken-Verhältnis im antiproportionalen Zusammenhang mit der Verdichtung des Zahnfußes, sodass bei Erhöhung des Fuß-Flanken-Verhältnisses der Zahnfuß im Verhältnis zur Zahnflanke eine geringere Verdichtungstiefe aufweist.

Mit der Definition des Verdichtungsprofils in Zahnbreitenrichtung wird die neutrale Zone und der Dichteabfall an den Stirnflächen bei fehlender Materialabstützung beschrieben. Die Stirnflächenverdichtung wird mit einer Exponentialfunktion für beide Stirnflächen einer Stirnradverzahnungen definiert, vgl. **Formel (4-2)**. Die Funktion steigt von der Mitte der Verzahnung zu den Stirnflächen exponentiell an. Durch die Negation der gesamten Funktion wird der Dichteabfall über die Laufvariable b_{VDP} in Zahnbreitenrichtung beschrieben.

Der *Stirnflächenverdichtungsfaktor* V_{SF} beschreibt den Verdichtungsabfall an den Stirnflächen. Als Proportionalitätsfaktor definiert V_{SF} die Höhe des Dichteabfalls. Die neutrale Zone in der Mitte der Zahnflanke wird, analog zur Zahnflanken- oder Zahnfußverdichtung, durch eine angepasste Gauß-Verteilungsfunktion beschrieben. Die Form und Position der neutralen Zone wird mithilfe der *Breite der neutralen Zone* V_{BNZ} und dem *Positionsfaktor der neutralen Zone* x_{NZ} in Zahnbreitenrichtung determiniert. Die Höhe des Verdichtungsabfalls an der neutralen Zone ist durch den Verdichtungsfaktor der neutralen Zone V_{VNZ} festgelegt.

$$V_{Flanke}(b) = -\left(2 \cdot V_{SF} \cdot \left(e^{\frac{1}{b_{VDP}}} + e^{\frac{1}{(B+1)-b_{VDP}}} - 2\right) + \frac{V_{SF}}{3}\right) - \left(V_{VNZ} \cdot 4 \cdot \frac{1}{2\pi \cdot V_{BNZ}^2} \cdot e^{-\frac{(b_{VDP} - X_{NZ} \cdot B)^2}{2 \cdot V_{BNZ}^2}}\right) \quad \textbf{(4-2)}$$

Zur Bestimmung der Dichte an einem beliebigen Punkt auf der Oberfläche der Zahnflanke werden die beiden Formeln zur Verdichtung in Zahnhöhenrichtung Formel (4-1) und Verdichtung in Zahnbreitenrichtung Formel (4-2) addiert, vgl. **Formel (4-3)**. In Abhängigkeit der Laufvariablen p und b wird die lokale Verdichtung der Randschicht definiert.

$$V_{Randschicht}(p, b) = V_{Profil}(p) + V_{Flanke}(b) \quad \textbf{(4-3)}$$

Die dritte Dimension, die Verdichtungstiefe, wird durch die Sigmoidfunktion definiert, vgl. **Formel (4-4)**. Mit der Sigmoidfunktion wird der Dichtetiefenverlauf abgebildet. Die Definition des Dichtetiefenverlaufs erfolgt über die vier Parameter $x_{\rho 1}$, $x_{\rho 2}$, $x_{\rho 3}$, $x_{\rho 4}$.

$$\rho(t) = \frac{x_{\rho 1}}{1 + x_{\rho 2} \cdot e^{-x_{\rho 3} \cdot t}} + x_{\rho 4} \quad \textbf{(4-4)}$$

4.1.2 Analyse und Parametrisierung des Verdichtungsprofils

Analysis and Parameterization of the Densification Profile

Die Analyse des Verdichtungsprofils erfolgt über die Bildanalyse eines polierten Gefügeschliffbilds in MATLAB. Hierzu wird das Bild in ein Schwarz-Weiß-Bild überführt. Infolge des Schwarz-Weiß-Filters werden Material mit weißen Pixeln und Poren mit schwarzen Pixeln dargestellt. Aus dem Verhältnis der schwarzen und weißen Pixel errechnet sich die lokale Dichte eines Bereichs. Die maßgebliche Herausforderung besteht in der Festlegung des Schwarz-Weiß-Filters und der Auswertung der Messpunkte in ein Verdichtungsprofil und ein Dichtetiefenprofil. Zur Lösung dieser beiden Herausforderungen wird eine Methode zur Messung des Verdichtungsprofils und der Dichtetiefenverläufe erstellt. **Bild 4-2** zeigt die Vorgehensweise der Methode, welche sich in sechs Schritte gliedert.

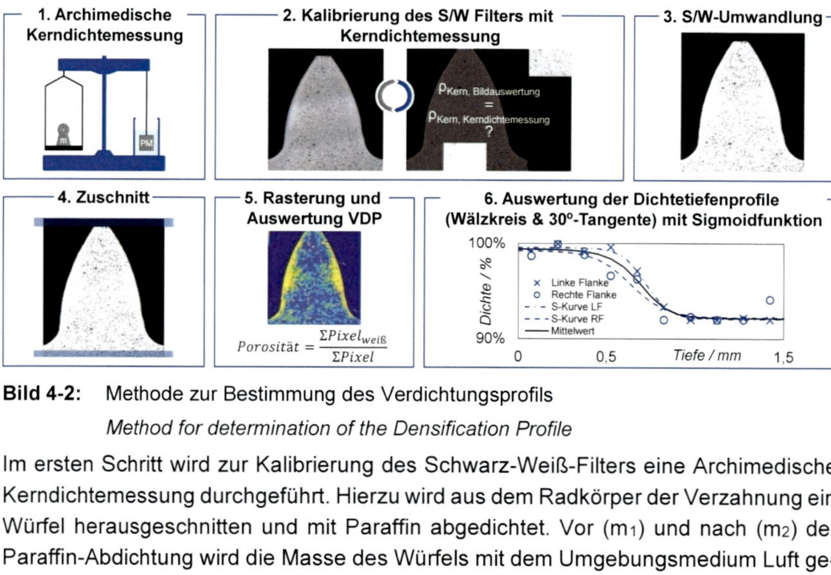

Bild 4-2: Methode zur Bestimmung des Verdichtungsprofils

Method for determination of the Densification Profile

Im ersten Schritt wird zur Kalibrierung des Schwarz-Weiß-Filters eine Archimedische Kerndichtemessung durchgeführt. Hierzu wird aus dem Radkörper der Verzahnung ein Würfel herausgeschnitten und mit Paraffin abgedichtet. Vor (m_1) und nach (m_2) der Paraffin-Abdichtung wird die Masse des Würfels mit dem Umgebungsmedium Luft gemessen. Die dritte Messung der Masse (m_3) erfolgt im Wasserbad. Mit **Formel (4-5)** wird die Dichte des Prüfkörpers mit den gemessenen Massen berechnet. Um statistische Fehler auszuschließen, werden pro Prüfkörper drei Wiederholmessungen durchgeführt.

$$\rho_{Prüfkörper} = \frac{m_1}{m_2 - m_3} \cdot \rho_{Wasser} \quad mit \quad \rho_{Wasser} = 0{,}99853 \frac{g}{cm^3} \tag{4-5}$$

Im zweiten Schritt der Methode wird das polierte Gefügeschliffbild eingelesen und der Schwarz-Weiß-Filter mit der gemessenen Kerndichte kalibriert. Hierzu wird die Dichte im unteren Teil des Zahns, indem die Kerndichte vorliegt, für einen Bereich von $A = 6\ mm^2$ ausgewertet und der Schwarz-Weiß-Filter iterativ angepasst bis die im ersten Schritt gemessene Kerndichte erreicht wird. Im dritten Schritt erfolgt die Schwarz-Weiß-Umwandlung des Gefügeschliffbilds. Anschließend wird das Bild im vierten

Schritt zugeschnitten. Dabei wird der auf dem Bild dargestellte Maßstab entfernt und das Bild bis zum Kopf des Zahns abgeschnitten. Im fünften Schritt wird das Bild in Raster zerlegt und die Dichte, respektive die Porosität für jedes Raster anhand des Verhältnisses der weißen und schwarzen Pixel ausgewertet.

Für die Abbildung der lokalen Verdichtung in einem FE-Modell erfolgt die Auswertung der sechs Parameter des Verdichtungsprofils in Zahnhöhenrichtung im sechsten Schritt auf der Grundlage der Rasterauswertung mit den lokalen Dichtewerten. Im ersten Schritt wird der Randabstand $t_{d,98}$, an dem noch eine Dichte von $\rho = 98$ % vorliegt, über der Zahnhöhe bestimmt. Im zweiten Schritt werden die Koordinaten, in Abhängigkeit der Raster-Kantenlängen, linear transformiert und in ein globales Koordinatensystem überführt. Im dritten Schritt erfolgt eine zweite Transformation der Wertepaare hinsichtlich der diskreten Abstände der Elemente des FE-Netzes. Die Koordinaten aller FE-Knoten werden im globalen Koordinatensystem aus dem FE-Modell ausgelesen und die Verdichtungstiefe und das Verdichtungsprofil in die Elementdimensionen transformiert. Im vierten Schritt werden die sechs Parameter des Verdichtungsprofils mit dem in MATLAB integrierten Optimierungsalgorithmus „lsqcurvefit“ für das entsprechende FE-Netz des Stirnrads berechnet [MATH20].

Zur Abbildung des Dichtetiefenprofils werden die vier Parameter der Sigmoidfunktion (vgl. Formel (4-4)) für den Wälzkreis berechnet. Die Parametrisierung erfolgt ab der Grenzdichte von $\rho_{Grenz} = 98$ %. Die Koordinatentransformation des Dichtetiefenverlaufs in die entsprechende FE-Schichtdicke sowie die Berechnung der vier Parameter werden analog zum Verdichtungsprofil durchgeführt. Das Ergebnis der Analyse sind die Parameter des Verdichtungsprofils und Dichtetiefenprofils. Durch die Parameter ist eine eindeutige Definition der lokalen Dichte des Zahns gegeben, auf deren Basis das Einsatzverhalten der PM Stirnradverzahnung berechnet werden kann.

4.1.3 Implementierung des Verdichtungsprofils in der Zahnkontaktanalyse

Implementation of the Densification Profile in the Tooth Contact Analysis

Die Implementierung des Verdichtungsprofils erfolgt in der FE-basierte Zahnkontaktanalyse FE-STIRNRADKETTE. Die Steifigkeitseigenschaften des Zahnkontakts werden bei dem Verfahren mithilfe von Verschiebungseinflusszahlen bestimmt. Die Verwendung der Verschiebungseinflusszahlen setzt ein linear-elastisches Werkstoffverhalten voraus, welches bei PM Werkstoffen vorliegt. Eine Anpassung des FE-Modells hinsichtlich der lokalen Dichteeigenschaften des Werkstoffes ist demnach zulässig.

In **Bild 4-3** ist die Methode zur Berechnung des Einsatzverhaltens von PM Stirnradverzahnungen unter Berücksichtigung des Verdichtungsprofils sowie deren Integration in die FE-STIRNRADKETTE dargestellt. Ausgehend von der Verzahnungsgeometrie wird ein FE-Modell – im NASTRAN-Format – mit dem Geometrieteil und dem FE-Strukturgenerator erzeugt. Danach erfolgt die Analyse und Parametrisierung des Verdichtungsprofils sowie die Transformation des Verdichtungsprofils auf das FE-Modell.

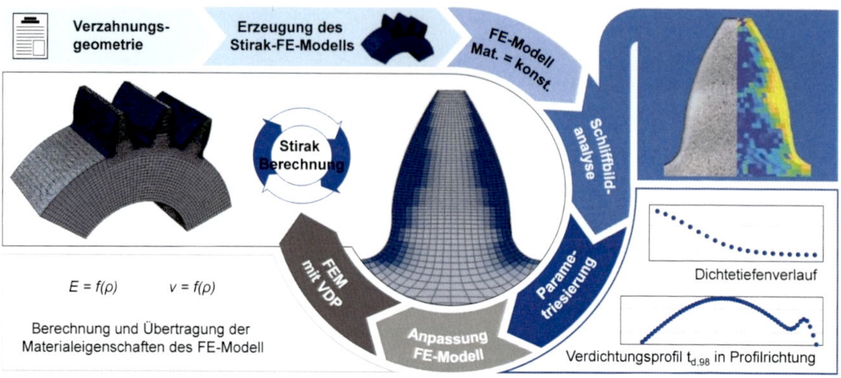

Bild 4-3: Methode zur Berücksichtigung des Verdichtungsprofils in der Zahnkontaktanalyse FE-STIRNRADKETTE

Method to Consider of the Densification Profile in the Tooth Contact Analysis FE-STIRNRADKETTE

Das FE-Modell beinhaltet die Daten über die FE-Elemente, deren Werkstoffeigenschaften, Knoten, Kräfte und deren Positionen sowie Richtungen. Zur Beschreibung der Werkstoffeigenschaften wird jedem Element ein Werkstoff in Form eines Werkstoffkennwerts zugeordnet. Der Werkstoffkennwert setzt sich aus dem Elastizitätsmodul und der Querkontraktionszahl zusammen. Beide Werkstoffeigenschaften stehen in einem funktionalem Zusammenhang zur Dichte pulvermetallurgischer Werkstoffe [BEIS13]. Die Umrechnung der lokalen Dichte in deren Werkstoffeigenschaften ermöglicht die gezielte Anpassung des FE-Modells hinsichtlich eines definierten Verdichtungsprofils. Hierzu werden neue Werkstoffe im FE-Modell hinzugefügt und den jeweiligen Elementen des FE-Modells zugeordnet.

Für die Berücksichtigung der lokalen Werkstoffeigenschaften im FE-Modell sind ausschließlich die Elemente, bzw. Elementnummern der Oberfläche der Zahnflanke und des Zahnfußes, sowie die darunterliegenden Schichten relevant. Die Nummern dieser Elemente errechnen sich auf Basis des FE-Strukturgenerators aus **Formel (4-6)**. Hierzu wird aus den FE-Modelldaten die jeweilige Elementnummer für die vier Laufvariablen; *Zahnhöhenrichtung p, Zahnbreitenrichtung b, Zahndickenrichtung t, Zahn Z* unterhalb der Oberfläche berechnet.

$$E_{Nummer}(p,b,t) = (b-1)\cdot E_{Dicke}\cdot E_{Profil} + (p-1)\cdot E_{Dicke} + 1 + (t-1) + (Z-1)\cdot E_{Zahn} + E_{Zahnfrei}$$

mit **(4-6)**

$$E_{Zahn} = E_{Breite}\cdot E_{Dicke}\cdot E_{Profil}$$

$$E_{Profil} = E_{Flanke} + E_{Fuß}$$

Die Zuordnung der jeweiligen Werkstoffeigenschaften zur Elementnummer erfolgt mit der mathematischen Beschreibung des Verdichtungsprofils. Jedem Element wird ein Werkstoff mit definierter Dichte zugewiesen. Die Laufvariablen p, b, s, Z werden dabei sowohl für die Bestimmung der Elementnummern, als auch für die Berechnung der jeweiligen Dichte genutzt. Sukzessiv werden die Werkstoffdaten der FE-Elemente angepasst und das Verdichtungsprofil der PM Stirnradverzahnung diskret abgebildet. In Abhängigkeit des benötigten Detailierungsgrads der Abbildung des Verdichtungsprofils ist es empfehlenswert, die Anzahl an Elementen zu erhöhen, sodass die Größenordnung der Werkstoffschichten hinreichend genau abgebildet werden. Die Limitation der Netzverfeinerung stellt die gegebene Rechenkapazität dar. Daher wird eine feine Vernetzung der Zähne bei einer gröberen Vernetzung des Radkörpers empfohlen.

Im letzten Schritt der Methode werden die Einflusszahlen mit den z88-Solver berechnet und die Zahnkontaktberechnung mit der Festigkeitsberechnung der FE-STIRNRADKETTE durchgeführt. Das Ergebnis sind die Kennwerte des Einsatzverhaltens unter Berücksichtigung der lokalen Werkstoffeigenschaften der PM Verzahnung.

4.2 Untersuchung des Einsatzverhaltens

Investigation of the Operating Behavior

Die Untersuchung des Einsatzverhaltens adressiert den Einfluss des Verdichtungsprofils in Wechselwirkung mit der Einsatzhärtetiefe auf die Zahnfußtragfähigkeit, die Zahnflankentragfähigkeit und das Anregungsverhaltens. Die Untersuchung beinhaltet experimentelle Prüfstandsversuche, welche den Berechnungsergebnissen gegenübergestellt werden.

4.2.1 Konzeption der Untersuchung

Conception of the Investigation

Eine höhere Zahnfuß- und Zahnflankentragfähigkeit kann durch Nachverdichtungsverfahren, Wärmebehandlung oder Kugelstrahlen erreicht werden. Zum einen wird angenommen, dass die tragfähigkeitsfördernden Druckeigenspannungen infolge des Kugelstrahlen ebenso durch die Wärmebehandlung erreicht werden können. Zum anderen ist die Hypothese, dass die Tragfähigkeit der Zahnräder gezielt mit einer Kombination der Einsatzhärte- und Verdichtungstiefe gesteigert werden kann. Die Untersuchung umfasst die Analyse von sechs Prüfverzahnungsvarianten. Variationsgrößen sind die Einsatzhärtetiefe CHD und die Verdichtungstiefe $t_{d,98}$. Die Einsatzhärtetiefe CHD wird in zwei Stufen variiert, die Verdichtungstiefe in drei Stufen.

Bild 4-4 zeigt die Variantenübersicht der Prüfverzahnung sowie die zugrundeliegende Fertigungskette. Der zur Fertigung der Ritzel verwendete PM Werkstoff ist Fe+0,85%Mo+0,25%C. Es liegt wasserverdüstes Pulver unter normalen Sinterbedingungen vor. Dementsprechend betragen die Dichteexponenten nach BEISS $m = 3{,}5$ und $n = 3{,}34$ [BEIS13].

Die Fertigungskette beinhaltet das Pressen des Pulvers in die entsprechende Zahnradform, Sintern des Grünlings, Nachverdichtung im Außenquerwalzprozess, Einsatzhärtung durch Niederdruckaufkohlung, Plan- und Bohrungsschleifen sowie anschließendes Verzahnungsschleifen im Profilschleifverfahren. Während die zwei Stufen der Einsatzhärtetiefe durch die Prozessführung bei der Niederdruckaufkohlung erreicht werden, wird zur Fertigung der drei Verdichtungstiefen das Aufmaß am Wälzkreis vor dem Außenquerwalzprozess variiert. Die drei Verdichtungstiefe werden durch die Aufmaße $a_{m,VN}$ = 0,10 mm, $a_{m,VM}$ = 0,15 mm und $a_{m,VH}$ = 0,19 mm erreicht. Der Normalmodul der Prüfverzahnung ist m_n = 3,175 mm, der Normaleingriffswinkel α_n = 20° und die Zähnezahl z_1 = 20. Die Kerndichte der Prüfräder ist ρ = 7,2 g/cm^3 bzw. ρ_{rel} = 92 %. Das konventionell gefertigte schmelzmetallurgische Gegenrad aus dem Werkstoff 16MnCr5 hat z_2 = 36 Zähne und wird nicht variiert.

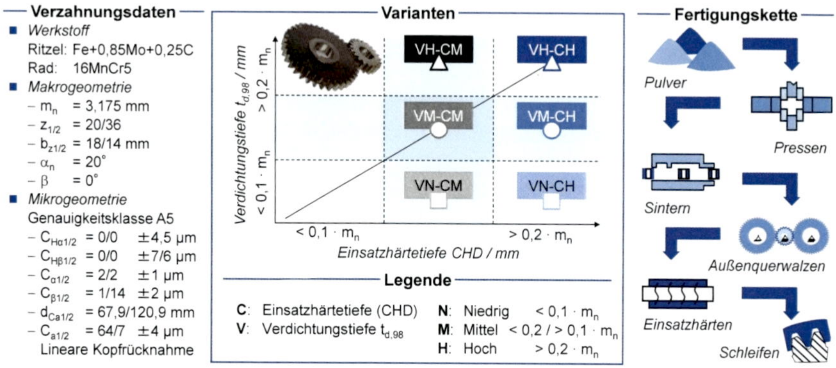

Bild 4-4: Variantenübersicht der Prüfverzahnung
Variant Overview of the Test Gears

Die Ermittlung der Zahnflankentragfähigkeit erfolgte im Zwei-Wellen-Verspannungsprüfstand im zeitfesten Bereich auf einem Lastniveau mit jeweils drei Versuchen pro Variante. Die Untersuchung der Zahnfußtragfähigkeit wurde im zeitfesten Bereich auf einem Lastniveau mit jeweils fünf Versuchen pro Variante durchgeführt. Aus den Vorversuchen wurde die potenzialträchtigste Kombination hinsichtlich der Zahnfuß- und Zahnflankentragfähigkeit ausgewählt. Anschließend wurden Wöhlerlinien der Zahnfußtragfähigkeit als auch Zahnflankentragfähigkeit für die Referenzvariante und die potenzialträchtigste Variante ermittelt. Die Referenzvariante entspricht, mit einer mittleren Einsatzhärtetiefe und einer hohen Verdichtungstiefe, dem heutigen industriellen Standard für PM Verzahnungen. Neben den Untersuchungen zur Tragfähigkeit wurde das Anregungsverhalten anhand des Drehfehlers für die sechs Varianten untersucht.

Mit der Methode zur Berechnung des Einsatzverhaltens von PM Stirnradverzahnungen unter Berücksichtigung des Verdichtungsprofils wird die Zahnfußspannung, die Zahnflankenpressung und der Spannungstiefenverlauf analysiert. Die Kennwerte des Einsatzverhaltens werden den Untersuchungsergebnissen gegenübergestellt. Hinsichtlich der Untersuchungen zur Zahnfuß- und Zahnflankentragfähigkeit werden mit der Berechnung der Beanspruchung und dem Ergebnis der resultierenden Tragfähigkeit, Rückschlüsse auf die Beanspruchbarkeit gezogen. Das Anregungsverhalten wird anhand des Drehfehlers bewertet. Infolge der Messung und Berechnung des Drehfehlers erfolgt der Vergleich der Ergebnisse, wodurch die Berechnungsmethode validiert wird.

4.2.2 Bauteilcharakterisierung

Characterization of Test Specimens

Die Geometrie- und Werkstoffqualität stellen die Grundlage für eine systematische Analyse und Vergleichbarkeit der Ergebnisse dar. Zur Überprüfung der Qualität werden die Verzahnungsgeometrie, das Verdichtungsprofil, das Gefüge und Härtetiefenprofil, das Eigenspannungstiefenprofil sowie die Zahnflanken- und Zahnfußrauheit charakterisiert.

Verzahnungsgeometrie

Die Mikrogeometrie der Prüfverzahnungen wurde im Profilschleifverfahren eingestellt und mit dem Verzahnungsmesszentrum P16 der Fa. Klingelnberg gemessen. **Bild 4-5** zeigt die resultierende Verzahnungsqualität der Prüfverzahnung nach DIN ISO 1328 [DIN18]. Die zulässigen Abweichungen der Genauigkeitsklasse A5 sind mit orange gestrichelten Linien in den Diagrammen eingezeichnet. Die gemessenen Geometrieabweichungen sind für alle untersuchten Varianten in blau dargestellt. Die geforderte Genauigkeitsklasse von A ≤ 5 wurde für die Zahnflankenmodifikationen in Zahnprofil- und Zahnflankenrichtung sowie die Teilung eingehalten. Bei drei Prüfrädern liegt die Rundlaufabweichung mit $F_{R,max}$ = 16,4 µm außerhalb der Genauigkeitsklasse A5, wobei der Einfluss auf die Tragfähigkeitsversuche als nicht signifikant bewertet wird. Hinsichtlich der Zahnfußbeanspruchung werden die Fußkreisdurchmesser der Varianten gegenübergestellt. Die prozentuale Schwankungsbreite der Fußkreisdurchmesser von Δd_f = -20 bis 60 µm um den globalen Mittelwert wird als vergleichbar eingestuft.

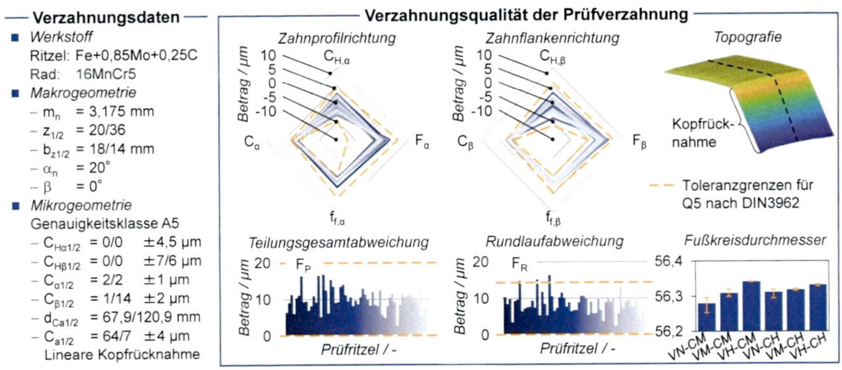

Bild 4-5: Verzahnungsqualität der Prüfverzahnung

Gear Quality of the Test Gears

Verdichtungsprofile

Das Ergebnis der Analyse des Verdichtungsprofils (VDP) der sechs Zahnradvarianten und der Kerndichtemessung ist in **Bild 4-6** dargestellt. Die Kerndichte wird für alle Varianten vergleichbar eingestuft. Die maximale Abweichung der gemessenen Kerndichte zur ausgelegten Kerndichte (ρ_{Kern} = 92 %) beträgt $\Delta\rho$ = 0,65 %. Mit dem für jedes Gefügeschliffbild kalibrierten Schwarz-Weiß-Filter ergeben sich die auf der rechten Seite dargestellten Verdichtungsprofile. Aufgrund der unterschiedlichen Belichtungsverhältnisse der Schliffbilder variiert der Schwarz-Weiß-Filter zwischen $F_{S/W}$ = 0,365 – 0,452. Als Kantenlänge der Rasterung wird x = 0,275 mm festgelegt. Der Einfluss der unterschiedlichen Aufmaße im Dichtwalzprozess auf das Verdichtungsprofil wird in den ausgewerteten Schliffbildern ersichtlich.

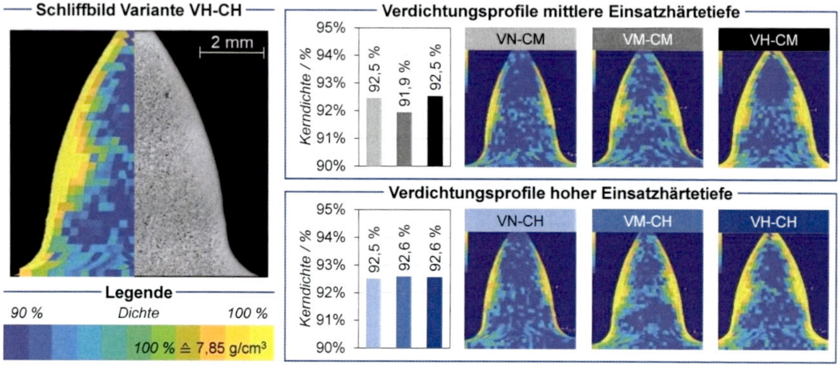

Bild 4-6: Verdichtungsprofile der Varianten

Densification Profiles of the Variants

Die höchste Verdichtungstiefe (*VH-CM* und *VH-CH*) resultiert in einer vollständigen Verdichtung des Randbereichs über der gesamten Zahnhöhe. Mit Verringerung des Aufmaßes zeigen die Varianten (*VM* und *VN*) eine geringere Verdichtung des Randbereichs. Die geringere Verdichtung zeigt sich insbesondere im Zahnkopf und Zahnfuß. Die höchste Verdichtungstiefe liegt bei den sechs Varianten am Teilkreis der Verzahnung vor. Der Zahnkopf der Varianten *VM* und *VN* ist im Vergleich zu den Varianten *VH* nicht vollständig verdichtet. Die Dichtetiefenprofile der Varianten sind in **Bild 4-7** dargestellt.

Die Liniendiagramme zeigen die Dichtetiefenprofile der Zahnradvarianten am Teilkreis (links) und an der 30°-Tangente (rechts). Die Verdichtungstiefe $t_{d,98}$ beschreibt den Randabstand, respektive die Tiefe in der eine Dichte von ρ = 98 % vorliegt. Die am Teilkreis und an der 30°-Tangente vorliegenden Verdichtungstiefen sind in den unteren Balkendiagrammen gegenübergestellt. Die Abstufungen der niedrigen (*VN*), mittleren (*VM*) und hohen Verdichtungstiefe (*VH*) liegen sowohl am Teilkreis als auch an der 30°-Tangente vor. Am Teilkreis wird prozessbedingt eine höhere Verdichtungstiefe als an der 30°-Tangente gemessen. Die gemessenen Verdichtungstiefen bestätigen die angestrebte Variantenauslegung und –fertigung und zeigen die ausgelegten Abstufungen der Verdichtungstiefen. Demnach können differente Untersuchungsergebnisse auf die Unterschiede der Verdichtungsprofile zurückgeführt werden.

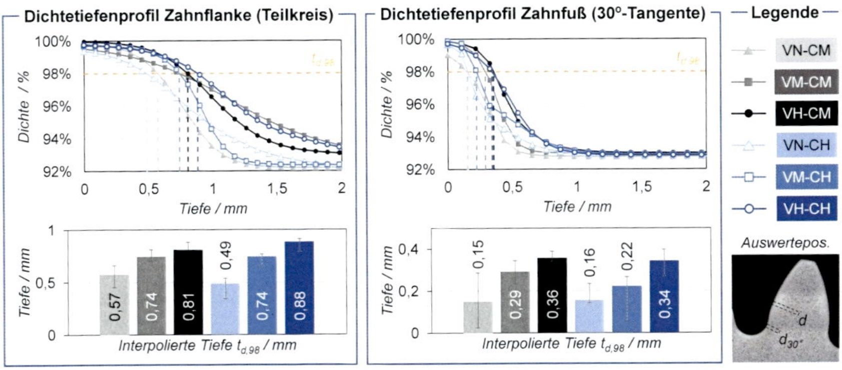

Bild 4-7: Dichtetiefenprofile am Teilkreis und an der 30°-Tangente

Density Depth Profiles at the Pitch Circle and at the 30°-Tangent

Gefüge und Härtetiefenprofile

Bild 4-8 zeigt die geätzten Gefügeaufnahmen des gesamten Zahns sowie die beiden Messpositionen der Härtetiefenprofile. Alle Varianten zeigen eine signifikante Gefügeänderung zwischen der Randzone und dem Grundwerkstoff. Zwischen den drei Varianten *VN-CM, VM-CM* und *VH-CM* mit mittlerer Einsatzhärtetiefe und den Varianten *VN-CH, VM-CH* und *VH-CH* mit hoher Einsatzhärtetiefe ist eine Abstufung der martensitischen Randschichttiefe ersichtlich. Dem Kern ist nach der Wärmebehandlung nahezu bainitisches Gefüge zuzuordnen.

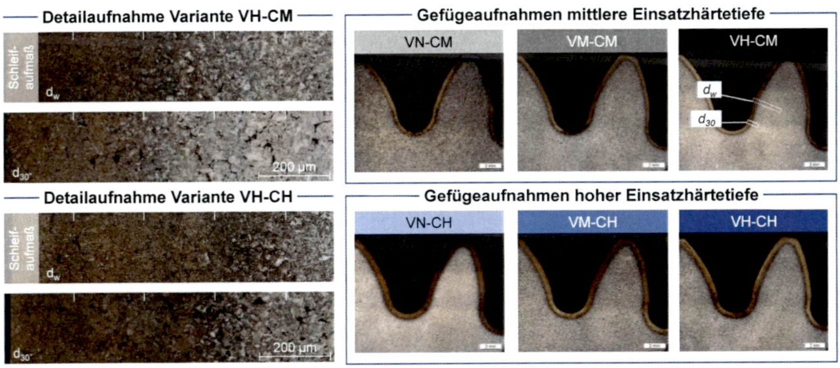

Bild 4-8: Gefüge nach der Wärmebehandlung

Microstructure after heat treatment

Zur Bewertung der Varianten werden die Härtetiefenprofile sowohl am Wälzkreis als auch an der 30°-Tangente der Zahnräder gemessen. Die Härtetiefenmessung erfolgt auf Basis der Mikrohärtemessung nach DIN EN ISO 4507 „Bestimmung und Prüfung der Einsatzhärtungstiefe durch Messung der Mikrohärte“ [DIN07]. Als Grenzhärte zur Bestimmung der Einsatzhärtetiefe wird CHD = 550 HV0,1 festgelegt. Die Härtetiefenprofile der sechs Varianten am Wälzkreis (nach dem Verzahnungsschleifen) und an der 30°Tangente des Zahnfußes (ungeschliffen) sind in **Bild 4-9** dargestellt. Die Härtetiefenprofile zeigen an beiden Messpositionen den Verlauf einer Sigmoidfunktion und eine vergleichbare Randhärte von CHD ≈ 750 HV0,1.

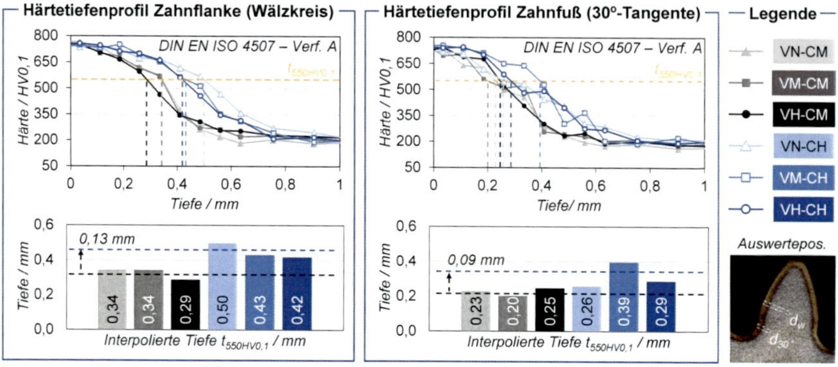

Bild 4-9: Härtetiefenprofile am Wälzkreis und an der 30°-Tangente
Hardness depth profiles at the pitch circle and at the 30°-tangent

Eine systematische Unterscheidung der mittleren und hohen Einsatzhärtetiefe tritt am Wälzkreis im Gegensatz zur 30°-Tangente signifikanter hervor. Während bei den Varianten mit einer hohen Einsatzhärtetiefe (*CH*) die Randhärte ab t = 0,2 mm abfällt, ist bei den Varianten mit mittlerer Einsatzhärtetiefe (*CM*) bereits eine Reduzierung der Härte ab t = 0,1 mm zu verzeichnen. Zum Vergleich der Varianten wird die Tiefe ausgewertet bei der eine Härte von CHD = 550 HV0,1 vorliegt. Die Ergebnisse der gemessenen interpolierten Einsatzhärtetiefen sind in den unteren Balkendiagrammen dargestellt. Am Wälzkreis der Verzahnungsvarianten beträgt die durchschnittliche Steigerung der Einsatzhärtetiefe $\Delta\varnothing t_{550HV0,1}$ = 0,13 mm zwischen den Varianten mit mittlerer und hoher Einsatzhärtetiefe. An der 30°-Tangente ist die Steigerung der CHD der *CH*-Varianten mit $\Delta\varnothing t_{550HV0,1}$ = 0,09 mm geringer. Unterschiede zwischen den *CM*- und *CH*-Varianten sind an der 30°-Tangente vor allem im Tiefenbereich von 0,35 mm < t < 0,55 mm ersichtlich. Insgesamt bestätigen die gemessenen Einsatzhärtetiefen, insbesondere am Wälzkreis, die angestrebten Abstufungen, womit die Untersuchungsergebnisse auf die Unterschiede der Härteprofile zurückgeführt werden können.

Eigenspannungstiefenprofile

In **Bild 4-10** sind die Ergebnisse der Eigenspannungsmessung (Röntgendiffraktionsmessung) am Wälzkreis und an der 30°-Tangente dargestellt. Der Vergleich der Eigenspannungstiefenverläufe bei Variation der Verdichtungstiefe zeigt keine signifikanten Unterschiede der Messwerte, wodurch der Einfluss auf die Untersuchungsergebnisse als gering eingestuft wird.

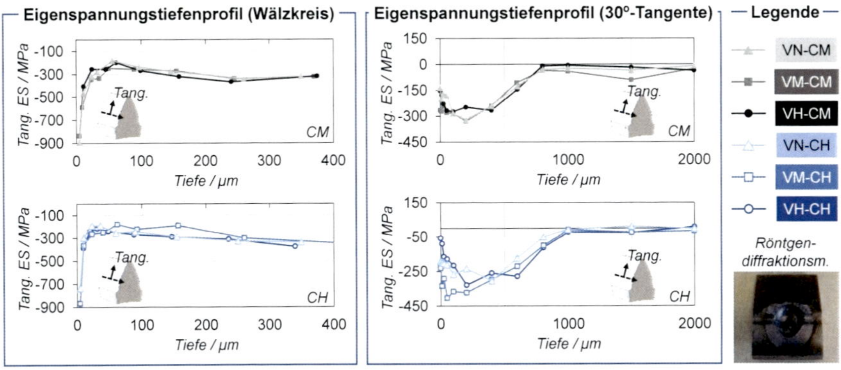

Bild 4-10: Eigenspannungstiefenprofile am Wälzkreis und an der 30°-Tangente

Residual Stress Depth Profiles at the Pitch Circle and at the 30°-Tangent

In Abhängigkeit der Einsatzhärtetiefe sind Unterschiede des Eigenspannungstiefenverlaufs zu erkennen. Während die Eigenspannungen bei hoher Einsatzhärtetiefe eher linear steigen, zeigen die Eigenspannungstiefenprofile am Wälzkreis bei mittlerer Einsatzhärtetiefe nach t = 250 µm eine erneute Erhöhung der Druckeigenspannungen. Dieser Effekt kann auf die Änderung vom Rand- zum Grundgefüge zurückgeführt werden, welche bei den *CH*-Varianten außerhalb des Messbereichs stattfindet. An der 30°-Tangente werden die Eigenspannungstiefenprofile als vergleichbar eingestuft.

Zahnflanken- und Zahnfußrauheit

In **Bild 4-11** ist die Oberflächenrauheit der geschliffenen Zahnflanke und des ungeschliffenen Zahnfußes dargestellt. Die Oberflächenrauheit wird im Verzahnungsschleifprozess für alle Varianten auf ein vergleichbares Maß eingestellt, sodass der Einfluss der Oberflächenrauheit auf die Untersuchungsergebnisse als konstant eingestuft werden kann. Zur Bewertung der Rauheit werden die Rauheitskennwerte; Rz (Gemittelte Rautiefe), Rk (Kernrautiefe), Rvk (Red. Riefentiefe) und Rpk (Red. Spitzenhöhe) ausgewertet.

Die Rauheitskennwerte der geschliffenen Zahnflanken sind in Bild 4-11 (oben) aufgezeigt. Die Taststrecke beträgt x = 2,4 mm. Die Auswertung wird mit einer Länge von λc = 0,8 mm mit dem Filter ISO 4287: ISO 11562 durchgeführt [DIN10a]. Die Ergebnisse zeigen die Mittelwerte und die Streuung von 180 gemessenen Oberflächen (6 Varianten * 5 Zahnräder * 3 Zähne * 2 Zahnflanken). Die Ergebnisse zeigen, dass die Oberflächenqualität der Varianten vergleichbar ist. Im Streubereich der Rauheitskennwerte liegen bei allen vier Rauheitskennwerten Überschneidungen mit einem Streubereich mindestens einer weiteren Variante vor. Demnach wird der Einfluss der prozessbedingten Schwankung der Zahnflankenrauheit auf die Untersuchungsergebnisse als vergleichbar eingestuft.

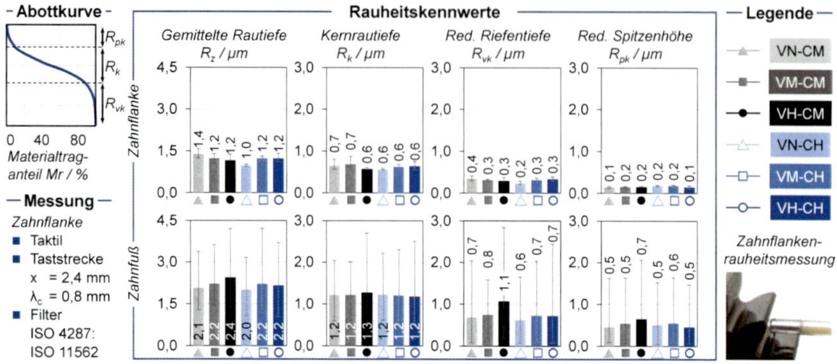

Bild 4-11: Zahnfuß- und Zahnflankenrauheit

Tooth Root and Tooth Flank Roughness

In den unteren Balkendiagrammen sind die Rauheitskennwerten der Zahnfußoberfläche dargestellt. Da die Zahnfußrauheit aufgrund der Zugänglichkeit des Messtasters nicht direkt in Profilrichtung gemessen werden kann, wird der Zahnfuß mit einer Abdruckmasse abgebildet. Die Vorgehensweise der Messung und Auswertung der Zahnfußoberflächenrauheit ist in **Bild 4-12** dargestellt. Im ersten Schritt werden pro Variante zwei Zahnfußabdrücke angefertigt und topografisch taktil in Profilrichtung gemessen. Die Messung erfolgt analog zur Messung der Zahnflankenrauheit. Die Zahnfußtopografien werden im zweiten Schritt invertiert. Im dritten Schritt erfolgt der Winkel- und Niveauausgleich und die Entfernung von etwaigen Poren im Abdruck im vierten Schritt. Nach Entfernung der Welligkeiten werden je Zahnfußtopographie N = 3001 Einzelrauheitsprofile in Profilrichtung ausgewertet.

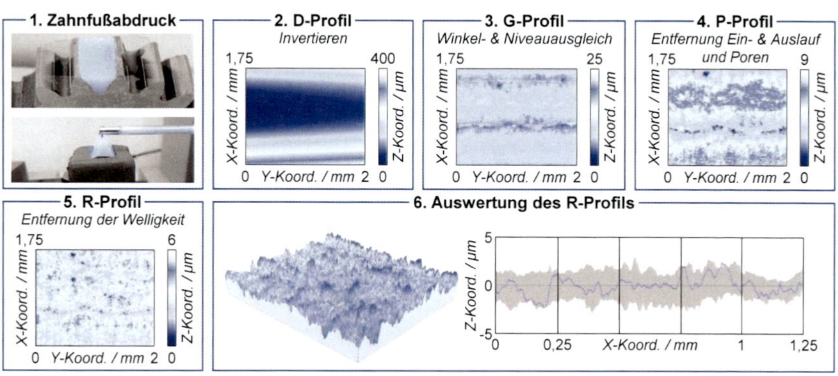

Bild 4-12: Methode der Zahnfuß-Rauheitsmessung

Method of Tooth Root Roughness Measurement

Die unteren Diagramme in Bild 4-12 zeigen den Mittelwert der Rauheitskennwerte von 6002 Rauheitsprofilen und deren Schwankungsbereich. Aufgrund der im Vergleich zur Zahnflankenrauheit höheren Anzahl der Rauheitsprofile ist eine höhere Schwankung der Messergebnisse zu verzeichnen. Dennoch sind die Ergebnisse der Zahnfußrauheit sowohl im Mittelwert als auch hinsichtlich der Schwankungsbreite zwischen den Varianten vergleichbar einzustufen. Analog zu Zahnflankenrauheit wird der Einfluss der prozessbedingten Schwankung der Zahnfußrauheit auf die Untersuchungsergebnisse als vergleichbar eingestuft, wodurch die Ergebnisse allein der Verdichtungs- und Einsatzhärtetiefe zuzuordnen sind.

4.2.3 Berechnung des Einsatzverhaltens

Calculation of the Operating Behavior

Zur Berechnung des Einsatzverhaltens der sechs Varianten werden die Simulationsmodelle in der FE-STIRNRADKETTE aufgebaut. Die Berechnung basiert hinsichtlich des Werkstoffs allein auf dessen Steifigkeitsverhalten. Während die lokale Dichte der Prüfverzahnung diese Werkstoffeigenschaften beeinflusst, führt eine Gefügeänderung zu einer vernachlässigbaren Änderung. Dementsprechend werden drei Simulationsmodelle aufgebaut. Die Verzahnungsgeometrie ist durch die Makro- und Mikrogeometrie definiert. Zur Erreichung einer hohen Berechnungsgüte werden die zwei abgebildeten Zähne mit je N_{FE} = 86400 Elementen vernetzt. Die resultierenden FE-Modelle mit den Verdichtungsprofilen der Varianten *VN*, *VM* und *VH* sind in **Bild 4-13** dargestellt. Die Simulationsmodelle bilden die niedrige, mittlere und hohe Verdichtungstiefe entsprechend der analysierten Verdichtungsprofile ab. Mit den drei FE-Modellen erfolgt der weitere Simulationsablauf in der FE-STIRNRADKETTE. Die Ergebnisse basieren auf der Berechnung von 24 Wälzstellungen.

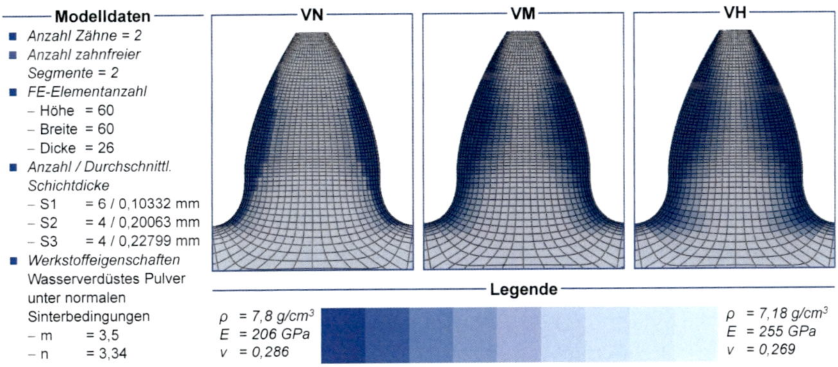

Bild 4-13: Berechnungsmodelle

Calculation Models

Die Krafteinleitung erfolgt diskret auf die Oberflächenknoten. Neben der Berechnung der Hertz'schen Pressung, Zahnfußspannung und des Drehfehlers, wird die Spannung über der Werkstofftiefe ausgewertet. Aufgrund der Umrechnung der flächenbezogenen Pressung in diskrete Kräfte unter der Bauteiloberfläche ergeben sich Singularitäten, welche zu einem unstetigen Spannungsverlauf in den ersten beiden Elementschichten führt. Daher werden die Spannungen ab der dritten Elementschicht ausgewertet, welche einer Tiefe von t = 150 µm entspricht. Die resultierenden Spannungstensoren werden zur Analyse auf Basis der Schubspannungshypothese in Vergleichsspannungen umgerechnet, vgl. **Formel (4-7)** [JACO20]. Die zur Berechnung der Vergleichsspannung benötigten Hauptspannungen σ_I, σ_{II} und σ_{III} ergeben sich aus der Lösung des Eigenwertproblems des lokalen Spannungstensors.

$$\sigma_v = 2 \cdot \tau_{max} = max(|\sigma_I - \sigma_{II}|; |\sigma_{II} - \sigma_{III}|; |\sigma_{III} - \sigma_I|) \tag{4-7}$$

Aufgrund der Berechnungsannahme eines nicht porösen Werkstoffs, welcher mit reduzierten elastischen Werkstoffeigenschaften abgebildet wird, erfolgt die Berechnung der resultierenden Spannung in Bezug auf den gesamten Querschnitt am Volumenelement. Aufgrund der vorliegenden Porosität im Werkstoff ergibt sich für die Spannung, dass die am Bauteil vorliegende Fläche kleiner ist als die Bezugsfläche der Simulation. Um diese Differenz des flächenmäßigen Traganteils in der Spannungsauswertung auszugleichen, wird die Vergleichsspannung auf die die vorliegende Porosität umgerechnet, vgl. **Formel (4-8)**.

$$\sigma_{v,\rho}(t) = \sigma_v(t) \cdot \frac{\rho(t)}{\rho_0} \tag{4-8}$$

Neben der lokalen Dichte erfolgt die Berücksichtigung des aus der Wärmebehandlung resultierenden Eigenspannungszustands auf die Vergleichsspannungstiefenverläufe. Zum Ausgleich von Messabweichungen werden die gemessenen Eigenspannungstiefenverläufe unabhängig von der Verdichtungstiefe in axialer und radialer Richtung jeweils für die *CM* und *CH* Varianten gemittelt. Die beiden gemittelten Eigenspannungstiefenverläufe werden entsprechend des Koordinatensystems der Spannungstensoren rotiert und anschließend mit den Spannungstensoren superponiert. Diese Methode führt zu einem Vergleichsspannungstiefenverlauf unter Berücksichtigung der lokalen Dichte und lokalen Eigenspannungen.

4.2.4 Zahnfußtragfähigkeit

Tooth Root Load Capacity

Prüfstandsaufbau und Versuchsbedingungen

Die experimentellen Untersuchungen der Zahnfußtragfähigkeit wurden auf dem Pulsatorprüfstand durchgeführt, vgl. **Bild 4-14**. Während des Versuchs ist das Zahnrad zwischen zwei Pulsatorbacken eingespannt. Mit der rechten Backe wird ein sinusförmiger Kraftverlauf in den Zahn eingeleitet. An der linken Pulsatorbacke wird die eingeleitete Kraft gemessen und zur Regelung des Prüfstands sowie Auswertung des Versuchs genutzt. Die Belastungsfrequenz beträgt, in Abhängigkeit der Last und der Steifigkeit des Prüfrads, f ≈ 30 Hz.

Die Vorversuche der sechs Varianten erfolgten im zeitfesten Bereich auf zwei Lastniveaus mit genügend Abstand zur Dauerfestigkeit bzw. statischen Festigkeit. Im Horizontenverfahren der Zeitfestigkeit werden fünf Versuche pro Variante durchgeführt und die Ergebnisse statistisch ausgewertet. Die Lastspielzahl wird für eine Ausfallwahrscheinlichkeit P_A = 50 % mit der Auswertemethode nach ROSSOW mit der Normalverteilung bestimmt. Die Auswertung der ertragbaren Kraft-Amplitude im Dauerfestigkeitsbereich erfolgt mit dem Treppenstufenverfahren mit Auswertung nach HÜCK, wobei die Grenzlastspielzahl $N_G = 3 \cdot 10^6$ beträgt [HÜCK83]. Der Laststufensprung, der nach HÜCK aus dem Verhältnis von Stufensprung und Standardabweichung berechnet und vorgeschlagen wird, beträgt ΔF_A = 0,25 kN [HÜCK83].

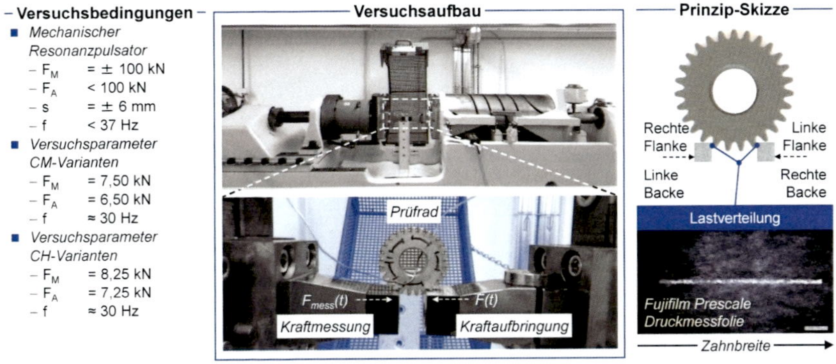

Bild 4-14: Prüfstandsaufbau zur Untersuchung der Zahnfußtragfähigkeit
Test rig setup for investigating the tooth root load capacity

Das Schadenskriterium zur Bestimmung der Zahnfußtragfähigkeit ist Zahnfußbruch bzw. -anbruch. Die Untersuchungen erfolgen gemäß der FVA-Richtlinie; „Empfehlungen zur Vereinheitlichung von Tragfähigkeitsversuchen an vergüteten und gehärteten Zylinderrädern“ [FVA12].

Einfluss der Verdichtungs- und Einsatzhärtetiefe auf die Zahnfußtragfähigkeit

Das Verdichtungsprofil von PM Stirnradverzahnungen führt infolge der differenten Werkstoffsteifigkeit sowohl zu einer differenten Zahnfußbeanspruchung als auch –beanspruchbarkeit. **Bild 4-15** zeigt die berechnete maximale Zahnfußspannung unter Berücksichtigung des Verdichtungsprofils im FE-Modell, vgl. obere Balkendiagramme. Die maximale Zahnfußspannung wurde mit der Zahnkontaktanalyse berechnet und berücksichtigt, im Gegensatz zur Normberechnung, den Einfluss des Verdichtungsprofils sowie die Mikrogeometrie der Zahnräder.

Das Verdichtungsprofil führt in Abhängigkeit des Dichtegradienten zu höheren maximalen Zahnfußspannungen. Als Analogiebetrachtung kann die Zahnfußspannung eines homogenen schmelzmetallurgischen Zahns durch einen einfachen Biegebalken und die Zahnfußspannung eines Zahns mit Verdichtungsprofil mit der Spannungsverteilung in einem Sandwichbalken unter Querkraft approximiert werden. Hinsichtlich eines homogenen Biegebalkens verteilt sich die Spannung linear über der Balkendicke. Die angenommene Materialsteifigkeit hat dabei keinen Einfluss auf die Spannungsverteilung, welche bei konstanter Querkraft für jedes homogene Material gleich ist. Bei der Belastung eines Sandwichbalkens mit einer Querkraft führt die inhomogene Materialsteifigkeit zu einer differenten Spannungsverteilung und es kommt zu einem Spannungssprung zwischen der Randschicht und dem Kern. Wenn die Materialsteifigkeit der Randschicht, infolge der Verdichtung der Randzone, höher ist als die des Kerns, nimmt die Biegespannung in der Randschicht zu. Entscheidend für die Erhöhung der Zahnfußspannung ist der Dichtegradient. Desto steiler der Übergang der Randdichte zur Kerndichte ist, umso höher ist die Spannungsüberhöhung der Randzone des Zahnfußes. Infolge dessen zeigen die Varianten mit niedriger Verdichtungstiefe die höchste Spannungserhöhung im Vergleich zur einer homogenen Werkstoffsteifigkeit (ohne VDP). Die Erhöhung des Verdichtungsprofils bewirkt einen flacheren Dichteübergang, wodurch die maximale Zahnfußspannung $\sigma_{F,max.}$ abnimmt. Trotz dessen zeigen die Simulationsergebnisse der *VH* Varianten zum Berechnungsmodell ohne Verdichtungsprofil eine um $\Delta\sigma_{F,max.}$ = 7,4 % höhere maximale Zahnfußspannung.

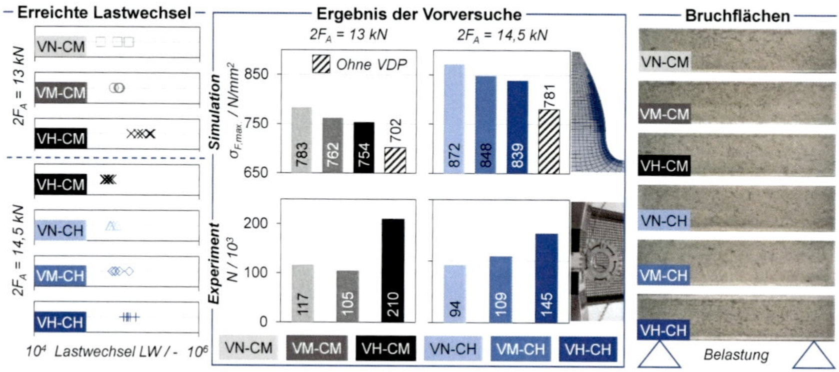

Bild 4-15: Zahnfußtragfähigkeit - Ergebnisse der Vorversuche

Tooth root load capacity - Results of the pre-tests

Die erreichten Lastspielzahlen der untersuchten Zahnradvarianten sind in den unteren Balkendiagrammen dargestellt. Da es bei der Untersuchung der Variante *VN-CH* bei einer Kraftamplitude von $2F_A$ = 13 kN in Vorversuchen zum Erreichen der Grenzlastspielzahl $N_G = 3 \cdot 10^6$ gekommen ist, werden die Varianten mit hoher Einsatzhärtetiefe (*CH*) bei einem höheren Lastniveau untersucht ($2F_A$ = 14,5 kN). Zum Vergleich der Ergebnisse wird die Referenzvariante *VH-CM* herangezogen, welche auf beiden Lastniveaus untersucht wurde. Die Ergebnisse zeigen, dass die Varianten mit einer Einsatzhärtetiefe CHD > 0,2 · m_n, unabhängig von der Tiefe des Verdichtungsprofils, eine höhere Zahnfußtragfähigkeit im Vergleich zur Referenz *VH-CM* aufweisen. Bei $2F_A$ = 13 kN, weisen die Varianten *VM-CM* und *VN-CM* die geringsten Lastspielzahlen auf. Da die Versuchsstreuung der Variante *VN-CM* jedoch über der Differenz der Lastspielzahlen zu Variante *VM-CM* liegt, kann keine abgesicherte Aussage zum Einfluss des Verdichtungsprofils zwischen diesen beiden Varianten getroffen werden. Die Referenzvariante *VH-CM* zeigt bei höchster Verdichtungstiefe und mittlerer Einsatzhärtetiefe die höchste Zahnfußtragfähigkeit auf dem unteren Lastniveau $2F_A$ = 13 kN. Die Tragfähigkeitssteigerung der Referenzvariante wird auf die höhere Verdichtungstiefe zurückgeführt und als signifikant eingestuft. Mit der Steigerung der Kraftamplitude sinkt die erreichte Lastspielzahl der Referenzvariante auf durchschnittlich N = 78792 LW. Die Varianten mit hoher Einsatzhärtetiefe erreichen im Vergleich zur Referenz höhere Lastspielzahlen. Während sich bei der Variante *VN-CH* eine Steigerung der mittleren Lastspielzahl um ΔN = 18,2 % ergibt, führt die Erhöhung der Verdichtungstiefe bei *VH-CH* zu einer Steigerung der mittleren Lastspielzahl um ΔN = 84,6 % zur *VH-CM* Variante. Aufgrund der geringen Schwankungsbreite der Ergebnisse wird der Einfluss der Einsatzhärtetiefe ebenfalls als signifikant eingestuft. Zusammenfassend zeigen die experimentellen Vorversuche, dass die Zahnfußtragfähigkeit pulvermetallurgischer Stirnradverzahnungen, sowohl infolge der Erhöhung der Verdichtungstiefe, als auch der Einsatzhärtetiefe, steigt.

Bild 4-16 zeigt die experimentell ermittelten Wöhlerlinien der Referenzvariante *VH-CM* und der potenzialträchtigsten Variante *VH-CH*. Zur Ermittlung der Dauerfestigkeit der Referenzvariante wurden 15 Versuchspunkte ermittelt, von denen zwölf Versuchspunkte ausgewertet wurden. Die durchgeführten Versuche zur Ermittlung der Dauerfestigkeit sind für beide Varianten auf der linken Seite von Bild 4-16 dargestellt. Das Ergebnis des Treppenstufenverfahrens ist der Dauerfestigkeitswert, der einer Ausfallwahrscheinlichkeit von P_A = 50 % entspricht. Die ertragbare Pulsatorkraft der Referenzvariante entspricht einer Doppelkraftamplitude von $2F_A$ = 11,23 kN bei der Varianz k = 1,48. Vergleichbar zu den Ergebnissen der Vorversuche wird für die *VH-CH* Variante eine Steigerung der ertragbaren Doppelamplitude von $\Delta 2F_A$ = 6,5 % zur Variante *VH-CM* gemessen. Demnach steigt die Zahnfußtragfähigkeit bei vergleichbarem Eigenspannungstiefenverlauf, Rauheit, Verdichtungsprofil und Verzahnungsgeometrie, infolge der höheren Einsatzhärtetiefe.

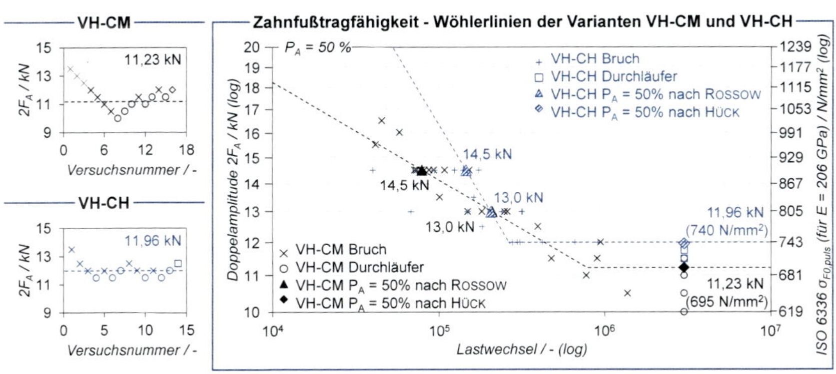

Bild 4-16: Zahnfußtragfähigkeit - Wöhlerlinien der Varianten VH-CM und VH-CH

Tooth root load capacity - SN curves of the variants VH-CM and VH-CH

Für die Auslegung anderer Verzahnungsgeometrien ist die resultierende Zahnfußdauerfestigkeit $\sigma_{F,lim}$ entscheidend. Nach ISO 6336-3 (Methode B) ergibt sich, gemäß der in Anhang 9.1 gelisteten Faktoren zur Tragfähigkeitsberechnung, für eine hohe Verdichtungstiefe und eine hohe Einsatzhärtetiefe eine Zahnfußdauerfestigkeit von σ_{Flim} = 306 N/mm² [ISO19a].

4.2.5 Zahnflankentragfähigkeit

Tooth Flank Load Capacity

Prüfstandsaufbau und Versuchsbedingungen

Die experimentelle Untersuchung der Zahnflankentragfähigkeit erfolgte im Zwei-Wellen-Verspannungsprüfstand nach DIN ISO 14635 [DIN06]. Die Versuche wurden im zeitfesten Bereich bei Tauchschmierung unter Verwendung des Referenzprüföls FVA3A bei einer Temperatur von $T_{Öl}$ = 90°C durchgeführt. Im Horizontenverfahren der Zeitfestigkeit wurden drei bis vier Versuche pro Variante durchgeführt und die Ergebnisse statistisch ausgewertet, vgl. **Bild 4-17**. Die Vorversuche wurden bei einem Drehmoment von M_1 = 275 Nm und einer Drehzahl von n_1 = 5400 min^{-1} durchgeführt. Die Lastspielzahl für eine Ausfallwahrscheinlichkeit P_A = 50 % wird mit der Auswertemethode nach WEIBULL in der WEIBULL- und GAßNER Wahrscheinlichkeitsverteilung bestimmt. Die Versuchsdurchführung erfolgt, analog zur Untersuchung der Zahnfußtragfähigkeit, nach der FVA-Richtlinie [FVA12]. Als Grenze für die Dauerfestigkeit wird entsprechend des Übergangs nach der Norm ISO 6336-3 eine Grenzlastspielzahl von $N_G = 5 \cdot 10^7$ Lastwechseln definiert [ISO19a]. Als Schadenskriterium für Einsatzstahl wurde nach der FVA-Richtlinie eine Gesamtschädigung aller aktiven Zahnflanken von V_{Ges} = 1 % bzw. eines Einzelzahns von V_{Ez} = 4 % gewertet [FVA12]. Die Untersuchung der Dauerfestigkeit erfolgt nach dem Treppenstufenverfahren mit Auswertung nach HÜCK [HÜCK83]. Die Zeitfestigkeit wurde auf zwei Lastniveaus mit genügend Abstand zur Dauerfestigkeit bzw. statischen Festigkeit untersucht. Die Auswertung der Zeitfestigkeit wurde im Wahrscheinlichkeitsnetz mit WEIBULL-Verteilung durchgeführt.

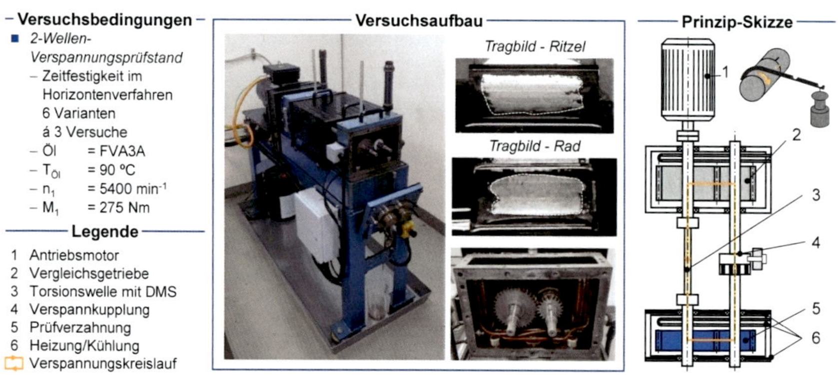

Bild 4-17: Prüfstandsaufbau zur Untersuchung der Zahnflankentragfähigkeit

Test rig setup for investigating the tooth flank load capacity

Einfluss der Verdichtungs- und Einsatzhärtetiefe sowie der lastbedingten Nachverdichtung auf die Zahnflankentragfähigkeit

Bild 4-18 zeigt die erreichten Lastspielzahlen für eine Ausfallwahrscheinlichkeit von P_A = 50 % und einer Ausfallsteilheit von b_A = 3,2. Die Ergebnisse zeigen insgesamt, dass die Zahnflankentragfähigkeit bei konstanter Einsatzhärtetiefe mit Steigerung der

Verdichtungstiefe abnimmt. Die erreichte Lastspielzahl sinkt bei der mittleren Einsatzhärtetiefe von $N_{VN\text{-}CM} = 8{,}35 \cdot 10^6$ LW auf $N_{VH\text{-}CM} = 1{,}66 \cdot 10^6$ LW. Eine Abnahme der erreichten Lastspielzahl liegt ebenso bei den Varianten mit höherer Einsatzhärtetiefe vor. Jedoch ist eine geringere Differenz zwischen den drei Varianten *VN-CH*, *VM-CH* und *VH-CH* zu verzeichnen.

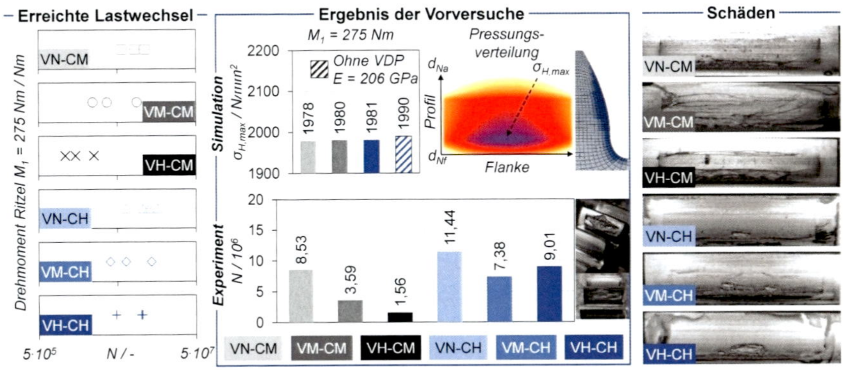

Bild 4-18: Zahnflankentragfähigkeit - Ergebnisse der Vorversuche

Tooth flank load capacity - Results of the pretests

Eine theoretische Begründung der Steigerung der Grübchentragfähigkeit mit geringerer Verdichtungstiefe ist einerseits die Vergrößerung der Pressungsellipse aufgrund der geringeren Werkstoffsteifigkeit. Die Steifigkeit von PM-Werkstoffen sinkt mit der Dichte des Werkstoffs. Eine geringere Verdichtung führt zu einer geringeren Steifigkeit, wodurch sich eine höhere Verformung bei gleicher Belastung ergibt. Die Berechnung der max. Hertz'schen Pressung $\sigma_{H,max}$ zeigt, dass dieser Effekt nicht signifikant ist und vergleichbare Pressungen unabhängig des Verdichtungsprofils berechnet werden, vgl. oberes Balkendiagramm. Die maximale Hertz'sche Pressung variiert zwischen $\sigma_{H,max,VN\text{-}CM} = 1978$ MPa bis $\sigma_{H,max,VN\text{-}CM} = 1981$ MPa. Neben dem Balkendiagramm der maximalen Hertz'schen Pressung ist die Pressungsverteilung dargestellt. Mit den gefertigten Balligkeiten $C_\alpha = 2$ µm und $C_\beta = 1$ µm zeigt das Pressungsdiagramm eine symmetrische Pressungsverteilung auf der Zahnflanke, wobei sich die maximale Hertz'sche Pressung in Zahnflankenmitte unterhalb des Wälzkreises des Ritzels ergibt.

Die Versuchsräder wurden nach den Vorversuchen erneut geometrisch gemessen. Die Messergebnisse nach den Versuchen zeigen eine plastische Verformung der Zahnflanke, welche in Profil- und Flankenrichtung in einer negative Profilballigkeit C_α und Flankenlinien-Balligkeit C_β, respektive Hohlballigkeit resultiert, vgl. **Bild 4-19** links. Während die Hohlballigkeit bei den *CM* Varianten mit Erhöhung der Verdichtungstiefe steigt, zeigen die Messergebnisse der *CH* Varianten keine signifikante Abstufung. Die Zahnflanken der Prüfverzahnung wurden im Betrieb lastbedingt nachverdichtet.

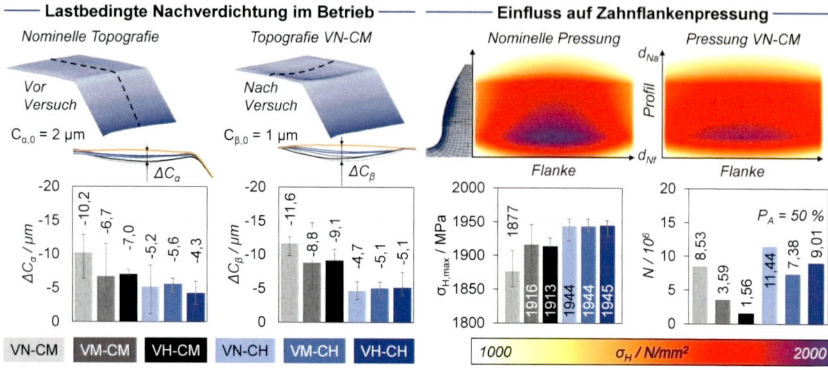

Bild 4-19: Lastbedingte Nachverdichtung und Pressungsreduktion

Load-induced densification and pressure reduction

Durch die lastbedingte Nachverdichtung bauen sich die Spannungsmaxima ab, wodurch sich eine gleichmäßigere Pressungsverteilung berechnet, vgl. Bild 4-19 rechts oben. Mit gleichmäßigerer Pressungsverteilung sinkt die maximale Hertz'sche Pressung, woraus das Erreichen höherer Lastspielzahlen resultiert. Zur Verifizierung dieser Theorie werden die resultierenden Hertz'schen Pressungen unter Berücksichtigung der Zahnflankengeometrie und des Verdichtungsprofils berechnet und gegenübergestellt. Aus der höchsten gemessenen Hohlballigkeit (*VN-CM*) verringert sich die maximale Hertz'sche Pressung auf $\sigma_{H,max,VN\text{-}CM}$ = 1877 MPa. Die Reduktion der Hertz'schen Pressung um $\Delta\sigma_{H,max}$ = -103 MPa führt in den experimentellen Versuchen zu einer um Faktor 5,5 höheren Lastspielzahl der *VN-CM* Variante im Vergleich zur Referenzvariante *VH-CM*. Infolge der Schwankungsbreite der gemessenen Hohlballigkeiten resultiert die Schwankung der berechneten maximalen Hertz'schen Pressungen der Varianten. Im Allgemeinen führt eine größere Hohlballigkeit zu einer geringeren maximalen Hertz'schen Pressung und einer höheren erreichten Lastspielzahl bei einem konstanten Drehmoment der Vorversuche von M_1 = 275 Nm.

Auf Grundlage der experimentellen Versuchsergebnisse und der höheren plastischen Verformung der Zahnflanke der *CM* Varianten wird, in Kombination mit der Zahnfußtragfähigkeit, die Variante *VH-CH* als potenzialträchtigste Zahnradvariante hinsichtlich der Tragfähigkeit bestimmt. **Bild 4-20** zeigt die experimentell ermittelten Wöhlerlinie der beiden Varianten *VH-CM* und *VH-CH*. Zur Ermittlung der Dauerfestigkeit der Referenzvariante wurden pro Variante 10 Versuchspunkte ermittelt, welche auf der linken Seite dargestellt sind.

Die Ergebnisse zeigen, dass mit der Erhöhung der Einsatzhärtetiefe bei vergleichbarem Verdichtungsprofil eine Steigerung der Zahnflankentragfähigkeit um ΔM = +15,9 % hinsichtlich der Dauerfestigkeit erreicht werden kann. Die Berechnung der Beanspruchung zeigt, aufgrund der vorliegenden Hohlballigkeit bei der Variante *VH-CM*, eine um ΔP = -1,6 % geringere maximale Hertz'sche Pressung. Werden die beiden Dauerfestigkeitsniveaus auf die berechneten maximalen Hertz'schen Pressungen normiert, erhöht sich die Tragfähigkeitssteigerung durch die höhere Einsatzhärtetiefe auf ΔM = +17,8 %. Ferner kann die Tragfähigkeitssteigerung im Dauerfestigkeitsbereich auf die Zeitfestigkeit übertragen werden. Zusammenfassend ist eine Erhöhung der Einsatzhärtetiefe über der Verdichtungstiefe für nachverdichtete pulvermetallurgische Stirnradverzahnungen zu empfehlen. Auf Grundlage der Vorversuche gilt dies unabhängig vom vorliegenden Verdichtungsprofil.

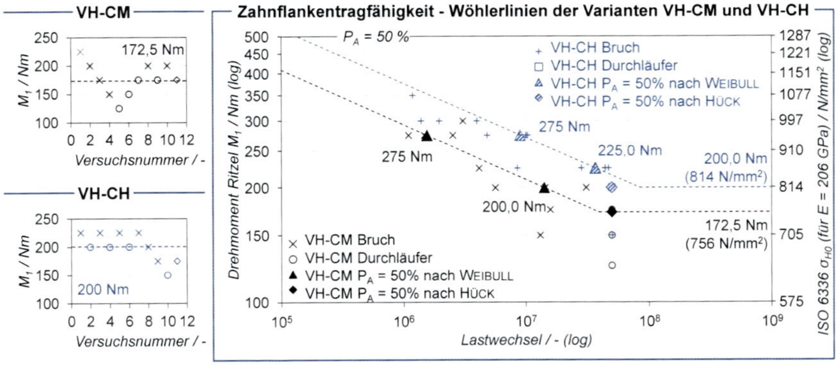

Bild 4-20: Zahnflankentragfähigkeit - Wöhlerlinien der Varianten VH-CM und VH-CH

Tooth flank load capacity – SN curves of the variants VH-CM and VH-CH

Analog zur Zahnfußtragfähigkeit ist für die Auslegung anderer Verzahnungsgeometrien die resultierende Flankendauerfestigkeit $\sigma_{H,lim}$ entscheidend. Nach ISO 6336-2 (Methode B) ergibt sich, gemäß der in Anhang 9.1 gelisteten Faktoren zur Tragfähigkeitsberechnung, für eine hohe Verdichtungstiefe und eine hohe Einsatzhärtetiefe eine Flankendauerfestigkeit von σ_{Hlim} = 1032,6 N/mm² [ISO19c].

Röntgenographische Untersuchung der Zahnflankenschäden

Zur Analyse der unter der Zahnflankenoberfläche auftretenden Rissnetzwerke und zur Untersuchung der Rissausbreitungstiefe sowie Bestimmung des Punktes der Schadensinitiierung wurden röntgenographische Untersuchungen mit einem Computertopographen (CT) durchgeführt. Da sich die Auflösung des CT antiproportional zur untersuchten Probengröße verhält, wurden für die Untersuchung einzelne Zähne aus den Prüfritzeln heraus erodiert. Die untersuchten Zähne weisen einen Primärschaden auf, welcher dem Ausfallkriterium – einer Schadensfläche größer als 4 % der Zahnflanke – entspricht. Benachbarte Zähne weisen keinen Primärschaden auf. Alle CT-Untersuchungen wurden mit einem WERTH TOMOSCOPE durchgeführt. Die erreichte Auflösung entspricht einer Kantenlänge von a = 7 µm pro Voxel. **Bild 4-21** zeigt die röntgenografischen Schnittbilder der *CM* Varianten. Die Bilder zeigen den Stirnflächenschnitt am tiefsten erkennbaren Grübchen auf der Zahnflanke. Die Grübchen liegen stets unterhalb des Wälzkreises. Infolgedessen ist davon auszugehen, dass die Rissausbreitungsrichtung in radialer Richtung vom Zahnfuß in Richtung Zahnkopf stattfindet. Unterhalb der Grübchen ist Graufleckigkeit zu erkennen, vgl. Bild 4-21 unten.

Durch die Beobachtung von Graufleckigkeit ist davon auszugehen, dass die Schadensinitiierung oberflächeninduziert abläuft. Die Schnittansicht der Variante *VN-CM* zeigt demnach einen oberflächeninduzierten Riss, der an einem Durchmesser von d_{ini} = 61,8 mm unter einem Winkel von α_{ini} = 25° zur Oberfläche in den Werkstoff wächst. Für die Rissausbreitungstiefe am Wälzkreis ergibt sich ein Wert von $t_{w,Riss}$ = 620 µm und es ist eine Verästelung des Risses oberhalb des Wälzkreises d_w erkennbar.

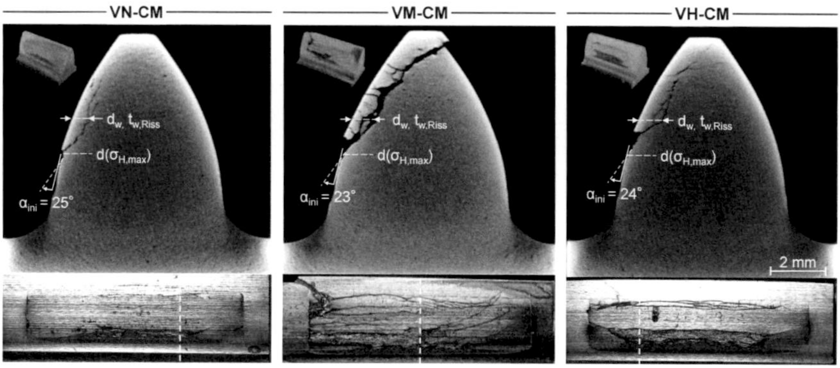

Bild 4-21: Analyse der CT-Aufnahmen der *CM* Varianten

Analysis of the CT images of the CM variants

Die Variante *VM-CM* weist ebenfalls einen oberflächeninduzierten Riss auf. Der Riss beginnt bei einem Durchmesser von d_{ini} = 62,26 mm und wächst unter einem Winkel von α_{ini} = 23° in den Werkstoff. Da der Riss fortgeschrittener als bei der Variante *VN-CM* ist, ergibt sich eine stärkere Verästelung der Rissstruktur. Neben dem Grübchen im Bereich der Rissinitiierung zeigt sich der Beginn eines Zahnkopfbruches, wobei der verdichtete Bereich des Zahns herausbricht. Die Rissausbreitungstiefe auf Höhe des Wälzkreises beträgt $t_{w,Riss}$ = 715 µm.

Die Variante *VH-CM* zeigt einen qualitativ vergleichbaren Schaden zu den Varianten *VN-CM* und *VM-CM*. Der Riss beginnt an einem Durchmesser von d_{ini} = 62,75 mm unter einem Winkeln von α_{ini} = 24° zur Oberfläche. Es ist ein Grübchen am Rissausgangsort und eine Verästelung der Rissstruktur mit vier erkennbaren Sekundärrissen im Rissausbreitungsgebiet zwischen Primärriss und Zahnflankenoberfläche zu verzeichnen. Am Wälzkreis liegt eine Rissausbreitungstiefe von $t_{w,Riss}$ = 810 µm vor.

Die *CH* Varianten – mit höherer Einsatzhärtetiefe – zeigen, im Gegensatz zu den *CM* Varianten, keine Suboberflächendefekte in den Schnittbildern, vgl. **Bild 4-22**. Es liegen oberflächeninduzierte Grübchen vor, welche nicht zu einem Rissnetzwerk unter der Oberfläche führen.

Die Durchmesser der Rissinitiierung variieren zwischen d_{ini} = 62,03 mm bis 63,5 mm. Die Ausbreitungsrichtung liegt zu Beginn der Schadensverläufe mit einem Winkel zwischen α_{ini} = 17° und 22° unterhalb der Rissausgangswinkel der *CM* Varianten. Aufgrund des Fehlens von Suboberflächendefekten ohne Verbindung zu weiteren Rissstrukturen und der aufgetretenen Graufleckigkeit direkt unterhalb der Grübchens kann davon ausgegangen werden, dass für alle *CH* Varianten ebenfalls eine oberflächeninduzierte Schadensinitiierung vorliegt. Ausgehend vom Oberflächenanriss erfolgt im Schadensverlauf das Auftreten eines Oberflächenausbruchs in Form eines Grübchens.

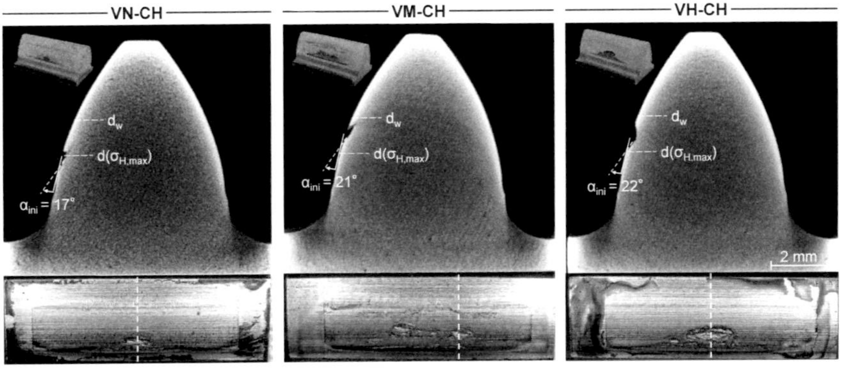

Bild 4-22: Analyse der CT-Aufnahmen der *CH* Varianten
Analysis of the CT images of the CH variants

Der Vergleich der Rissausbreitungstiefen $t_{w,Riss}$ bei den *CM*-Varianten zeigt eine Korrelation mit den verschiedenen Verdichtungstiefen. Für die Variante *VN-CM* ist die geringste, für die Variante *VM-CM* die mittlere und für die Variante *VH-CM* die größte Rissausbreitungstiefe zu verzeichnen. Die Primärrisse der untersuchten Zähne der *CM*-Varianten liegen bei einer Dichte von $\rho \approx 96$ % vor. Diese Beobachtungen führen zu der These, dass die Porosität unterhalb der Vollverdichtungszone eine Rissausbreitung begünstigt. Zur Überprüfung dieser These wird die Beanspruchung in Abhängigkeit der Tiefe ausgewertet und den tiefenabhängigen Werkstoffeigenschaften gegenübergestellt.

Gegenüberstellung der tiefenabhängigen Beanspruchung und Werkstoffeigenschaften

Die Analyse der Beanspruchung und Gegenüberstellung der tiefenabhängigen Werkstoffeigenschaften erfolgt am Wälzkreis, an dem bei den *CM* Varianten der Hauptriss auftritt. Für die Beanspruchung wird die Vergleichsspannung auf Basis der Schubspannungshypothese berechnet. Es werden die lokale Dichte, der Eigenspannungstiefenverlauf und die gemessenen Hohlballigkeiten berücksichtigt. Dem gegenüber werden die ermittelte Risstiefe, sowie die Verdichtungstiefen- und Härtetiefenverläufe gestellt, vgl. **Bild 4-23**.

Die Vergleichsspannungstiefenverläufe der *CM* Varianten zeigen im Bereich der Risstiefe ein Spannungsplateau. Das Spannungsplateau resultiert aus der Berücksichtigung der Eigenspannungstiefenverläufe. Die vorherrschenden Druckeigenspannungen reduzieren die über die Tiefe sinkende Vergleichsspannung. Infolgedessen liegen die Vergleichsspannungen trotz differenter Risstiefe der *CM* Varianten auf einem vergleichbaren Niveau. Der Härtetiefenverlauf zeigt, dass die jeweilige Risstiefe im bainitischen Gefüge liegt. Die in der Risstiefe lokale Härte ist vergleichbar und führt nicht zu einer Verschiebung der Risstiefe. Die jeweilige Risstiefe korreliert mit der lokalen Werkstoffdichte. In einer Tiefe, in der eine lokale Dichte von $\rho \approx 96$ % vorliegt, führt eine Beanspruchung zwischen $\sigma_{v,\rho} = 554 - 600$ N/mm^2 zu einem Riss.

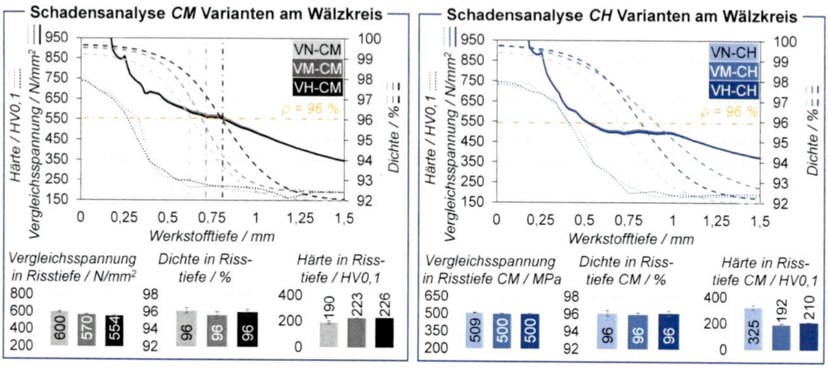

Bild 4-23: Schadensanalyse –Vergleichsspannungs-, Dichte- und Härtetiefenverlauf

Damage analysis -comparative stress, density and hardening depth profile

Die Vergleichsspannungstiefenverläufe der *CH*-Varianten zeigen ebenfalls ein Spannungsplateau im Bereich der Tiefe, in der eine Dichte von $\rho \approx 96$ % vorliegt. Die höhere Einsatzhärtetiefe führt zu höheren Druckeigenspannungen in der Werkstofftiefe zwischen t = 0,5 – 1,0 mm. Wie bei den *CM*-Varianten liegt bei den *CH*-Varianten in der Tiefe mit einer Dichte von $\rho \approx 96$ % bainitisches Gefüge vor. Da durch die röntgenographische Untersuchung kein Rissnetzwerk der *CH*-Varianten identifiziert wird, werden die Vergleichsspannung, die Dichte und die Härte in den Risstiefen der *CM*-Varianten ausgewertet. Die mittlere Vergleichsspannung der *CH*-Varianten in der Risstiefe der *CM*-Varianten ist $\varnothing\sigma_{v,\rho,CH} = 503$ N/mm^2 und liegt um $\Delta\varnothing\sigma_{v,\rho} = 12{,}5$ % unterhalb der mittleren Vergleichsspannung der *CM*-Varianten ($\varnothing\sigma_{v,\rho,CM} = 575$ N/mm^2). Die Gegenüberstellung der tiefenabhängigen Beanspruchung mit den Werkstoffeigenschaften zeigt, dass trotz vergleichbarer Dichte und Härte infolge der niedrigeren Vergleichsspannung eine geringere Belastung der *CH*-Varianten vorliegt. Infolge dessen werden in den röntgenographischen Aufnahmen keine Hauptrisse bei den *CH*-Varianten identifiziert.

4.2.6 Anregungsverhalten

Excitation Behavior

Die lastbedingte Nachverdichtung und der daraus resultierende konvex-konkave Kontakt führt zu differenten Zahnkontaktbedingungen, wodurch das Anregungsverhalten beeinflusst wird. Zur Quantifizierung dieses Einflusses werden quasistatische Drehfehlermessungen und Körperschallmessungen bei dynamischen Drehzahlhochläufen durchgeführt. Die experimentellen Ergebnisse werden den Berechnungsergebnissen gegenübergestellt.

Prüfstandsaufbau und Versuchsbedingungen

Die experimentelle Untersuchung des Anregungsverhalten wurde mit der WZL-STIRNRADMESSZELLE auf dem ELEKTRISCHEN VERSPANNUNGSPRÜFSTAND (EVP) durchgeführt. Der Prüfstand wurde in eine Antriebs- und eine Abtriebseinheit unterteilt, in deren Mitte sich die WZL-STIRNRADMESSZELLE befindet. Zur elektrischen Verspannung der Prüfverzahnung hat der drehzahlgeregelte Elektromotor das Ritzel angetrieben. Der mit dem Rad verbundene drehmomentgeregelte Generator wirkte dem Antriebsmotor entgegen, wodurch die Stirnradverzahnungen elektrisch verspannt wurde. Zur Reduzierung von Umgebungsschwingungen stand der gesamte Prüfstand auf einem luftgefederten Maschinenbett. Eine Elastomer-Kupplung zwischen der Messzelle und dem Generator verminderte den Einfluss externer Drehschwingungen auf die Drehfehlermessung.

Die WZL-STIRNRADMESSZELLE besteht aus zwei voneinander getrennten, identisch aufgebauten Lagerböcken, in denen Prüfwellen zur Aufnahme der Prüfverzahnung gelagert sind, vgl. **Bild 4-24**. Für den Prüfaufbau sind die Lagerböcke um den Achsabstand von a = 91,5 mm gegeneinander versetzt und die einzelnen Ebenen miteinander verstiftet worden. Die für die Betriebswälzprüfung erforderlichen Winkelschrittgeber wurden in den Lagerböcken der Messzelle installiert. Bei den Messsystemen handelte es sich um optische Winkelschrittgeber vom Typ ERA 180 der Fa. HEIDENHAIN GMBH mit je 18000 Strichen über dem Umfang.

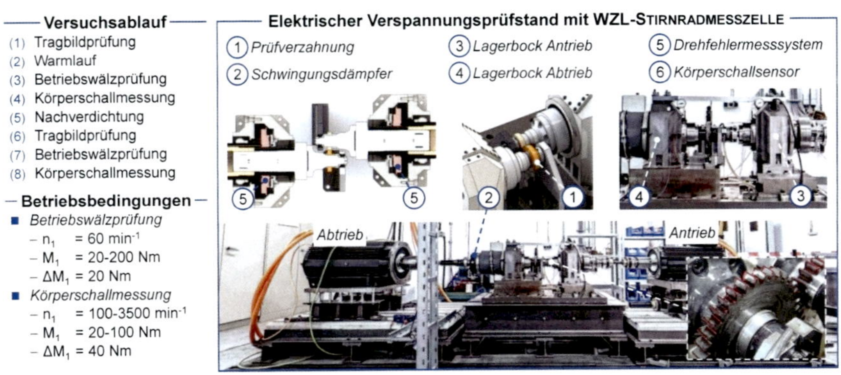

Bild 4-24: Prüfstandsaufbau und Versuchsablauf zur Untersuchung des Anregungsverhaltens

Test rig design and test process for the investigation of the excitation behavior

Zur Validierung der Berechnungsmethode und Untersuchung des Einflusses des Verdichtungsprofils und der Einsatzhärtetiefe sowie der lastbedingten Nachverdichtung auf das Anregungsverhalten wurde jeweils eine Prüfverzahnung der sechs Varianten untersucht. Um Kreuzeinflüsse aufgrund der Variation von Rad und Ritzel zu minimieren, wurde das Rad in den Versuchen konstant gehalten. Somit können alle Messergebnisse auf die Variation des Ritzels zurückgeführt werden.

Die Überprüfung der Kontaktverhältnisse im Zahneingriff und Identifizierung von Montagefehlern erfolgte mittels Tragbildprüfung für die Laststufen $M_1 = 20$ Nm, $M_1 = 60$ Nm und $M_1 = 100$ Nm, bei einer Drehzahl von $n_1 = 120$ min^{-1}. Danach wurde ein Warmlauf bei einem Drehmoment von $M_1 = 120$ Nm und einer Drehzahl von $n_1 = 1000$ min^{-1} für $t = 45$ min durchgeführt. Während der Drehfehler- und Körperschallmessung wurde die Öltemperatur von $T_{Öl} = 60$°C konstant gehalten. Nach dem Warmlauf erfolgte die Betriebswälzprüfung zur Messung des Summendrehfehlers. Bei $n_1 = 60$ min^{-1} wurde das Drehmoment sukzessiv von $M_1 = 20$ Nm bis $M_1 = 200$ Nm mit einer Schrittweite von $\Delta M_1 = 20$ Nm gesteigert. Es wurden zwei Überrollungen des Rads ausgewertet und für jede Drehmomentstufe drei Wiederholmessungen durchgeführt.

Zur Einstellung der lastbedingten Nachverdichtung im Betrieb wurde die Verzahnung nach der ersten Drehfehleruntersuchung für N = 15000 Lastwechsel mit einem Drehmoment von $M_1 = 275$ Nm bei einer Drehzahl von $n_1 = 500$ min^{-1} für $t = 30$ min belastet. Das Drehmoment entspricht dem Betriebszustand der Voruntersuchungen im 2-Wellen-Verspannungsprüfstand. Nach der Nachverdichtung folgte eine zweite Tragbildprüfung sowie die Drehfehlermessung bei den Betriebsbedingungen vor der Nachverdichtung. Zur Quantifizierung der Nachverdichtung wurde die Verzahnungsgeometrie nach dem Versuch erneut gemessen. Eine direkte Messung nach der Nachverdichtung ist nicht zielführend, da es nicht sichergestellt werden kann, dass sich der konvex-konkave Zahnkontakt infolge von Montageabweichungen zueinander verschiebt.

Für jede Variante wurde ein Versuch durchgeführt. Durch einen Vorversuch wurde ausgeschlossen, dass eine Nachverdichtung bereits unter den Betriebsbedingungen des Warmlaufs, der Tragbildprüfung und Drehfehlermessung auftritt. Hierzu wurde ein weiteres Zahnrad der *VN-CM* Variante untersucht, wobei die Nachverdichtung sowie die nachfolgenden Untersuchungsschritte nicht durchgeführt wurden. Durch anschließende Geometriemessung wurde die Annahme, dass keine Änderung der Verzahnungsgeometrie vor der Nachverdichtung vorliegt, bestätigt.

Quantifizierung der lastbedingten Nachverdichtung

Die Messung der Profil- und Flankenlinien sowie der Topografie wurde für jede Prüfvariante vor und nach Versuch durchgeführt. Zur Quantifizierung der lastbedingten Nachverdichtung wurden alle Zähne gemessen und die Ergebnisse gemittelt. Für die Topographie werden pro Zahn 31 Profillinien gemessen. Aufgrund des Einflusses der Teilungsabweichung auf die Topografiemessung ist eine Verschiebung der gemittelten Verläufe auf eine Referenzkoordinate erforderlich. In Profillinienrichtung wurden die Messpunkte am Durchmesser $d = 69{,}13$ mm und in Flankenrichtung bei Breite $b = 2{,}53$ mm als Referenzkoordinate genutzt. An beiden Messpunkten findet aufgrund der Kopfrücknahme kein Zahnkontakt und infolge dessen keine Nachverdichtung statt. In **Bild 4-25** ist auf der linken Seite die Analyse der *VN-CM* Variante dargestellt.

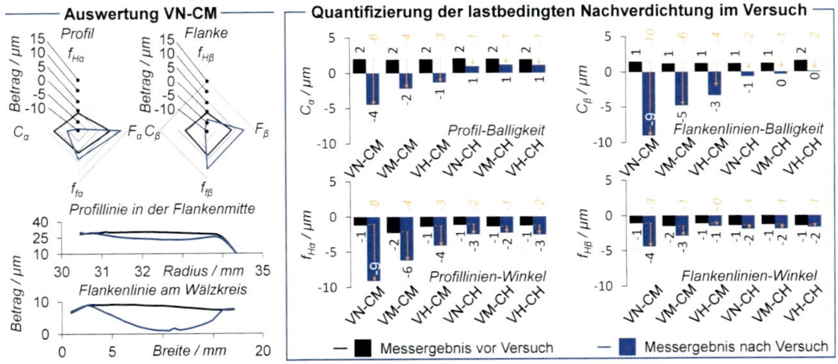

Bild 4-25: Quantifizierung der lastbedingten Nachverdichtung im Versuch
Quantification of the load-related densification in the test

Die Netzdiagramme stellen die Änderung der Profil- und Flankenlinien-Formabweichung $f_{f\alpha}/f_{f\beta}$, der Profil- und Flankenlinien-Winkel $f_{H\alpha}/f_{H\beta}$, der Profil- und Flankenlinien-Gesamtabweichung F_α/F_β sowie der Profil- und Flankenlinien-Balligkeit C_α/C_β dar. Die lastbedingte Nachverdichtung führt zu einer Änderung aller dargestellten Zahnflankenmodifikationen und –abweichungen. Die Profil- und Breitenballigkeit zeigen die höchste Veränderung, wodurch ein konvex-konkaver Zahnkontakt resultiert. Die Verläufe der Topografie entlang der Profillinie in der Flankenmitte zeigen die aus der Lastverteilung resultierende Nachverdichtung der Zahnflanke im Betrieb.

Auf der rechten Seite sind die gemittelten Messergebnisse der sechs Varianten gegenübergestellt. Im Gegensatz zur gemessenen lastbedingten Nachverdichtung im 2-Wellen-Verspannungsprüfstand liegt den Messergebnisse eine definierte Lastspielzahl des Betriebspunkts der Nachverdichtung zugrunde. Die Ergebnisse zeigen in Abhängigkeit der Verdichtungs- und Einsatzhärtetiefe eine systematische Abstufung der Nachverdichtung im Betrieb. Bei den *CM* Varianten wirkt die Verdichtungstiefe der lastbedingten Nachverdichtung entgegen. Die Differenz der Profil- und Flankenlinien-Balligkeit vor und nach dem Versuch reduziert sich sukzessiv von $C_{\alpha,\text{VN-CM}}$ = -6 µm auf $C_{\alpha,\text{VH-CM}}$ = -3 µm sowie von $C_{\beta,\text{VN-CM}}$ = -10 µm auf $C_{\beta,\text{VH-CM}}$ = -4 µm. Die Erhöhung der Einsatzhärtetiefe führt zu einer weniger ausgeprägten Nachverdichtung. Im Gegensatz zu den *CM* Varianten liegt keine signifikante Abstufung der Profil- und Flankenlinien-Balligkeit vor. Dementsprechend überwiegt der Einfluss der Einsatzhärtetiefe dem Einfluss einer höheren Verdichtungstiefe auf die lastbedingte Nachverdichtung.

Einfluss der lastbedingten Nachverdichtung auf das Anregungsverhalten

Die lastbedingte Nachverdichtung resultiert in einem konvex-konkaven Zahnkontakt, der sich neben der Tragfähigkeit auf das Aufregungsverhalten auswirkt. Die geometrischen Kontaktverhältnisse werden dem Anregungsmechanismus der Weganregung zugeordnet, wodurch vor allem der Niedriglastbereich beeinflusst wird. Zur Berechnung des Summendrehfehlers wird die Nachverdichtung durch die Vorgabe der gemittelten Profil- und Flankenlinien-Balligkeit C_α/C_β sowie des Profil- und Flankenlinien-Winkels $f_{H\alpha}/f_{H\beta}$ berücksichtigt.

Bild 4-26 zeigt die experimentell gemessenen und berechneten Tragbilder sowie den Summendrehfehler der *VH-CM* Variante. Die Ergebnisse der Tragbildprüfung zeigen eine Erhöhung des Traganteils mit steigendem Drehmoment. Nach der Nachverdichtung stellt sich infolge des konvex-konkaven Zahnkontakts ein steigender Traganteil ein. Beide Änderungen werden vergleichend in der Berechnung abgebildet. Ein größeres Tragbild in der experimentellen Untersuchung liegt in der Regel aufgrund der Summenbetrachtung aller Zahneingriffe vor. Durch langwellige Abweichungen, wie z.B. Rundlauffehlern oder Taumel, verschiebt sich das Tragbild bei jedem Zahneingriff. Die Überlagerung der Einzeleingriffe führt dementsprechend zu einer Vergrößerung des Tragbilds im Experiment.

Die unteren Ordnungsspektren zeigen den experimentell gemessenen Summendrehfehler, vor (in schwarz) und nach (in blau) der Nachverdichtung, über die Drehordnung für die drei Laststufen der Tragbildprüfung. Neben der Anregung der ersten Drehordnung, aufgrund langwelliger Abweichungen des Antriebstrangs, treten die ersten drei Zahneingriffsordnungen bei $1.O_z = 36$, $2.O_z = 72$ und $3.O_z = 108$ signifikant hervor. In den oberen Liniendiagrammen sind die Ordnungsschnitte der Zahneingriffsordnungen aufgetragen und den Berechnungsergebnissen gegenübergestellt.

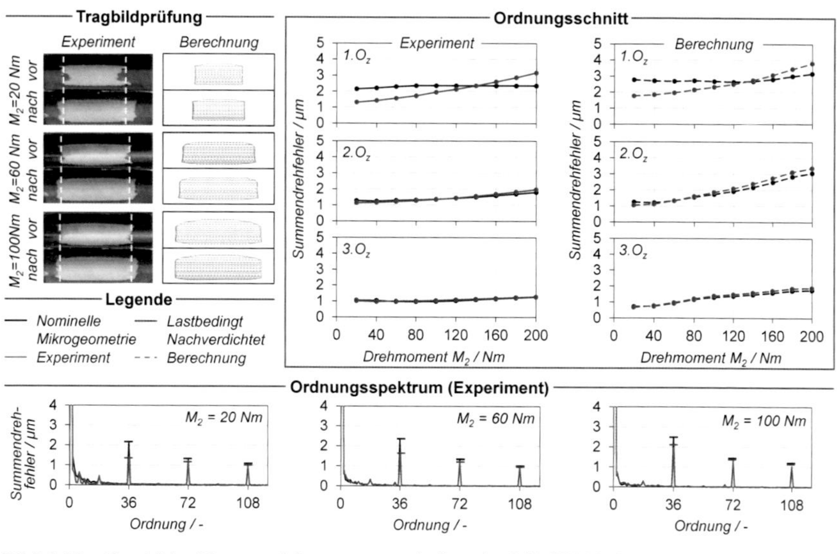

Bild 4-26: Tragbildprüfung und Anregungsverhalten der VH-CM Variante

Contact pattern test and excitation behavior of the VH-CM variant

Die lastbedingte Nachverdichtung führt zu einer signifikanten Reduzierung des Anregungsverhaltens der ersten Zahneingriffsordnung. Eine Beeinflussung der höherharmonischen Zahneingriffsordnungen ist nicht ersichtlich. Die Ordnungsschnitte zeigen einen abnehmenden Einfluss der Nachverdichtung mit steigendem Drehmoment. Dies bestätigt den lastabhängigen Einfluss der Anregungsmechanismen im Zahnkontakt. Der Einfluss der Zahnflankengeometrie ist der Weganregung zugeordnet, wodurch das Anregungsverhalten insbesondere im Niedriglastbereich beeinflusst wird. Der steigende und durch die Nachverdichtung unveränderte Einfluss der Parameteranregung und Stoßanregung dominiert mit steigendem Drehmoment, wodurch sich die Drehfehlerverläufe vor und nach der Nachverdichtung angleichen.

Der Vergleich zwischen den experimentell gemessenen und den berechneten Ordnungsschnitten zeigt sowohl qualitative als auch quantitative Übereinstimmung. Abweichungen zwischen den Ergebnissen resultieren einerseits aus der Berechnung von einer Teilung im Vergleich zu zwei gemittelten Umdrehungen des Rads bei der experimentellen Messung. Andererseits werden in der Berechnung keine langwelligen Abweichungen berücksichtigt und die Definition der Mikrogeometrie beruht auf den gemittelten, gemessenen Zahnflankenmodifikationen.

Bild 4-27 zeigt die Gegenüberstellung der Ordnungsschnitte der ersten Zahneingriffsordnung der sechs Varianten. Im linken Teil ist der Vergleich des Summendrehfehlers vor und nach der lastbedingten Nachverdichtung der Varianten bei M_1 = 20 Nm gegenübergestellt.

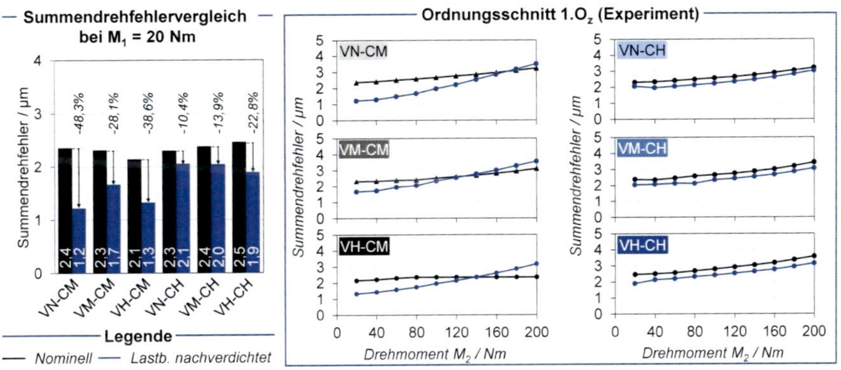

Bild 4-27: Summendrehfehlervergleich und Ordnungsschnitte der ersten Zahneingriffsordnung

Transmission error comparison and order cuts of the first tooth meshing order

Vor der Nachverdichtung ist der Summendrehfehlerverlauf aller Varianten, unabhängig von der jeweiligen Verdichtungs- und Einsatzhärtetiefe, vergleichbar. Mit der Nachverdichtung ergeben sich gemäß der jeweiligen Geometrieänderung differente Summendrehfehlerverläufe. Im Allgemeinen wirkt eine Steigerung der Verdichtungs- und Einsatzhärtetiefe der lastbedingten Nachverdichtung im Betrieb entgegen. Die Abstufungen der Geometrieänderung gemäß der Quantifizierung der Nachverdichtung korrelieren mit dem gemessenen und berechneten Summendrehfehler. Für die *CM*-Varianten mit mittlerer Einsatzhärtetiefe ist eine Abnahme des Summendrehfehlers im Niedriglastbereich bis M_1 = 160 Nm infolge der lokalen Nachverdichtung zu erkennen, welche mit steigender Verdichtungstiefe abnimmt. Für höhere Drehmomente bewirkt die Nachverdichtung eine Steigerung der Anregung im Zahnkontakt.

Die *CH*-Varianten mit höherer Einsatzhärtetiefe zeigen gemäß der Geometriemessung einen geringeren Einfluss der Nachverdichtung auf das Anregungsverhalten. Unabhängig von der Verdichtungstiefe führt die Nachverdichtung zu einer lastunabhängigen Reduktion des Summendrehfehlers von $\varnothing\Delta\varphi_{VN\text{-}CH}$ = 0,3 µm, $\varnothing\Delta\varphi_{VM\text{-}CH}$ = 0,3 µm und $\varnothing\Delta\varphi_{VH\text{-}CH}$ = 0,4 µm. Damit überwiegt der Einfluss der Einsatzhärtetiefe dem Einfluss der differenten Versdichtungstiefen.

Übertragbarkeit der Summendrehfehlerreduktion auf die Körperschallemission

Nach der Geräuschentstehungskette führt eine Minderung der Anregung im Zahneingriff zu einer geringeren Körperschallemission. Die Körperschallemission wird bei einem dynamischen Drehzahlhochlauf untersucht. Die Drehzahl wird bei konstantem Drehmoment von M_1 = 20 Nm kontinuierlich von n_1 = 100 min^{-1} bis n_1 = 3600 min^{-1} gesteigert. **Bild 4-28** zeigt die Körperschallemission vor und nach der Nachverdichtung detailliert für die *VH-CM* Variante.

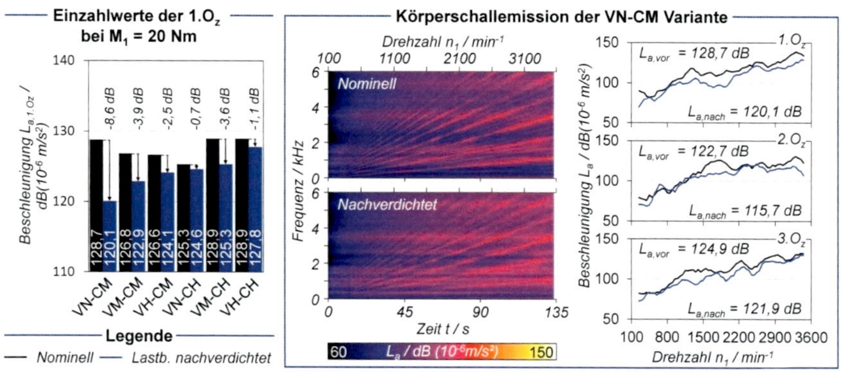

Bild 4-28: Einfluss der lastbedingten Nachverdichtung auf die Körperschallemission

Influence of the load dependent densification on the structure borne noise emission

Die dreidimensionalen Ordnungsspektren der VH-CM Variante zeigen ein signifikantes hervortreten der ersten Zahneingriffsordnung sowie deren Höherharmonischen. Die Ordnungsschnitte der ersten drei Zahneingriffsordnungen sind links dargestellt. Vergleichend zu dem experimentell gemessenen und berechneten Summendrehfehler ist eine Reduzierung der Amplitude der ersten Zahneingriffsordnung ersichtlich. Die Körperschallemission der zweiten und dritten Zahneingriffsfrequenz wird durch die Nachverdichtung nicht beeinflusst. Die Reduktion des Summendrehfehlers bewirkt eine Reduktion der Körperschallemission der *VH-CM* Variante von $\Delta L_{a,VH\text{-}CM}$ = 2,5 dB.

Das links dargestellte Balkendiagramm zeigt die Gegenüberstellung der Einzahlwerte der ersten Zahneingriffsordnung der sechs Varianten. Die Nachverdichtung führt bei allen Varianten zu einer Reduzierung des Einzahlwerts. Die Differenzbetrachtung vor und nach der Nachverdichtung zeigt, mit Ausnahme der *VM-CH* Variante, eine steigende Reduktion der Körperschallemission mit höherer Nachverdichtung. Somit ergibt sich für die *VN-CM* Variante die höchste Körperschallreduktion von $\Delta L_{a,VN\text{-}CM}$ = 8,6 dB. Im Variantenvergleich zeigen die Messergebnisse des Summendrehfehlers als auch der Körperschallemission einen Trend zur Anregungsreduktion mit steigender Nachverdichtung im Niedriglastbereich. Die Verbesserung der Körperschallemission liegt vergleichend zum Drehfehler im Niedriglastbereich vor, führt jedoch nicht zu einer Steigerung der Körperschallemission im untersuchten Lastbereich.

4.3 Fazit

Conclusion

Für die systematische Untersuchung des Einflusses des Verdichtungsprofils in Kombination mit der Einsatzhärtetiefe auf das Einsatzverhalten von PM Zahnrädern wurden sechs Varianten experimentell untersucht sowie deren Einsatzverhalten berechnet. Es wurde der Einfluss der Kombination der Verdichtungs- und Einsatzhärtetiefe auf die resultierende Zahnfuß- und Zahnflankentragfähigkeit sowie das Anregungsverhalten bestimmt. Zur Berechnung des Einsatzverhaltens unter Berücksichtigung des Verdichtungsprofils wurde die Methode zur Berücksichtigung des lokalen Verdichtungsprofils von PM Stirnradverzahnungen entwickelt und die Berechnungs- und Versuchsergebnisse gegenübergestellt. Hierzu wurde das resultierende Anregungsverhalten und die Beanspruchung berechnet, mit den experimentellen Messergebnissen korreliert und die Berechnungsgüte anhand des Summendrehfehlers direkt validiert. Auf Basis der Ergebnisse kann die *Forschungsfrage 1* positiv beantwortet werden.

Die Ergebnisse zeigen, dass eine hohe Einsatzhärtetiefe $CHD_{CH} \approx 0{,}2 \cdot m_n$, im Vergleich zu einer mittleren Einsatzhärtetiefe $CHD_{CM} \approx 0{,}15 \cdot m_n$ einen positiven Effekt auf die Zahnfuß und Zahnflankentragfähigkeit der Prüfverzahnungen aufweist. Eine Steigerung der Zahnfußtragfähigkeit wird sowohl mit der Erhöhung der Einsatzhärtetiefe als auch der Verdichtungstiefe erreicht. Bei den Laufversuchen im 2-Wellen-Verspannungsprüfstand wird für die mittlere Einsatzhärtetiefe ein antiproportionales Verhalten der Tragfähigkeit in Bezug zur Verdichtungstiefe festgestellt. Als Grund für diesen Einfluss wird eine lastbedingte Nachverdichtung der Zahnflanken identifiziert, welche eine Beanspruchungsreduzierung in Form geringerer Kontaktpressungen zur Folge hat. Die lastbedingte Nachverdichtung wird durch die Erhöhung der Verdichtungstiefe und Erhöhung der Einsatzhärtetiefe reduziert. Mit röntgenographischen Untersuchungen der Zähne wurde als Ort der Schadensinitiierung die Zahnflankenoberfläche identifiziert. Ausgehend von kleineren Ausbrüchen bildet sich bei mittlerer Einsatzhärtetiefe unabhängig vom Verdichtungsprofil ein Rissnetzwerk, welches hinter der Vollverdichtungszone in einer Tiefe $t > t_{d,98}$ liegt und in Richtung Zahnkopf wächst. Die Rissausbreitungstiefe am Wälzkreis korreliert mit der lokalen Dichte von $\rho \approx 96$ % im bainitischen Gefüge. Neben dem Hauptriss entsteht in Richtung der Bauteiloberfläche ein feines Rissnetzwerk. Bei den Varianten hoher Einsatzhärtetiefen wird in CT-Aufnahmen unabhängig vom Verdichtungsprofil kein Hauptriss am Wälzkreis identifiziert. Tiefere beanspruchungsreduzierende Druckeigenspannungen infolge der höheren Einsatzhärtetiefe reduzieren die Vergleichsspannung im Mittel um $\Delta\varnothing\sigma_{v,p}$ = 12,5 %. Infolge dessen wird die Beanspruchungsgrenze des Werkstoffs nicht erreicht, wodurch keine Rissbildung resultiert. Mit der Erhöhung der Einsatzhärtetiefe am Wälzkreis von $CHD_{VH\text{-}CM}$ = 0,29 mm auf $CHD_{VH\text{-}CH}$ = 0,42 mm (550 HV0,1) bei einer Verdichtungstiefe von $t_{d,98}$ = 0,85 mm wurde eine Steigerung der Zahnfußtragfähigkeit um 6,5 % sowie eine Steigerung der Zahnflankentragfähigkeit um 15,9 % erreicht.

Das Anregungs- und Geräuschverhalten der ersten Zahneingriffsordnung wird infolge der lastbedingten Nachverdichtung im Niedriglastbereich signifikant reduziert und steht damit im Zusammenhang zum Verdichtungsprofil. Die Änderung der Anregung im Zahnkontakt kann dem Mechanismus der Weganregung zugeordnet werden. Mit höherer Nachverdichtung steigt sowohl die Reduzierung des Summendrehfehlers als auch der Körperschallemission der ersten Zahneingriffsordnung. Die im Variationsraum geringste Verdichtungs- und Einsatzhärtetiefe der *VN-CM* Variante zeigt die höchste lastbedingte Nachverdichtung im Betrieb, wodurch sich der Summendrehfehler um $\varnothing\Delta\varphi_{VN\text{-}CM}$ = 48,3 % und der Einzahlwert der Körperschallemission der ersten Zahneingriffsordnung im Niedriglastbereich um $\Delta L_{a,VN\text{-}CM}$ = 8,6 dB reduziert.

Insgesamt zeigen die Verdichtungs- und Einsatzhärtetiefe sowie die lastbedingte Nachverdichtung einen signifikanten Einfluss auf das Einsatzverhalten. Für eine geräuschoptimierte Auslegung führt eine hohe lastbedingte Nachverdichtung der Zahnräder zu einem konvex-konkaven Kontaktverhältnis, wodurch die Verzahnungsanregung und die Körperschallemission reduziert werden. Infolge einer geringeren Verdichtungs- und Einsatzhärtetiefe erhöht sich die lastbedingte Nachverdichtung. Die Tragfähigkeit und das Anregungsverhalten stehen bezüglich der Verdichtungs- und Einsatzhärtetiefe demnach gegenläufig zueinander. Für die Auslegung und Berechnung bedarf es daher einer Gewichtung der Auslegungsziele und der Berücksichtigung des Verdichtungsprofils. Um das notwenige Kriterium der Sicherheit gegen Bauteilversagen zu erfüllen, steht für PM Leistungsverzahnungen bei der Auslegung des Verdichtungsprofils und der Einsatzhärtetiefe die Tragfähigkeit im Vordergrund. Infolgedessen wird eine hohe Einsatzhärtetiefe und eine hohe Verdichtungstiefe im Zahnfuß empfohlen. Auf der Zahnflanke bewirkt die lastbedingte Nachverdichtung eine Reduzierung der Hertz'schen Pressung und der Verzahnungsanregung. Dementsprechend ist auf der Zahnflanke eine geringe lokale Verdichtung zielführend. Aufgrund einen hohen Einsatzhärtetiefe reduziert sich jedoch der Betrag der lastbedingten Nachverdichtung, wodurch sich hinsichtlich des Geräuschverhaltens von Leistungsverzahnungen das Potenzial der lastbedingten Nachverdichtung verringert. Nachfolgend wird daher das Optimierungspotenzial des Geräuschverhaltens hinsichtlich des Radkörpers untersucht.

5 Einfluss von Radkörpermodifikationen auf das Einsatz- und Geräuschverhalten

Influence of Gear Body Modifications on Operating and Noise Behavior

Pulvermetallurgische Verzahnungen erfüllen infolge der Zahnflankenverdichtung sowie Einsatzhärtung die notwendige Voraussetzung der Tragfähigkeit zum Einsatz in Leistungsgetrieben. Durch die endkonturnahe Fertigung von PM Zahnrädern können - ohne zusätzliche Fertigungsprozesse - sowohl geringere Werkstoffdichten als auch geometrische Impedanzelemente im Radkörper konstruiert werden. Die Grundlage zur Nutzung des Optimierungspotenzials des Radkörpers bildet die Kenntnis des Einflusses von Radkörpermodifikationen. Eine Optimierung des Geräuschverhaltens und der Leistungsdichte kann durch die Auslegung der Dichte (Stoffleichtbau und Dämpfung) und Auslegung der Radkörpergeometrie (Formleichtbau und Dämmung) realisiert werden. Neben dem Einfluss des Radkörpers auf das Einsatzverhalten, der Radkörpertragfähigkeit und des Schwingungsverhaltens, ist der Einfluss auf den resultierenden Körperschalltransfer entscheidend. Die Berechnung und Kenntnis der Mechanismen bildet die Basis für die methodische Auslegung des Radkörpers.

5.1 Methoden zur Berechnung des Radkörpereinflusses

Methods for Calculating the Influence of the Gear Body

Zur Berücksichtigung von Radkörpermodifikationen im Zahnradkörper wird eine dreigeteilte Berechnungsmethode entwickelt. Die drei Ziele der Berechnungsmethode werden wie folgt beschrieben:

1. Berechnung des Einflusses freier Radkörpermodifikationen auf das Einsatzverhalten von Stirnradverzahnungen mit der Zahnkontaktanalyse FE-STIRNRADKETTE
2. Bewertung der Radkörpertragfähigkeit durch Berechnung der Beanspruchung und dem Vergleich zur Beanspruchbarkeit mit der FKM-RICHTLINIE
3. Analyse des Schwingungsverhaltens sowie des Körperschalltransfers durch den Radkörper mit ABAQUS CAE

5.1.1 Einsatzverhalten

Operating Behavior

Das Ziel der ersten Methode ist die Berechnung des Einflusses freier Radkörpermodifikationen auf das Einsatzverhalten von Stirnradverzahnungen mit der FE-basierten Zahnkontaktanalyse FE-STIRNRADKETTE. In **Bild 5-1** ist die Berechnungsmethode dargestellt. Im Gegensatz zur rechenzeitoptimierten Verzahnungssimulation mit Teilsegmenten der Zahnräder, werden in der Berechnung des Radkörpereinflusses Zahnkranz und Radkörper vollumfänglich dargestellt, sodass die veränderte Steifigkeit über dem gesamten Umfang abgebildet wird. Die Anzahl der in der Simulation abgebildeten Zähne wird zur Reduzierung der zu berechnenden FE-Elemente auf die Zähne, welche sich im Eingriff befinden, reduziert. Die Werkstoffeigenschaften werden linear elastisch mit dem Elastizitätsmodul und der Querkontraktionszahl definiert.

Das schrittweise Vorgehen der *Berechnung des Einsatzverhaltens* beinhaltet sechs Schritte. Im ersten Schritt (*Schritt 1*) wird die Geometrie des Zahnkranzes und der Zähne mit der FE-basierten Zahnkontaktanalyse abgebildet und mit einem parametrisierten FE-Hexaedernetz durch den FE-STRUKTURGENERATOR der FE-STIRNRADKETTE vernetzt (*Schritt 2*). Das parametrisierte FE-Hexaedernetz führt zu einer Steigerung der Ergebnisgüte im Zahnkontakt und wird zur Berechnung der Zahnflankenpressung, Zahnfußspannung sowie der Steifigkeit genutzt. Die Radkörpergeometrie wird automatisiert parametrisiert in ABAQUS CAE erstellt (*Schritt 3*) und mit einem FE-Tetraedernetz frei vernetzt (*Schritt 4*). Der in ABAQUS CAE vorhandene Vernetzer ermöglicht die Vernetzung einer variablen Radkörpergeometrie. Die Allgemeingültigkeit bei einer freien Tetraeder-Vernetzung kann zu Netzen führen, welche für das Berechnungsziel ungeeignet sind. Demnach ist eine Beurteilung der FE-Netzqualität nach ausgewählten Kriterien notwendig. Mittels der programminternen Netzkriterien des ABAQUS-Vernetzers wird das FE-Netz geprüft, wodurch die Verwendung des FE-Tetraedernetzes für das Berechnungsziel qualifiziert wird.

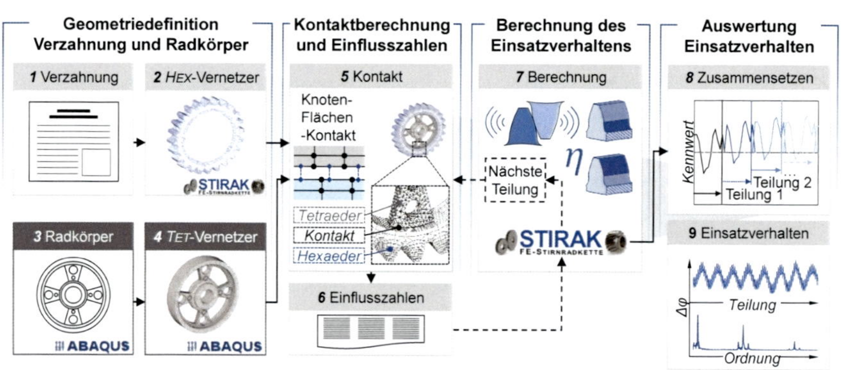

Bild 5-1: Methode zur Berechnung des Radkörpereinflusses auf das Einsatzverhalten
Method for calculating the gear body influence on the operational behavior

Der Kontakt zwischen Radkörper und Zahnkranz erfolgt über den erweiterten Knoten-Flächen-Kontakt mit dem Z88-SOLVER (*Schritt 5*) [BILL20]. Dabei wird die Oberfläche zusätzlich mit den Gaußstützstellen diskretisiert, sodass die Stelle des kleinsten Abstandes bei der Kontaktsuche möglichst exakt bestimmt werden kann [LAUR03]. Ist der Abstand kleiner als eine numerische Toleranz, wird eine Kontaktnebenbedingung für das aktuelle Kontaktpaar (Index: i) definiert und mit dem gestörten Lagrange-Verfahren in das Gleichungssystem der Finite-Elementen-Analyse eingebaut [NÜTZ15]. Mit einem verklebten Kontakt – also eine Übertragung sowohl der Normal- als auch Tangentialkräfte – wird der Kontaktnormalvektor im Gleichungssystem zu 1. Mit dem verklebten FE-Modell des Zahnrads werden im sechsten Schritt (*Schritt 6*) die Einflusszahlen, analog zur allgemeinen Vorgehensweise FE-basierter Zahnkontaktanalysen berechnet [KLOC17b]. Die Lastdefinition wird aus der FE-basierten Zahnkontaktanalyse übernommen und der Radkörper in der Bohrung gefesselt. Danach wird das Gleichungssystem mit dem Z88-SOLVER gelöst und mit der FE-basierten Zahnkontaktanalyse das Einsatzverhalten berechnet (Schritt 7). Nicht rotationssymmetrische Radkörpermodifikationen führen zu einer umlaufenden Steifigkeitsschwankung im Zahnkontakt und Radkörper. Daher ist es notwendig, den Radkörpereinfluss über einer Umdrehung für jede Teilung des modifizierten Zahnrads zu berechnen und auszuwerten. Zur Visualisierung der Berechnung pro Teilung sind in Bild 5-1 gestrichelt Pfeile eingezeichnet, welche den Berechnungsschritt zur Verdrehung des Radkörpers zur nächsten Teilung darstellen. Zur Auswertung werden die Berechnungsergebnisse aus Einzelteilungen zusammengesetzt (*Schritt 8*). Dies ermöglicht die Auswertung der langwelligen Effekte auf das Einsatzverhalten. Das Ergebnis der Methode sind die Kennwerte des Einsatzverhaltens über einer Umdrehung des radkörpermodifizierten Rads (Schritt 9).

Bild 5-2 zeigt die Auswertung des Einsatzverhaltens über einer Umdrehung eines Radkörpers mit acht Bohrungen (rechts) im Vergleich zu einem rotationssymmetrischen Radkörper (links). Der rotationssymmetrische Radkörper zeigt ein über den einzelnen Teilungen konstantes Einsatzverhalten. Für diesen Fall ist eine Berechnung des Einsatzverhaltens einer Teilung für die Bewertung ausreichend. Beim Radkörper mit acht Bohrungen wird das Einsatzverhalten moduliert. Aufgrund der variierenden Eingriffssteifigkeit infolge der Position des Radkörpers unterhalb des Zahneingriffs, ergibt sich ein schwankendes Einsatzverhalten der Verzahnung im Vergleich zum rotationssymmetrischen Radkörper. Die Anzahl der Bohrungen im Radkörper ist gleich der Anzahl der Minima und Maxima der maximalen Zahnflankenpressung $\sigma_{H,max}$, der maximalen Zahnfußspannung $\sigma_{F,max}$ und des Drehfehlers $\Delta\varphi$. Es entsteht eine Schwankung der Kennwerte des Einsatzverhaltens über dem Umfang des Zahnrads, welche infolge der Berechnung von ausschließlich einer Teilung zu einer unzulässigen Bewertung führen würde.

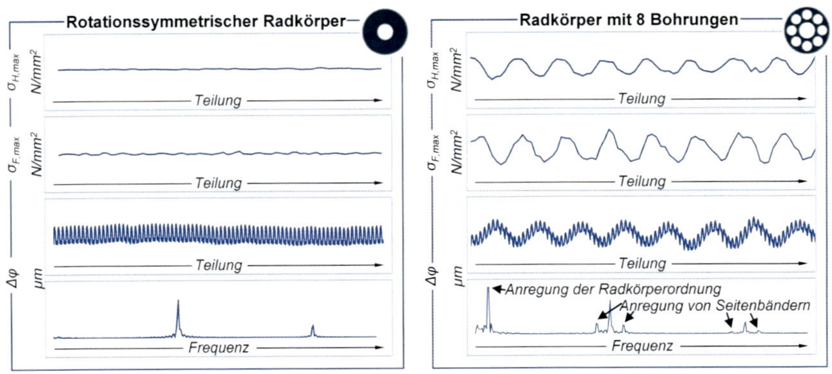

Bild 5-2: Qualitativer Einfluss von Radkörpermodifikationen auf das Einsatzverhalten
Qualitative influence of gear body modifications on the operational behavior

Mittels der Berechnung des Drehfehlerverlaufs einer Zahnradpaarung über einer Umdrehung kann das Anregungsverhalten ebenfalls in den ersten Drehordnungen berechnet werden. Die Trennung und Zuordnung der anregungsbestimmenden Schwingungsanteile erfolgt durch eine Fast-Fourier-Transformation (FFT) des Drehfehlerverlaufs über den Teilungen des Zahneingriffs. Der rotationssymmetrische Radkörper zeigt hinsichtlich des Drehfehlerverlaufs ausschließlich den kurzwelligen Drehfehleranteil, welcher die Schwingungen ab der ersten Zahneingriffsordnung beschreibt. Bei Radkörpermodifikationen wird der langwellige Anteil des Drehfehlers moduliert. Die Radkörperordnung wird als Periodizität der Steifigkeitsschwankung – hier: Anzahl der acht Bohrungen – definiert. Des Weiteren führt die Modulation der Eingriffssteifigkeit über einer Umdrehung zur Bildung von Seitenbändern neben den Zahneingriffsordnungen im Abstand der Radkörperordnung.

Im Kontext des Einflusses der Radkörpermodifikationen auf die maximale Zahnfußspannung und Zahnflankenpressung wirkt sich die variierende Eingriffssteifigkeit des Zahneingriffs auf die Lastverteilung infolge der Radkörperposition unterhalb des Zahneingriffs aus. In Abhängigkeit der Position des Radkörpers ergibt sich eine für jede Teilung unterschiedliche Zahneingriffssteifigkeit. Allgemein ist das Widerstandsmoment hinsichtlich der Verdrehung der Zähne infolge der geringeren Steifigkeit des Radkörpers über einer Aussparung geringer als über einem Steg. Da Aussparungen im Stirnschnitt des Zahnrads vorliegen, führt der Schrägungswinkel bei einer Schrägverzahnung zu einer über der Zahnradbreite variierenden Steifigkeit in Abhängigkeit der Radkörpermodifikationen. Dies führt bei Belastung der Zähne zu einer wälzstellungsabhängigen Steifigkeit des Zahnkranzes gegenüber den angreifenden Kräften, wodurch sich die Nachgiebigkeit über der Zahnbreite ändert.

5.1.2 Radkörpertragfähigkeit

Gear Body Load Capacity

Die Bewertung der Tragfähigkeit des Radkörpers erfolgt mit der FKM-RICHTLINIE [FKM03]. Die bauteilabhängigen Grenzspannungen werden für folgende Annahmen in der FKM-RICHTLINIE bestimmt:

- Isotropes Werkstoffverhalten
- Werkstoffgruppenabhängige Konstanten für Einsatzstahl
- Gesamtstützzahl für pulvermetallurgische Werkstoffe nach SCHNEIDER und SUVA: n_X = 1,65 [SCHN19]
- Sicherheitsfaktoren: S = konst. = 1
- Dichteabhängige Zugfestigkeit R_m und Fließgrenze $R_{p0,2}$ nach GAISINA ET AL. [GAIS22]
- Dichteabhängiger Elastizitätsmodul E nach BEISS [BEIS13]

Die sich aus diesen Annahmen ergebenen Parameter sind im Anhang 9.2 aufgeführt. Für den pulvermetallurgischen Einsatzstahl FE-0,85Mo-0,25C werden in Abhängigkeit der Dichte dauerfeste Grenzspannungen berechnet. **Bild 5-3** zeigt links die dichteabhängigen Grenz-MISES-Spannungen und Grenzhauptspannungen und rechts das Berechnungsmodell. Zur Ermittlung der Beanspruchung werden FE-Berechnungen durchgeführt. Für die Berechnung der Radkörperspannungen erfolgt die Belastung des Radkörpers für jede Teilung statisch. Die aus dem Zahnkontakt resultierende Tangential-, Radial- und Axialkraft werden infolge des Drehmoments berechnet. Die Kraftaufbringung erfolgt in Abhängigkeit der Verzahnungsgeometrie entlang der jeweiligen Zahnposition auf dem Zahnkranz, aufgeteilt auf mehrere FE-Knoten. Da die Krafteinleitung auf dem Zahnkranz erfolgt, ist ein Abstand von mehreren FE-Elementschichten zwischen der Krafteinleitung und den auszuwertenden FE-Elemente vorhanden. Es werden alle FE-Elemente des Radkörpers ausgewertet.

Als Randbedingung werden die Knoten der Radkörpernabe in allen Raumrichtungen gefesselt. Die Simulation wird mit dem impliziten Lösungsverfahren in ABAQUS CAE (Berechnungstyp: Static) durchgeführt. Das Ergebnis der Simulation sind die MISES-Vergleichsspannung sowie die drei Hauptspannungskomponenten aller FE-Elemente des Radkörpers.

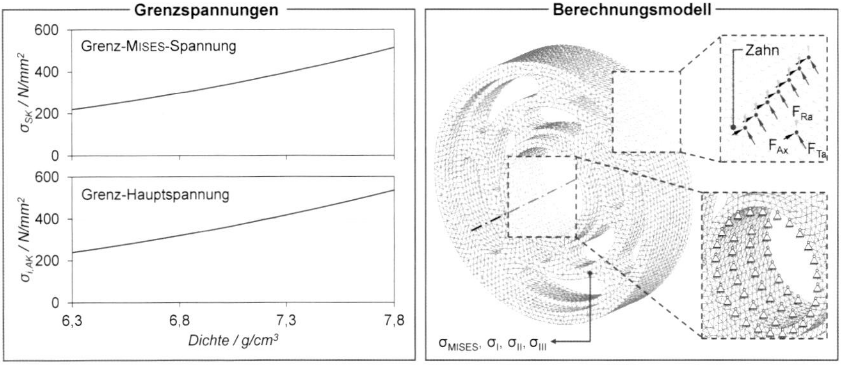

Bild 5-3: Radkörpertragfähigkeit

Gear body load capacity

Zur Gewährleistung der Sicherheit gegen Bauteilversagen erfolgt der dynamische Festigkeitsnachweis für das maximale Betriebsdrehmoment. Neben der quantitativen Spannungsauswertung wird die Spannungsverteilung qualitativ grafisch ausgewertet. Die grafische Auswertung der Ergebnisse liefert die Spannungsverteilung der MISES-Vergleichsspannung im Radkörper und wird zur Plausibilitätsprüfung der Simulationsergebnisse herangezogen. Ferner können spannungskritische Bereiche im Zahnradkörper identifiziert und zur Optimierung der Radkörpergeometrie herangezogen werden.

5.1.3 Schwingungsverhalten und Körperschalltransfer

Vibration Behavior and Structure-Bome Noise Transfer

Das freie schwingungstechnische Verhalten eines Bauteils oder eines Systems kann durch dessen Eigenfrequenzen beschrieben werden. Die Eigenfrequenzen eines Bauteils ergeben sich aus dem Verhältnis von Masse und Steifigkeit. Radkörpermodifikationen beeinflussen beide Bauteileigenschaften. Infolgedessen werden die Eigenfrequenzen, das Schwingungsverhalten und der Körperschalltransfer der Zahnräder beeinflusst. Die Berechnung des Schwingungsverhaltens erfolgt mit den Berechnungskernen des Programms ABAQUS CAE. Im verspannten Zahnkontakt wird eine Modalanalyse der Verzahnung durchgeführt. Das Ziel ist die Bewertung des Einflusses der Radkörperdichte und -geometrie auf die Übertragungsfunktion, bzw. den Körperschalltransfer der Verzahnung. **Bild 5-5** zeigt die schrittweise Berechnungsmethode.

Das Schwingungsverhalten wird betriebsnah unter Berücksichtigung der Abstützungseffekte im Zahneingriff analysiert. Analog zur Berechnung des Einsatzverhaltens wird die Geometrie des Zahnkranzes und der Zähne (*Schritt 1*) mit einem parametrisierten FE-Hexaedernetz aus der FE-STIRNRADKETTE vernetzt (*Schritt 2*). Die Radkörpergeometrie wird, analog zur Berechnung des Einsatzverhaltens, automatisiert parametrisiert in ABAQUS CAE erstellt und mit einem FE-Tetraedernetz frei vernetzt (*Schritt 3*). Der Kontakt zwischen Radkörper und Zahnkranz erfolgt über den Knoten-Flächen-Kontakt (*node-to-surface Tie-Constraint*), wobei das main surface dem Zahnkranz und das secondary surface dem Radkörper zugeordnet wird (*Schritt 4*). Der Zahnkontakt wird über den Flächen-Flächen-Kontakt (*surface-to-surface*) mit *finite sliding* definiert (*Schritt 5*). Der Flächen-Flächen-Kontakt (*surface-to-surface*) bietet bei einer hinreichend genauen Kontaktoberflächengeometrie präzisere Spannungs- und Pressungsergebnisse [DASS21]. Um den Aufwand der Kontaktsuche zu verringern, werden ausschließlich die Zahnflankenoberflächen als Kontaktpaare definiert.

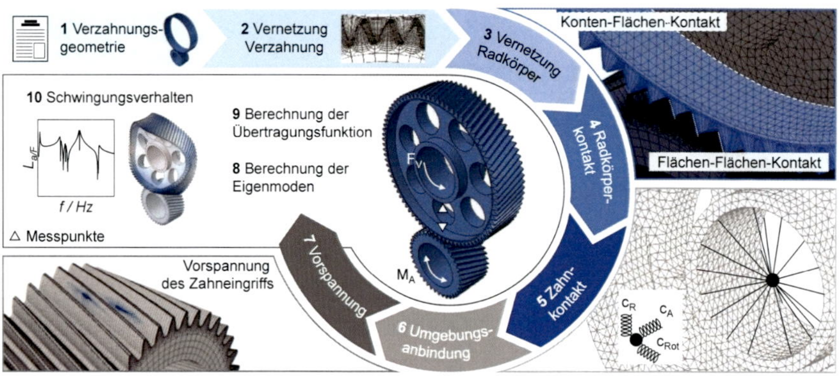

Bild 5-4: Methode zur Berechnung des Schwingungsverhaltens unter verspanntem Zahnkontakt

Method for calculating the vibration behavior in the stressed tooth contact

Zur allgemeinen Bauteildefinition wird die Geometrie, die Werkstoffdichte und die dadurch resultierende Werkstoffsteifigkeit vorgegeben. Die Werkstoffdämpfung wird gemäß dem Stand der Technik dichteabhängig vorgegeben. Es folgt die Ausrichtung der beiden Zahnräder gemäß dem Achsabstand in einem gemeinsamen Koordinatensystem. Rotatorisch werden die Verzahnungen so zueinander ausgerichtet, dass eine initiale Durchdringung der Zahnflankenoberflächen von 1 % der Teilung des Rads vorliegt. Zur Anbindung an die Umgebung, wird die Bohrung jedes Zahnrads jeweils in der Achsenmitte mit einem Achsen-Referenzknoten durch eine strukturelle Kopplung verbunden (*Schritt 6*). Entlang der beiden Achsen werden zwei weitere Umgebungs-Referenzknoten definiert, welche mit einem Federelement mit den Achsen-Referenzknoten verbunden sind. Die Umgebungs-Referenzknoten sind in allen Raumrichtungen gefesselt. Mit der Vorgabe der Federsteifigkeiten in axialer, radialer und rotatorischer Richtung wird die Anbindung der Verzahnungen an das umgebene System definiert.

Der erste Berechnungsschritt ist die Vorspannung der Zahnräder (*Schritt 7*). Am Achsen-Referenzknoten des Ritzels wird ein Enddrehmoment vorgegeben. Im Berechnungsschritt *Static* wird das Drehmoment sukzessiv in 10 Schritten bis zum Erreichen des Enddrehmoments gesteigert. Die sukzessive Erhöhung des Drehmoments wird gewählt, um eine stabile Lösung der Berechnung sicherzustellen. Gemäß den definierten Federsteifigkeiten wälzen und verspannen die Zahnräder so lange bis sich das Kräftegleichgewicht zwischen der Federkraft und dem aufgeprägten Drehmoment in jedem Zeitschritt einstellt. Am Ende des Berechnungsschritts liegt ein statisch verspannter Zahnkontakt vor.

Der zweite Berechnungsschritt *Frequency* ist die Bestimmung und Visualisierung der Verzahnungseigenfrequenzen (*Schritt 8*). Für einen definierten Frequenzbereich werden die Verzahnungseigenfrequenzen unter Berücksichtigung des Zahnkontaktes bestimmt. Das Ergebnis beinhaltet die Frequenzen und Formen der Eigenmoden. Die Übertragung des freien Schwingungsverhaltens von Zahnrädern kann auf den realen Betrieb nur bedingt angewendet werden. Zahnräder führen im Betrieb erzwungene Schwingungen aus. Dabei wird das Zahnrad ständig durch die Ungleichförmigkeit des Zahneingriffs, welche der Drehfehler beschreibt, zu einer Schwingung angeregt. Infolge der Anregung wird dem System Energie zugeführt, welche über die Getriebebauteile abgeleitet wird. Zusätzlich beeinflussen äußere Anregungen des Antriebsstrangs sowie allgemeine Randbedingungen das Schwingungsverhalten. Aufgrund der Anbindung der Zahnräder an die Welle wird die Verformbarkeit der Nabe im Betrieb reduziert. Eigenmoden bei denen die Nabe nur geringfügig verformt wird, sind dementsprechend relevanter für das Schwingungsverhalten in Betrieb. Bei Eigenmoden mit Verformung der Nabe führt die Wellenanbindung zu einem Widerstand gegenüber der Ausprägung. Die resultierende Amplitude der Verzahnungseigenfrequenzen erfolgt über die Berechnung der Übertragungsfunktion.

Zur Berechnung der Übertragungsfunktion unter erzwungener Kraftanregung im Zahnkontakt und unter Berücksichtigung von Randbedingungen wird das implizite Lösungsverfahren *Steady-state dynamic* (Berechnungtyp: Steady State Dynamics, Modal) verwendet (*Schritt 9*). Der Vorteil dieses Verfahrens ist die geringere Rechenzeit im Vergleich zu expliziten Lösungsverfahren. Das Lösungsverfahren wird verwendet, um die stationäre dynamische linearisierte Antwort (Amplitude und Phase) eines Systems auf eine harmonische Anregung zu berechnen. Für die Analyse wird ein Frequenzhochlauf durchgeführt, indem die Kraftanregung bei einer Reihe von verschiedenen Frequenzen aufgebracht und die Schwingungsantwort berechnet wird.

Zur Anregung wird am Achsen-Referenzpunkt des Ritzels eine periodische Drehmomentanregung definiert. Die Belastung erfolgt mit einer Kraftamplitude von $F_A = 1$ N entlang der Eingriffsstrecke der Verzahnung. Das Berechnungsergebnis basiert auf modalen Überlagerungstechniken. Hierzu werden die Eigenfrequenzen in Abhängigkeit der Randbedingungen in einem vorherigen Schritt berechnet. Die Limitation beim Berechnungsverfahren *Steady-state dynamic* ist, dass die Kraftanregung an den ausgewählten Positionen gleichzeitig erfolgt. Eine umlaufende Kraftanregung, welche bei Zahnradgetrieben vorliegt, kann mit dem Verfahren nicht berechnet werden. Die dafür notwendigen expliziten Lösungsverfahren benötigen für die Berechnung einer Variante ein Vielfaches der Rechenzeit und eignen sich daher nicht für die Auslegung von Verzahnungen. Während das Schwingungsverhalten einer Verzahnung im Frequenzbereich implizit in T ≈ 1,5 h berechnet werden kann, benötigt das explizite Lösungsverfahren T ≈ 150 h.

Die Bewertung des Schwingungsverhaltens erfolgt über die Analyse der Eigenmoden sowie der resultierenden Körperschallemission am Innendurchmesser des Radkörpers auf der Verbindunglinie der beiden Achsen-Referenzpunkte (*Schritt 10*). Es werden die drei Raumdimensionen der Körperschallemission ausgewertet. Zur Analyse des Radkörpereinflusses wird die Übertragungsfunktion und die modale Verformung herangezogen.

Die *Übertragungsfunktion* $L_{a/F}$ des Körperschalls beschreibt, wie die Schwingungsenergie frequenzabhängig zwischen zwei Punkten übertragen wird. Zur Berechnung wird der Quotient der Beschleunigung am Innendurchmesser des Radkörpers a_{dRKi} zur Anregungskraft F_a gebildet, vgl. **Formel (5-1)**.

$$L_{a/F} = \frac{a_{dRKi}}{F_a} \tag{5-1}$$

Eine weitere Bewertungsgröße ist die Einfügedämmung. Die Einfügedämmung beschreibt den Einfluss des Radkörpers auf das Schwingungsverhalten im Vergleich zu einem Referenzradkörper. Hierzu wird die Beschleunigung des Referenzradkörpers und des zu bewertenden Radkörpers am Radkörperaußendurchmesser über der Frequenz quadriert und ins Verhältnis gesetzt. Das gepegelte Ergebnis ist als Einfügedämmung definiert, vgl. **Formel (5-2)**.

$$\Delta L_E = 10\, log\left(\frac{a_{Mod,d_{RK,a}}{}^2}{a_{Ref,d_{RK,a}}{}^2}\right) dB = L_{a,Mod,d_{RK,a}} - L_{a,Ref,d_{RK,a}} \tag{5-2}$$

Um die Einfügedämmung zu bewerten, wird die Beschleunigung am Radkörperaußendurchmesser ausgewertet. Der Radkörper beeinflusst die Schwingfähigkeit, bzw. den Schwingungswiderstand des Zahnrads gegenüber der Kraftanregung. Die Einfügedämmung zeigt, inwieweit der Schwingungseintrag in den Radkörper aufgrund dessen Modifikation beeinflusst wird.

5.2 Radkörpermechanismen des Schwingungsverhaltens

Gear Body Mechanisms of Vibration Behavior

Das Schwingungsverhalten von Verzahnungen in Abhängigkeit des Radkörpers wird von mehreren Mechanismen beeinflusst. Die beiden grundlegenden Mechanismen, welche zur Optimierung des Schwingungsverhaltens adressiert werden, sind die Körperschalldämpfung und die Körperschalldämmung. Die Herausforderung besteht in der Übertragung der Mechanismen auf den Radkörper sowie deren getrennte systematische Auslegung und Untersuchung. Bei pulvermetallurgischen Zahnrädern kann sowohl die Dichte als auch die Radkörpergeometrie zur Optimierung des Geräuschverhaltens genutzt werden. Die Werkstoffdichte steht in Abhängigkeit zur Werkstoffdämpfung und –steifigkeit sowie Tragfähigkeit. **Bild 5-5** zeigt die Radkörpermechanismen auf das Schwingungsverhaltens.

Die *Reduzierung der Werkstoffdichte* führt zu einer Erhöhung der Werkstoffdämpfung. Infolgedessen wird mehr Schwingungsenergie dissipiert. Die Reduzierung der Werkstoffdichte ist durch die einhergehende Verringerung der Werkstofftragfähigkeit limitiert. Während die hochbelasteten Zähne höchstmöglich verdichtet werden, kann die Werkstoffdichte des Radkörpers reduziert werden. Eine Dichtereduzierung im Zahnradkörper bewirkt neben der Werkstoffdämpfung aufgrund der dichteabhängigen Steifigkeit ebenfalls einen Werkstoffwechsel, wodurch die Körperschallleitung hinsichtlich des Energiegehalts der Wellenarten aufgrund unterschiedlicher Elastizitätsmodule beeinflusst wird. Dementsprechend ist die Reduzierung der Radkörperdichte sowohl dem Mechanismus der Werkstoffdämpfung als auch der Impedanzelemente zuzuordnen.

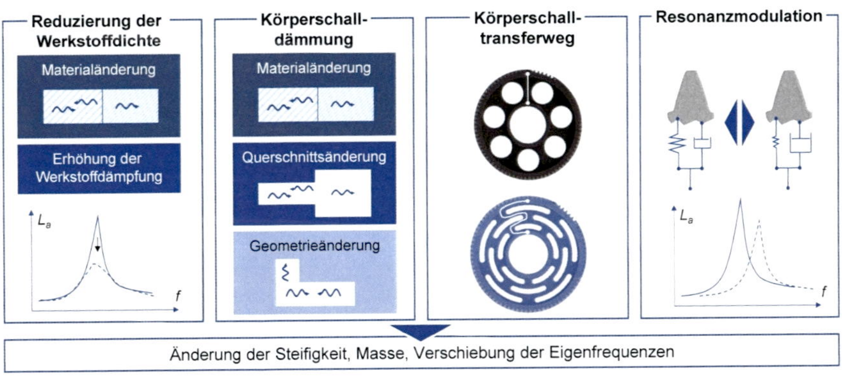

Bild 5-5: Radkörpermechanismen des Schwingungsverhaltens

Gear body mechanisms of the vibration behavior

Die *Körperschalldämmung* kann neben Werkstoffwechseln auch durch geometrische Modifikationen erreicht werden. Radkörpermodifikationen steigern die Anzahl der Impedanzelemente im Radkörper, wodurch der Körperschall gedämmt wird. Impedanzelemente führen zur Reflektion und Transmission der einzelnen Wellenarten, wodurch sich die Energieverteilung zwischen den Wellenarten verändert. Des Weiteren führt die Änderung der Geometrie zu einer differenten Steifigkeit und Masse, wodurch sich Verzahnungseigenfrequenzen verschieben.

Der *Körperschalltransferweg* ist ein weiterer Mechanismus, welcher aus Radkörpermodifikationen resultiert. Aufgrund von geometrischen Fehlstellen ist der direkte Weg zwischen Radkörperaußendurchmesser und –innendurchmesser unterbrochen, wobei der Körperschalltransfer über die verbleibenden Stege erfolgt. Beim Zahneingriff über einer geometrischen Fehlstelle verlängert sich der Körperschalltransferweg, wodurch die Schwingungsenergie länger der Werkstoffdämpfung unterliegt.

Die *Resonanzmodulation* resultiert aufgrund der Steifigkeitsmodulation über einer Umdrehung. Die Resonanzfrequenzen der Verzahnung stehen im direkten Zusammenhang zur Eingriffssteifigkeit. Eine schwankende Eingriffssteifigkeit im Zahnkontakt führt zu einer variierenden Resonanzfrequenz über der Umdrehung eines radkörpermodifizierten Zahnrads. Die drehzahlabhängige Anregungsfrequenz des Zahneingriffs ist demnach nicht mehr gleich einer konstanten Resonanzfrequenz, wodurch das Resonanzverhalten der Verzahnung gedämmt wird.

5.3 Auslegung der Prüfverzahnung

Design of the Test Gear Set

Auf Basis der Radkörpermechanismen des Schwingungsverhaltens erfolgt die Auslegung der Prüfverzahnung. Die Herausforderung besteht in der Trennung der einzelnen Mechanismen, wobei das größte Optimierungspotenzial bei einer Kombination der beiden grundlegenden Mechanismen Körperschalldämmung und –dämpfung vermutet wird. Die Auslegung der Prüfverzahnungen umfasst die Auslegung der Geometrie sowie den Nachweis der Radkörpertragfähigkeit für die experimentelle Untersuchung. Während die Verzahnungsmakrogeometrie des Rads auf einer industriellen Anwendung basiert, wird die Mikrogeometrie hinsichtlich hoher Robustheit gegenüber Fertigungs- und Montageabweichungen ausgelegt. Die grundlegenden Referenz-Radkörpergeometrien basieren ebenfalls auf der industriellen Anwendung.

5.3.1 Verzahnungsgeometrie

Gear Geometry

Das Rad der Stirnradverzahnung stammt aus einem elektrischen Fahrzeuggetriebe mit einem Normalmodul von m_n = 1,42 mm, einer Zähnezahl z_2 = 81, einem Normaleingriffswinkel α_n = 19° und einem Schrägungswinkel β = 19°, vgl. **Bild 5-6**. Der Radkörper ist als Steg mit einer Radkörperbreite von b_{RK} = 12 mm ausgeführt. Innerhalb dieses Stegs werden die Radkörpermodifikationen konstruiert und gefertigt. Die Verzahnungs- und Nabenbreite beträgt b_{z2} = 29 mm.

Das Gegenrad (Ritzel) ist hinsichtlich der Erreichung eines Achsabstandes von a = 91,5 mm ausgelegt. Mit einer Zähnezahl des Ritzels von z_1 = 40 ergibt sich eine Übersetzung von i = 2,025. Im Gegensatz zum Rad, ist das Ritzel mit b_{z1} = 32 mm breiter ausgeführt, um Montage- oder Fertigungsabweichungen in Breitenrichtung zu kompensieren. Die Zahnkranzdicke beträgt $s_R = 4$ mm $\geq 0{,}5 \cdot h_t = 1{,}925$ mm.

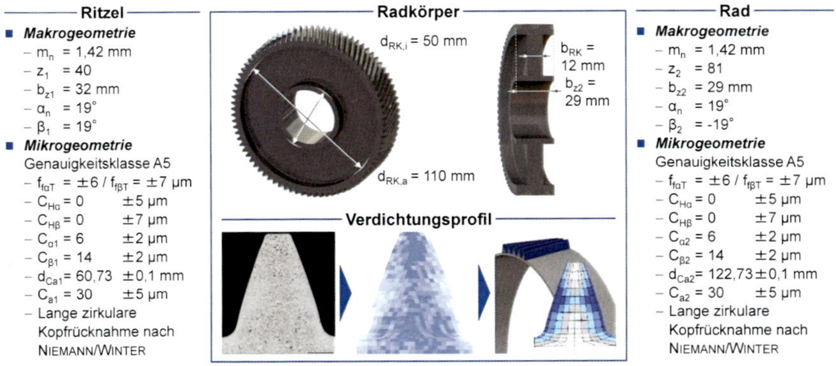

Bild 5-6: Makro- und Mikrogeometrie der Prüfverzahnung

Macro and micro geometry of the test gears

Die Mikrogeometrie wurde hinsichtlich einer hohen Toleranz gegenüber Montage- und Fertigungsabweichungen ausgelegt. Etwaige Verlagerungen bei den experimentellen Prüfstandsuntersuchungen sollen durch die Mikrogeometrie kompensiert werden, sodass die resultierenden Einflüsse nicht die Validierung der Berechnungsergebnisse beeinflussen. Das Vorgehen der Mikrogeometrieauslegung gliedert sich in drei Ziele und folgt den Auslegungsprinzipien nach NIEMANN/WINTER [NIEM03]:

- Verhinderung von Zusatzbelastungen durch Kantentragen
- Kompensation des Einflusses von Fertigungs- und Montagetoleranzen
- Verhinderung des vor- und nachzeitigen Zahneingriffs

Zur Erreichung der Ziele werden die fünf Zahnflankenmodifikationen Profil- und Flankenlinienwinkelabweichung, Profil- und Breitenballigkeit sowie Kopfrücknahme zur Mikrogeometrieauslegung genutzt. Der erste Schritt ist die Festlegung der Nominalwerte der Profil- und Flankenlinienwinkelabweichung. Da Kantentragen vermieden werden soll, werden beide Zahnflankenmodifikationen mit $C_{H\alpha} = C_{H\beta} = 0$ µm definiert. Der Ausgleich der Fertigungs- und Montagetoleranzen erfolgt durch die Auslegung der Profil- und Breitenballigkeit. Die Genauigkeitsklasse A5 der Profil- und Flankenlinienwinkelabweichung nach DIN ISO 1328 beträgt für die vorliegende Verzahnung aufgerundet $f_{H\alpha T} = \pm 5$ µm und $f_{H\beta T} = \pm 7$ µm [DIN18]. Die Toleranzen der Profil- und Flankenlinienformabweichung ergeben sich aufgerundet zu $f_{f\alpha T} = \pm 6$ µm und $f_{f\beta T} = \pm 7$ µm [DIN18]. Da keine zusätzlichen Montageabweichungen hinsichtlich einer Profilwinkelabweichung zu erwarten sind, wird die Profilballigkeit mit $C_\alpha = 6$ µm ausgelegt. Für die Festlegung der Breitenballigkeit werden die Fertigungstoleranzen zur Berücksichtigung der Montage verdoppelt. Damit beträgt die Breitenballigkeit $C_\beta = 14$ µm. Im Hinblick auf die Verhinderung des vor- und nachzeitigen Zahneingriffs, bzw. Stoßanregung, wird eine lange zirkulare Kopfrücknahme definiert. Die Durchmesser der Kopfrücknahme ergeben sich nach NIEMANN/WINTER zu $d_{Ca1} = 60{,}73$ mm und $d_{Ca2} = 122{,}72$ mm [NIEM03]. Der Betrag der Kopfrücknahme beträgt zur Vermeidung des vor- und nachzeitigen Zahnkontakts und der daraus resultierenden Stoßanregung $C_{a1} = C_{a2} = 30$ µm.

5.3.2 Radkörpervarianten

Gear Body Variants

Die Radkörpervarianten adressieren die Radkörpermechanismen des Schwingungsverhaltens. Neben einer nicht modifizierten rotationssymmetrischen Referenzvariante werden sechs verschiedene Radkörpergeometrien ausgelegt, vgl. **Bild 5-7**. Zur detaillierten Betrachtung sind die technischen Zeichnungen der Prüfverzahnungen im Anhang 9.5 dargestellt.

Es werden drei Bohrungsvarianten untersucht. Radkörperbohrungen werden aufgrund ihres geringen Fertigungsaufwandes oftmals in der industriellen Praxis verwendet. Des Weiteren zeigen Radkörperbohrungen in der Berechnung des Einsatzverhaltens einen signifikant sinusförmigen langwelligen Drehfehleranteil, welcher sich gut zur Validierung der Berechnungsmethode eignet. Mit den Untersuchungsergebnissen der drei Bohrungsvarianten wird der Mechanismus der Resonanzmodulation adressiert. Während die Gegenüberstellung der Varianten *B1* und *B3* den Einfluss des Bohrungsdurchmessers herausstellt, wird mit dem Vergleich der Varianten *B1* und *B2* der Einfluss der Zahnkranzdicke auf das Anregungs- und Schwingungsverhalten ausgewertet.

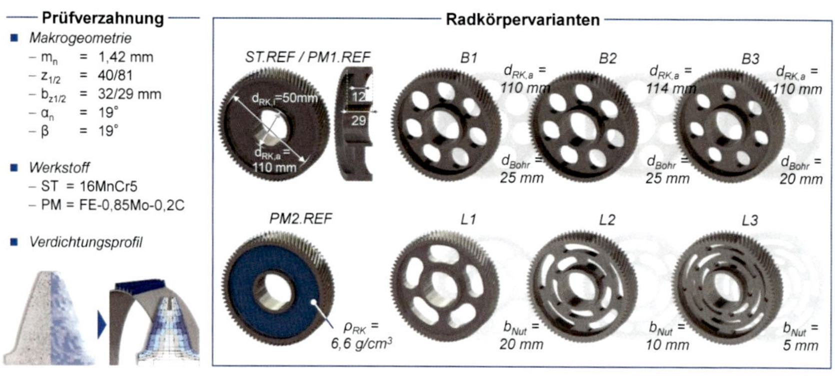

Bild 5-7: Variation des Werkstoffs, der Dichte und der Radkörpergeometrie

Variation of material, density and gear body geometry

Neben den Bohrungsvarianten werden drei Varianten mit sukzessiv steigender Labyrinthstruktur konstruiert. Variante *L1* verzeichnet einreihige Langlöchern, wobei die Nutbreite b_{Nut} dem Bohrungsdurchmesser d_{Bohr} von Variante *B3* entspricht. Bei zwei weiteren Labyrinthvarianten *L2* und *L3* führen weitere Nuten zu Labyrinthstrukturen. Die Geometrie wurde aus dem Stand der Technik abgeleitet [DIET97, SANZ16]. Mit der steigenden Anzahl an Aussparungen in der Labyrinthstruktur erhöht sich der Körperschalltransferweg und es steigt sukzessiv die Anzahl an Impedanzelementen durch Querschnittssprünge.

Die Prüfverzahnungen wurden konventionell aus dem Werkstoff 16MnCr5 (*ST*) und pulvermetallurgisch aus dem Werkstoff FE-0,85Mo-0,2C (*PM1/PM2*) gefertigt. Die *PM1* Varianten verzeichnen, ausgenommen des lokalen Verdichtungsprofils der Zähne, eine konstante Dichte des Zahnkranzes, des Radkörpers und der Nabe von $\rho_{PM1,ZK} = \rho_{PM1,RK} = \rho_{PM1,NB} = 7{,}15\ g/cm^3$. Bei der *PM2* Variante ist die Radkörperdichte um $\Delta\rho = 7{,}7\ \%$ auf $\rho_{PM2,RK} = 6{,}60\ g/cm^3$ reduziert. Die Dichte des Zahnkranzes und der Nabe sind mit $\rho_{PM2,ZK} = \rho_{PM2,NB} = 7{,}15\ g/cm^3$ gleich der *PM1* Varianten und verzeichnen ebenfalls ein gleiches Verdichtungsprofil der Zähne. Infolge der reduzierten Dichte des Radkörpers liegt bei *PM2* eine geringere Werkstoffsteifigkeit sowie eine höhere Werkstoffdämpfung des Radkörpers vor.

Die Radkörpervarianten können durch die Kennwerte Schwankungsbreite der Eingriffssteifigkeit, mittlerer Körperschalltransferweg und die Anzahl an Impedanzelementen charakterisiert werden. **Bild 5-8** zeigt die Gegenüberstellung der Prüfverzahnungsvarianten. Die *Masse* hat direkten Einfluss auf das Leistungsgewicht einer Verzahnung. Ist die Tragfähigkeit, als notwendiges Kriterium, sichergestellt, führt eine Reduzierung der Masse zu einer höheren Leistungsdichte. Des Weiteren wird weniger Metallpulver für die Fertigung benötigt. Ferner führt ein geringeres Gewicht von Bauteilen zu geringeren Transport- und Montagekosten.

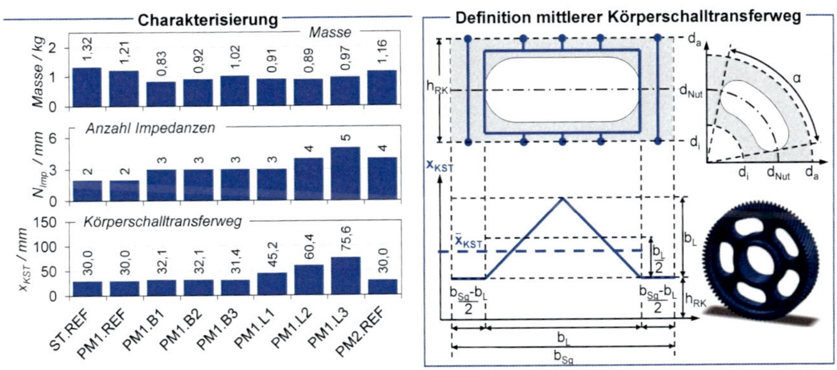

Bild 5-8: Charakterisierung der Radkörpervarianten
Characterization of gear body variants

Die *Anzahl der Impedanzelemente* adressiert den Mechanismus der Körperschalldämmung und gibt an, wie oft der Körperschalltransfer infolge der Radkörpermodifikationen gestört wird. Die Radkörpervarianten weisen folgende Impedanzen auf:

- Änderung der Breite des Radkörpers zum Zahnkranz
- Änderung der Breite des Radkörpers zur Nabe
- Änderung des Querschnitts durch Nuten und Bohrungen (mehrfach möglich)
- Änderung der Werkstoffdichte (mehrfach möglich)

Mit der Steigerung der Nutenanzahl erhöht sich ebenfalls der *mittlere Körperschalltransferweg*. Die Länge des Körperschalltransferwegs ist bei den Varianten allein von der Anzahl und den mittleren Durchmessern der geometrischen Fehlstellen abhängig, vgl. **Formel (5-3)**. Während sich der mittlere Körperschalltransferweg infolge der Bohrungen nicht signifikant ändert, zeigen die Labyrinthvarianten eine sukzessive Steigerung. Die Variante *PM1.L3* verzeichnet mit x_{KST} = 75,6 mm einen 2,52-fachen mittleren Körperschalltransferweg gegenüber der Referenzgeometrie.

$$\bar{x}_{KST} = \frac{1}{2} \cdot \left(d_{RK,a} - d_{RK,i} + N_{Nut} \cdot \pi \cdot \left(\frac{\alpha}{360°} \right)^2 \sum_{j=1}^{n} d_{Nut,j} \right) \quad \textbf{(5-3)}$$

5.3.3 Nachweis der Radkörpertragfähigkeit

Verification of the Gear Body Load Capacity

Mit der Methode zur Berechnung der Radkörpertragfähigkeit wird ausgehend von den definierten Grenzspannungen die Gesamtauslastung der Prüfverzahnungen berechnet. **Bild 5-9** zeigt die Spannungsverteilung für die jeweilige maximal beanspruchte Teilung und den Verlauf der maximalen MISES-Vergleichsspannung bei M_2 = 300 Nm über einer Umdrehung.

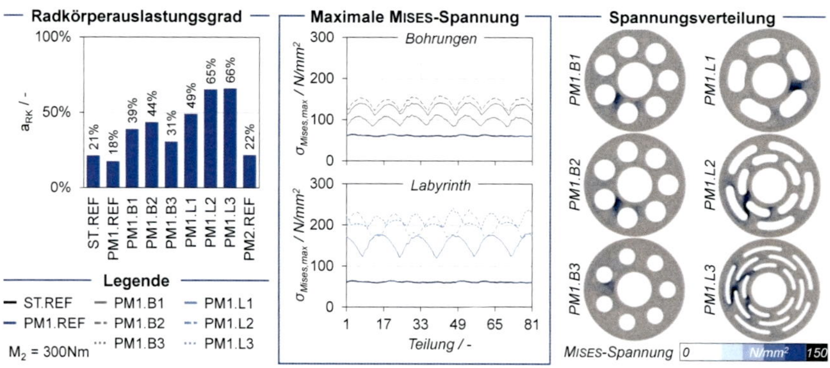

Bild 5-9: Nachweis der Radkörpertragfähigkeit

Verification of the gear body load capacity

Die maximalen Radkörperspannungen der sechs Varianten zeigen eine ausgeprägt periodische Schwankung. Die Anzahl der sieben Bohrungen bzw. fünf Nuten spiegelt sich in der Anzahl der Maxima und Minima über einer Umdrehung wider. Aufgrund der Radkörpermodifikationen erhöhen sich die maximalen Radkörperspannungen, wobei die Auslastung steigt. Die Auslastung ist das Verhältnis der maximal auftretenden Spannung zur Bauteilfestigkeit. Infolge der Radkörpermodifikationen steigt die Gesamtauslastung der Variante *PM1.L3* bis auf $a_{BK,PM1.L3}$ = 66 % an, was einer maximalen MISES-Spannung von $Ø\sigma_{MISES,PM1.L3}$ = 241 N/mm^2 entspricht. Die Gesamtauslastung ist für alle Varianten vergleichend im Balkendiagramm dargestellt. Es ist ersichtlich, dass sich durch Radkörpermodifikationen die Materialauslastung signifikant erhöht und somit eine höhere Ressourceneffizienz erreicht wird. Mit der höchsten Gesamtauslastung der Variante *PM1.L3* wird eine Sicherheit gegenüber Bauteilversagen von S_{RK} = 1,5 erreicht. Im Gegensatz zum Radkörper werden für die hochbelasteten

Zähne einer Verzahnung hinsichtlich der Zahnfuß- und Zahnflankentragfähigkeit Sicherheitsfaktoren von $S_H \geq 1{,}2$ und $S_F \geq 1{,}3$ empfohlen [LINK10]. Dementsprechend werden alle Radkörpervarianten als sicher gegenüber Versagen im Experiment eingestuft.

5.3.4 Fertigungskette und Bauteilcharakterisierung

Manufacturing Chain and Characterization

Das Ritzel sowie die schmelzmetallurgischen Varianten des Rades wurden konventionell gefertigt. Die PM Verzahnungen wurden gemäß der pulvermetallurgischen Fertigungskette gepresst, gesintert, nachverdichtet, gehärtet und geschliffen. Die Fertigung der Radkörpermodifikationen hat mit bereits gehärteten Verzahnungsrohlingen begonnen. Die jeweiligen Radkörpermodifikationen wurden erodiert. Durch die Fertigung der Radkörpermodifikationen kommt es zum Lösen von Eigenspannungen und damit zu einer Änderung der Zahnradgeometrie. Die Prüfverzahnungen wurden nach dem Erodieren der Radkörpermodifikationen plan- und bohrungsgeschliffen und im Profilschleifverfahren verzahnungsgeschliffen. Die ausgelegte Mikrogeometrie lässt sich, aufgrund der Überlagerung von Profilballigkeit und zirkularer Kopfrücknahme, nicht durch die Vorgabe von genormten Zahnflankenmodifikationen auf der Schleifmaschine und dem Verzahnungsmesszentrum abbilden. Daher wird die freie Vorgabe der Zahnflankengeometrie durch Abweichungsbeträge über der Zahnbreite und dem Zahnprofil gewählt. **Bild 5-10** zeigt die resultierende Messwerte der Zahnflankengeometrie nach dem Verzahnungsschleifen und stellt diese der ausgelegten Soll-Geometrie gegenüber.

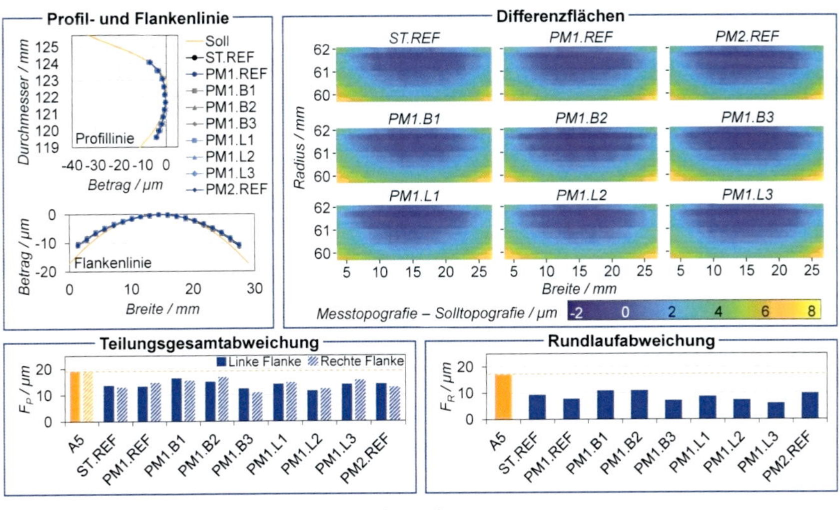

Bild 5-10: Geometrische Qualität der Prüfverzahnung

Geometrical quality of the test gears

In den Liniendiagrammen (links oben) ist die mittlere Profil- und mittlere Flankenlinie der sechs Prüfverzahnungen gegenüber der Sollgeometrie dargestellt. Die berechneten Differenzflächen stellen die Differenz zwischen der Soll-Topografie zur Messtopografie dar. Der Abgleich zeigt – insbesondere im mittigen Kontaktbereich der Verzahnung – eine hohe Übereinstimmung zwischen Soll- und Ist-Geometrie. Mit Blick auf den Fuß- und Randbereich erhöht sich die Differenz. Aufgrund der ausgelegten Profil- und Breitenballigkeit ist kein Kontakt in den Randbereichen zu erwarten. Im Kontaktbereich – in der Mitte der Zahnflanke – schwankt die Differenz zwischen Soll-Topografie und der Varianten um $-2 \leq \Delta Topo \leq 2$ µm. Aufgrund der geringen Abweichungen der Varianten erfolgt die Berechnung mit nomineller und für alle Varianten gleicher Mikrogeometrie.

Die langwelligen Abweichungen der Verzahnungsgeometrie, welche im unteren Teil von Bild 5-10 dargestellt sind, beeinflussen die Anregung im Zahnkontakt in der ersten Drehordnung, was eine Berücksichtigung in der Auswertung der experimentellen Versuchsergebnisse notwendig macht. Insgesamt erfüllen alle Varianten die ausgelegten Anforderungen der Genauigkeitsklasse A5 nach DIN ISO 1328, welche in orange dargestellt ist [DIN18]. Dementsprechend sind die gemessenen Abweichungen als gering einzustufen und die geometrische Qualität qualifiziert die Prüfverzahnungen für die experimentelle Untersuchung. Ferner erfolgt die Berechnung mit der ausgelegten, nominellen Geometrie.

5.3.5 Eingriffssteifigkeit, Zahnfuß- und Zahnflankenbeanspruchung

Mesh Stiffness, Tooth Root and Tooth Flank stress

Die Berechnung des Einsatzverhaltens der ausgelegten Varianten wurde mit fünf abgebildeten Zähnen und p = 81 berechneten Teilungen durchgeführt. Als Kantenlänge des FE-Netzes des Radkörpers wurde $x_{FE\text{-}Netz} = 1{,}5$ mm gewählt. **Bild 5-11** zeigt die *Tangenten-Eingriffssteifigkeit* $c_{\gamma\alpha}$ der Verzahnungsvarianten. Infolge der geringeren Werkstoffdichte sowie der Radkörpermodifikationen ist eine Reduzierung der mittleren Eingriffssteifigkeit zu verzeichnen. Im Vergleich zur Referenz führt die Verringerung der Werkstoffdichte zu einer Reduzierung der Eingriffssteifigkeit um 9,8 % (*PM1.REF*) und 12,3 % (*PM2.REF*) gegenüber der *ST.REF* Variante. Durch Radkörperbohrungen wird die maximale Eingriffssteifigkeit ausgehend von der werkstoffgleichen Referenz (*PM1.REF*) um bis zu 6,8 % (*PM1.B2*) reduziert und die Eingriffssteifigkeit über der Umdrehung des Rads moduliert. Infolge größerer Bohrungsdurchmesser sowie geringerer Zahnkranzdicke sinkt die Eingriffssteifigkeit und steigt die Schwankungsbreite. Infolge der Labyrinth-Strukturen sinkt die maximale Eingriffssteifigkeit im Vergleich zur werkstoffgleichen Referenz (*PM1.REF*) weiter um bis zu 26,5 % (*PM1.L1*). Die Differenz zur Referenz-Variante steigt mit zunehmender Nutenanzahl an.

Die Eingriffssteifigkeit beeinflusst die Resonanzfrequenz im Zahneingriff sowie die lastbedingte Überdeckung und kann als Maß für die Torsionssteifigkeit herangezogen werden. Die Schwankungsbreite der Eingriffssteifigkeit adressiert den Einfluss der Radkörpermodifikationen auf die Resonanzmodulation. Mit höherer Schwankungsbreite der Eingriffssteifigkeit steigt der Einfluss der Resonanzmodulation. Dem gegenüber steht die erhöhte Schwingfähigkeit der Verzahnung aufgrund der reduzierten Radkörpersteifigkeit und Masse, welche insbesondere bei den Labyrinthvarianten erwartet wird.

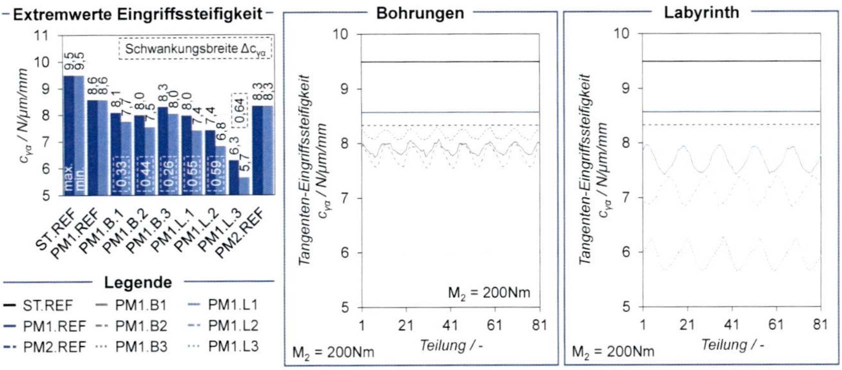

Bild 5-11: Einfluss der Radkörpermodifikationen auf die Eingriffssteifigkeit

Influence of gear body modifications on the mesh stiffness

Bild 5-12 zeigt den quantitativen Einfluss der sechs Radkörpergeometrien auf die maximale Zahnfußspannung und die Zahnflankenpressung bei maximalen Drehmoment am Rad von M_2 = 300 Nm. Die rechten Diagramme zeigen die Schwankung der maximalen Zahnfußspannung $\sigma_{F,max,2}$ sowie der maximalen Zahnflankenpressung $\sigma_{H,max,2}$ über einer Umdrehung des Rads. Das Balkendiagramm stellt die Extremwerte der maximalen Zahnfußspannung, welche über einer Umdrehung vorliegen, gegenüber.

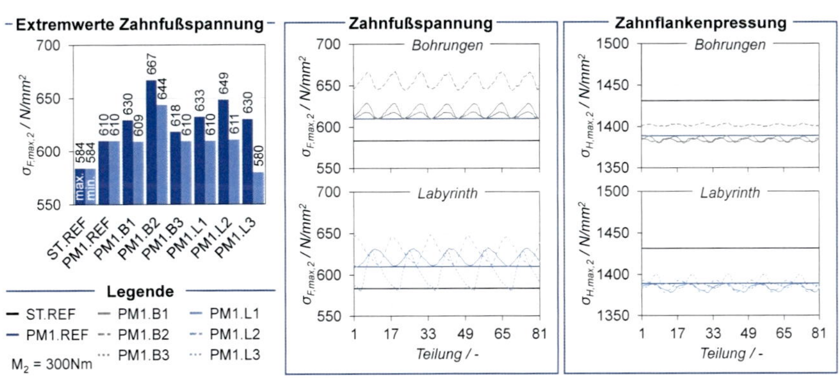

Bild 5-12: Einfluss der Radkörpermodifikationen auf die Zahnfuß- und Zahnflankenbeanspruchung

Influence of gear body modifications on the tooth root and tooth flank stress

Die maximale Zahnfußspannung wird infolge der Radkörpermodifikationen und des Verdichtungsprofils signifikant beeinflusst. Die maximale Zahnfußspannung der Bohrungsvarianten verzeichnet einen sinusförmigen Verlauf über einer Umdrehung. Der

Verlauf der Labyrinthvarianten erscheint als Kippschwingung. Dies kann mit der Ausgestaltung der Nuten im Vergleich zu den Bohrungen begründet werden. Während bei Bohrungen die Radkörpersteifigkeit über einer Umdrehung stetig variiert, kommt es nach jeder Nut der Labyrinthvarianten zu einem Steifigkeitssprung. Die Schwankungsbreite der maximalen Zahnfußspannung korreliert mit der Eingriffssteifigkeit der Varianten.

Der Vergleich der Varianten *ST.REF* und *PM1.REF* zeigt eine Steigerung der maximalen Zahnfußspannung um 4,5 % infolge des Verdichtungsprofils. Bei gleichen lokalen Dichteeigenschaften und gleicher Zahnkranzdicke führen die Radkörperbohrungen zu einer weiteren Erhöhung. Findet der Zahneingriff über einer Bohrung statt, erhöht sich die maximale Zahnfußspannung um 3,2 % (*PM1.B1*) und 1,4 % (*PM1.B3*). Die Steigerung ist abhängig vom Bohrungsdurchmesser. Der Einfluss der reduzierten Zahnkranzdicke der Variante *PM1.B2* überwiegt dem Einfluss der Radkörperbohrungen und führt zu einer weiteren Steigerung der maximalen Zahnfußspannung. Mit einer Zahnkranzdicke von s_R = 2 mm ≥ 0,5 · h_t = 1,925 mm erfüllt die Variante *PM1.B2* die Bedingungen für den Tragfähigkeitsnachweis durch die Norm ISO 6336-3 [ISO19a]. Mit einer Erhöhung der maximalen Zahnfußspannung von 9,3 % der Variante *PM1.B2* im Vergleich zu *PM1.REF* ist der Einfluss der Zahnkranzdicke im Grenzbereich jedoch nicht zu vernachlässigen. Für die Auslegung der Radkörpergeometrie ist daher die Berechnung der Zahnfußspannungen unter Berücksichtigung des Radkörpers notwendig.

Die maximalen Zahnfußspannungen der Varianten *PM1.L1* (mit Langlöchern) und *PM1.L2* über einer Umdrehung sind vergleichbar zu den Bohrungsvarianten. Die maximale Zahnfußspannung steigt und fällt nicht unter die maximale Zahnfußspannung der Referenzvariante *PM1.REF*. Bei der Variante *PM1.L3* reduziert sich hingegen der Mittelwert der maximalen Zahnfußspannung im Vergleich zur Referenzvariante. Der Grund ist die Steigerung der lastbedingten Überdeckung aufgrund der reduzierten Eingriffssteifigkeit. Dadurch wird die Last auf mehr Zähne aufgeteilt, wodurch eine geringere Zahnfußspannung resultiert.

Die maximale Zahnflankenpressung ändert sich ebenfalls infolge der lokalen Dichte und der Radkörpermodifikationen. Aufgrund der geringeren Werkstoffsteifigkeit der *PM* Varianten sinkt die maximale Zahnflankenpressung um $\Delta\sigma_{H,max}$ = 3 %. Bei den Labyrinth- und Bohrungsvarianten ist der Einfluss der Radkörpermodifikationen geringer einzustufen. Die Verringerung der Zahnkranzdicke überwiegt im Vergleich der Varianten und beträgt $\Delta\sigma_{H,max}$ = 1,1 %.

Aufgrund des geringen Einflusses und der geringen Schwankungsbreite der maximalen Zahnflankenpressung ist hinsichtlich der Verzahnungsauslegung keine gesonderte Berücksichtigung des Radkörpers in der Berechnung der Zahnflankenbeanspruchung notwendig. Hinsichtlich der Zahnfußbeanspruchung ist die Berücksichtigung des Radkörpers in der Verzahnungsauslegung erforderlich. Die Periodizität der Ergebnisse lassen eine Bewertung des Radkörpereinflusses auf die Zahnfußbeanspruchung durch

Berechnung eines Radkörpersegments zu. Trotz nicht gegebener Teilbarkeit der Zähnezahl durch die Anzahl der Radkörpermodifikationen beeinflusst die genaue Positionierung der Zähne über dem Radkörper nicht signifikant das Berechnungsergebnis. Daher ist die Berechnung der beiden Extremwerte der Radkörperposition unter dem Zahneingriff ausreichend.

5.4 Prüfmethode zur Messung des Körperschalltransfers

Test Method for Measuring Structure-Borne Noise Transfer

Zur Untersuchung des Schwingungsverhaltens und des Körperschalltransfers durch den Zahnradkörper bei erzwungener Anregung wird ein Prüfstand zur Messung des Radkörpereinflusses entwickelt. Die direkte Messung des Schwingungsverhaltens von Zahnrädern ist im rotierenden Betrieb nicht ohne Beeinflussung der Anregungscharakteristik möglich. Daher wird ein nicht rotierendes Untersuchungskonzept mit einer definierten Kraft-/Weganregung entwickelt. Eine definierte Anregung über den Zahneingriff ist zur Übertragung der Ergebnisse auf den Laufversuch entscheidend. Da der Zahneingriff eine spielbehaftete formschlüssige Verbindung der Zahnräder darstellt, ist eine Vorspannung des Systems notwendig, um Schwingungen im Zahneingriff zu übertragen. Dies bedingt eine Abstützung der resultierenden Axial-, Radial- und Tangentialkraft. Des Weiteren erfordert die Adaption der Sensorik eine offene Zugänglichkeit der Zahnräder. Zur Erfüllung der Anforderungen wurde der KÖRPERSCHALLTRANSFERPRÜFSTAND konzipiert, konstruiert und gefertigt sowie eine Messmethode entwickelt. Der KÖRPERSCHALLTRANSFERPRÜFSTAND ermöglicht eine Bewertung des Verzahnungswerkstoffs und der Radkörpergeometrie hinsichtlich des Schwingungsverhaltens. Infolge der erzwungenen Anregung über einen Piezoaktor wird die Wechselwirkung auf die Anregung im Zahnkontakt egalisiert. Trotz dessen erfolgt die Anregung über den Zahnkontakt, wodurch die Kraftrichtungskomponenten entsprechend der Verzahnungsgeometrie abgebildet werden.

5.4.1 Prüfstandsaufbau

Test Rig Setup

Das Prüfkonzept des KÖRPERSCHALLTRANSFERPRÜFSTANDS basiert auf einem statisch verspannten System, bei dem die Eingriffsbedingungen der Prüfverzahnung unter Last abgebildet werden. **Bild 5-13** zeigt den Prüfstandsaufbau als Explosionsansicht und **Bild 5-14** den montierten KÖRPERSCHALLTRANSFERPRÜFSTAND. Basis der Konstruktion bildet die Grundplatte (1), welche zur Positionierung, Führung und Befestigung der Baugruppen dient. Zur Erreichung der Arbeitshöhe wird die Grundplatte auf zwei Säulen montiert. Beide pyramidenförmigen Säulen sind mit Quarzsand gefüllt, wodurch Schwingungsenergie dissipiert wird. Die beiden Prüfzahnräder sitzen mit einer Übermaßpassung auf der Ritzelwelle (2) und Radwelle (3) und werden mit einer Präzisionswellenmutter axial gesichert. Die Wellen sind hinsichtlich eines geringen Massenträgheitsmoments und der Lage der Eigenfrequenzen außerhalb des untersuchten Frequenzbereiches ausgelegt. Die Wellen werden über verstiftete Kreuzfedergelenke

(KFG) (4) an Lagerböcken auf der Grundplatte montiert. KFG sind rotatorische Festkörpergelenke, wodurch eine Verdrehung und Torsionsschwingung der Wellen ermöglicht wird.

Die KFG der Ritzel- und Radwelle werden aufgrund der Übersetzung im Getriebe mit unterschiedlichen Torsionsfedersteifigkeiten ausgelegt. Die KFG der Antriebsseite verzeichnen eine Torsionssteifigkeit von $c_{Rot,1}$ = 6,24 Nm/°, eine axiale Steifigkeit von $c_{A,1}$ = 52770 N/mm und eine radiale Steifigkeit von $c_{R,1}$ = 65860 N/mm. Die Torsionssteifigkeit der KFG der Abtriebsseite beträgt $c_{Rot,2}$ = 24,9 Nm/°, die axiale Steifigkeit $c_{A,2}$ = 61690 N/mm und die radiale Steifigkeit $c_{R,2}$ = 81100 N/mm. Die Maximallasten der beiden KFG in axialer und radialer Richtung betragen F = 10 kN. Die definierten Torsionssteifigkeiten der KFG ermöglichen die Verspannung der Antriebs- zur Abtriebswelle infolge der Verdrehung der KFG sowie die rotatorische Schwingung.

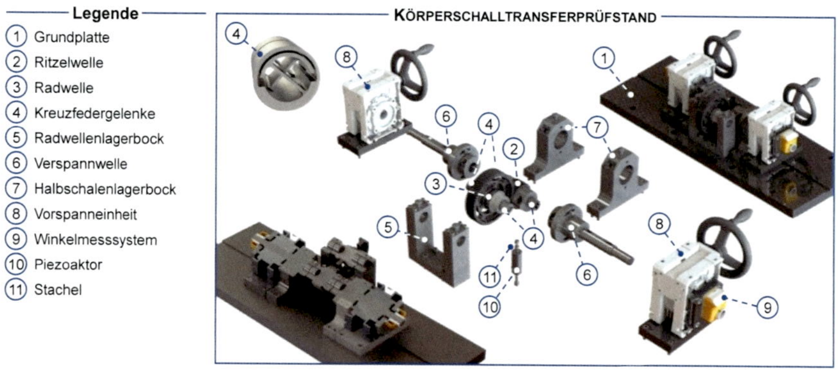

Bild 5-13: Aufbau des KÖRPERSCHALLTRANSFERPRÜFSTANDS

Structure of the STRUCTURE-BORNE NOISE TRANSFER TEST RIG

Die Positionierung und Befestigung der KFG der Radwelle erfolgt durch die Klemmung im Radwellenlagerbock (5). Die KFG der Ritzelwelle sind klemmend mit den Verspannwellen (6) verbunden. Die Verspannung wird, gemäß der Torsionssteifigkeiten der KFG, über die symmetrische Verdrehung der KFG der Antriebsseite bei geklemmten KFG der Abtriebsseite erreicht. Für die Verdrehung werden die Verspannwellen in zwei Halbschalenlagerböcken (7) geführt, wobei das Ende der Verspannwellen mit den Vorspanneinheiten (8) verbunden ist. Jede Vorspanneinheit beinhaltet ein Schneckengetriebe mit Handkurbel sowie ein Winkelmesssystem (9) und ist auf einer Adapterplatte montiert. Die Adapterplatte ist verschiebbar mit einer Passfeder in einer Nut der Grundplatte geführt. Die Übersetzung der Schneckengetriebe i = 80 ermöglicht ein präzises Einstellen des Verspannwinkels, welcher mit den Winkelmesssystemen (Spindelanzeige EP7, WILLTEC MESSTECHNIK) gemessen wird. Nach der Verspannung werden die Verspannwellen in den Halbschalenlagerböcken geklemmt, wodurch ein verspanntes, geschlossenes System vorliegt.

Die erzwungene Anregung des Systems erfolgt durch die tangentiale translatorische Kraftanregung der Ritzelwelle. Gemäß der Radialkraftabstützung der KFG resultiert die translatorische Kraftanregung über den Hebel in einer rotatorischen Anregung der Ritzelwelle. Der Anregungspunkt liegt in direkter Nähe des Zahneingriffs, wobei die Anregung tangential zum Grundkreisdurchmesser des Ritzels erfolgt. Die Mittelachsen der Verzahnungen sind bezüglich der Höhe über der Grundplatte versetzt, sodass die Wirklinie der Anregungskraft entlang der Eingriffsstrecke der Stirnradverzahnung orthogonal zur Grundplatte verläuft. Zur translatorischen Anregung wurde ein Piezoaktor ausgewählt (Pisha 150/16/4, PIEZOSYSTEM JENA GMBH). Der Auswahl des Piezoaktors liegt die notwendige Anregungskraft und der erforderliche Weg sowie der Frequenzbereich zugrunde. Der Piezoaktor ermöglicht einen Hub von h = 4 µm bei Frequenzen von bis zu f_{max} = 16 kHz und einer Blockierkraft von F_{max} = 1 kN. Der Piezoaktor (10) ist in die Grundplatte eingelassen und wird auf dem Piezohalter mit der Grundplatte verschraubt. Die Anbindung an die Ritzelwelle erfolgt mit dem Stachel (11), welcher mit dem Hebelarm der Ritzelwelle verschraubt wird. Der Piezoaktor wird mit einem Signalgenerator (SIGLENT SDG2042X) über einen Verstärker (HV-LE150-100-EBW, PIEZOSYSTEM JENA GMBH) angesteuert.

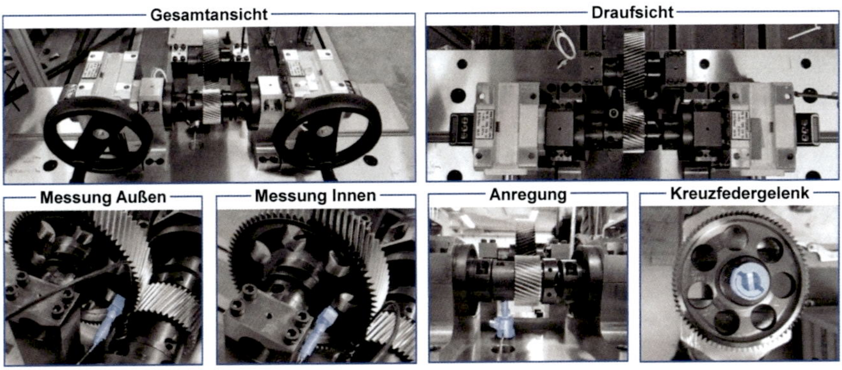

Bild 5-14: KÖRPERSCHALLTRANSFERPRÜFSTAND
STRUCTURE-BORNE NOISE TRANSFER TEST RIG

5.4.2 Versuchsaufbau und Prüfbedingungen

Test Setup and Test Conditions

Zu Beginn werden die Zahnräder auf die Wellen geschrumpft und mit den Präzisionswellenmuttern gesichert. Die KFG werden in Ritzel- und Radwelle mit Passstiften verstiftet, welche in axialer Richtung durch beidseitig angebrachte Gewindestifte gegen Lösen durch Vibrationen gesichert werden. Die Ritzel- und Radwelle werden eingelegt und zueinander positioniert. Die KFG der Ritzelwelle werden in den Vorspannwellen geklemmt. Zur Führung der beiden Wellen während der Verspannung werden die Halbschalenlagerböcke sowie der Radwellenlagerbock geschlossen. Der Wellenhebel wird über die Vorspanneinheit waagrecht, parallel zur Anlagefläche des Stachels positioniert. Die Hälfte des zum Aufbringen der Verspannung erforderlichen Winkels wird durch das Zurückdrehen der Ritzelwelle vorgehalten. Der Drehwinkel wird beidseitig über die Winkelmesssysteme gemessen und das Rad gegen das Ritzel in den Zahnkontakt gedreht. Die KFG der Radwelle werden in den Radwellenlagerblock geklemmt. Die Zahnräder werden über die Vorspanneinheit entsprechend des Verspannwinkels mithilfe der Winkelmessvorrichtungen verspannt. Zur Fixierung werden die Vorspannwellen in den Halbschalenlagerböcken geklemmt. Abschließend wird die Anregungseinheit an die Grundplatte montiert und der Stachel mit dem Hebelarm der Ritzelwelle verschraubt.

Die experimentellen Versuche werden bei Raumtemperatur durchgeführt. Zur Schwingungsanregung der Verzahnung wird ein Frequenzhochlauf vorgegeben. Der Piezoaktor wird über den Verstärker mit einer Mittelspannung von U_M = 75 V und einer Spannungsamplitude von U_A = 90 V(ptp) angesteuert. Gemäß des Spannungs-Hub Diagramms entspricht der Hub des Piezoaktors bei U = 30-120 V, h = 0,25 µm-2 µm, wodurch eine Drehfehleramplitude von $\Delta\varphi$ = 0,875 µm(p) abgebildet wird, vgl. **Bild 5-15**.

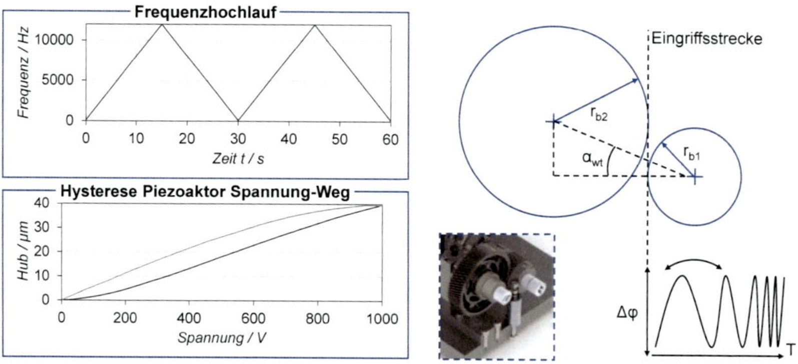

Bild 5-15: Anregung des KÖRPERSCHALLTRANSFERPRÜFSTANDS

Excitation of the STRUCTURE-BORNE NOISE TRANSFER TEST RIG

Der Frequenzbereich beträgt f = 100-12000 Hz und wird in einer Zeit von T = 60 s zweimal steigend und zweimal fallend gefahren. Dadurch wird jede Frequenz im Frequenzbereich viermal in einer Messung durchlaufen. Die Messung der Kraft erfolgt mit einem im Piezoaktor integrierten Kraftsensor. Es wird der resultierende Körperschall am Radkörperaußendurchmesser und am Radkörperinnendurchmesser gemessen. Die Sensoren sind auf der Verbindungslinie der beiden Achsen der Ritzel- und Radwelle positioniert. Es wird ein Triaxial-Beschleunigungssensor verwendet, welcher zur Messung der beiden Positionen neu positioniert wird. Dies gewährleistet, dass ausschließlich eine Masse des Sensors die Messungen beeinflusst. Die Montage des Sensors erfolgt mit Sensorwachs. Alle Messungen werden unter Neupositionierung dreimal wiederholt.

Die Analyse der Messdaten erfolgt mit ARTEMIS SUITE 12.7. Es werden die Übertragungsfunktionen zwischen Körperschall und Anregungskraft sowie deren Kohärenz ausgewertet. Hierzu werden die Zeitsignale zunächst mit einer FFT in Frequenzen und

Amplituden zerlegt. Die FFT erfolgt mit der VON HANN-Fensterfunktion mit einer DFT-Länge von 8192 und einer Überlappung von 50 %. Danach wird die Übertragungsfunktion zwischen Anregungskraft und Körperschall gebildet. Die Bewertung der Messqualität wird anhand der Kohärenz durchgeführt. Dabei wird stets die Messung mit der höchsten Kohärenz zwischen Anregung und Körperschallemission für die Analyse ausgewählt.

5.5 Untersuchungsergebnisse

Results of the Investigation

Die experimentelle Untersuchung der Prüfverzahnungen wurde mit der STIRNRADMESSZELLE und dem KÖRPERSCHALLTRANSFERPRÜFSTAND durchgeführt. Die experimentellen Untersuchungsergebnisse beinhalten die Tragbilder, die Drehfehlerverläufe und Drehfehlerspektren, die Übertragungsfunktion und die Körperschallemission in dynamischen Drehzahlhochläufen. Zur Validierung der Methoden zur Berechnung des Radkörpereinflusses werden die experimentellen Ergebnisse den Berechnungsergebnissen gegenübergestellt.

5.5.1 Konzeption der experimentellen Untersuchung des Geräuschverhaltens

Conception of the Experimental Investigation of the Noise Behavior

Die experimentelle Untersuchung des Anregungsverhaltens wurde mit der WZL-STIRNRADMESSZELLE auf dem ELEKTRISCHEN VERSPANNUNGSPRÜFSTAND (EVP) im Laufversuch durchgeführt. Die Messzelle wurde analog zu den akustischen Untersuchungen zum Verdichtungsprofil in Kombination mit der Einsatzhärtetiefe aufgebaut und ist in Kapitel 4.2.6 beschrieben. Zur Validierung der Berechnungsergebnisse wurden Tragbilder, Drehfehlerverläufe, Ordnungsschnitte über einem steigenden Drehmoment und Ordnungsspektren in Abhängigkeit des Drehmoments ausgewertet und verglichen. Der Drehfehler der Verzahnungsvarianten wurde mit der Berechnungsmethode zur Berechnung des Radkörpereinflusses über einer Umdrehung des Rads berechnet und ausgewertet. Zur Berücksichtigung des Verdichtungsprofils wurde die Methode zur Berücksichtigung des lokalen Verdichtungsprofils verwendet. Der gemessene quasistatische Drehfehler der Betriebswälzprüfung und der simulierte Drehfehlerverlauf werden gegenübergestellt. Die Abweichung zwischen den Messergebnissen und den Simulationsergebnissen liefert das Maß der Validierung der Berechnungsmethode.

Die Versuchsdurchführung des Laufversuchs mit der WZL-STIRNRADMESSZELLE wurde, um Verlagerungen aufgrund der Montage zu messen und auszugleichen, mit einer Tragbildprüfung bei drei Drehmomentstufen begonnen (M_2 = 20 Nm, M_2 = 100 Nm, M_2 = 200 Nm). Im nächsten Schritt wurde der Prüfstand für T = 45 min warmgefahren. Die Messungen wurden bei einer konstanten Betriebstemperatur von $T_{Öl}$ = 60 °C durchgeführt. Danach wurde die Betriebswälzprüfung nach VDI 2608 durchgeführt [VDI01]. Bei einer Antriebsdrehzahl von $n_1 = 60\ \text{min}^{-1}$ wurde das Drehmoment sukzessive in 14 Schritten von M_2 = 20 Nm in ΔM_2 = 20 Nm bis zu einem maximalen

Drehmoment von M_2 = 280 Nm gesteigert und der Drehfehler von Rad und Ritzel gemessen. Zur Qualifizierung des Betriebszustandes wurde mit der Referenz-Variante ein Drehzahlscan durchgeführt. Um Messabweichungen und Umgebungseinflüsse auszuschließen, wurde die Messung dreimal wiederholt. Es wurde überprüft, ob signifikante Abweichungen zwischen den Ergebnissen der Wiederholmessungen vorliegen. Zur Auswertung wurden die drei Wiederholmessungen des Drehfehlerverlaufs auf eine Umdrehung des Rads gemittelt. Der gemittelte Drehfehlerverlauf wurde mit einer FFT-Analyse ausgewertet und das Ordnungsspektrum berechnet. Die Auflösung war eine Ordnung und wurde auf das radkörpermodifizierte Rad bezogen. Entsprechend der Anzahl der Radkörpermodifikationen sind die Radkörperordnungen die 5. bzw. 7. Drehordnung und die erste Zahneingriffsordnung die 81. Drehordnung. Neben dem Ordnungsspektrum wurden für die Radkörperordnungen und die erste Zahneingriffsordnung Ordnungsschnitte ausgewertet.

Den Einfluss der Werkstoffdichte und der Radkörpergeometrie auf das Schwingungsverhalten wurde mit dem entwickelten KÖRPERSCHALLTRANSFERPRÜFSTAND untersucht. Da die Zahnräder nicht rotieren, wurde die Radkörperpositionierung zum Zahneingriff variiert und gegenübergestellt. Zur Analyse des Schwingungsverhalten wurden die beiden Bewertungsfunktionen Einfügedämmung und Körperschalldifferenz herangezogen. Die Untersuchung erfolgte für ein Drehmoment von M_2 = 25 Nm. Zur Berechnung wird die dichteabhängige Werkstoffdämpfung und eine allgemeine modale Dämpfung von D = 0,03 vorgegeben.

Den letzten Schritt der Untersuchung bildete die Übertragung der quasistatischen Anregungscharakteristik infolge der Werkstoffdichte und Radkörpergeometrie sowie des Schwingungsverhaltens auf das dynamische Geräuschverhalten. Hierzu wurden mit der WZL-STIRNRADMESSZELLE auf dem ELEKTRISCHEN VERSPANNUNGSPRÜFSTAND Drehzahlhochläufe bei konstanten Laststufen durchgeführt und die Körperschallemission gemessen. Neben der Auswertung der Körperschallemission wurden die psychoakustische Kennwerte analysiert. Mit den Ergebnissen wurde überprüft, inwieweit sich die langwelligen Anregungsanteile sowie die Seitenbänder neben den Zahneingriffsordnungen des Drehfehlers in der Körperschallemission der Verzahnung unter dynamischen Betriebsbedingungen ersichtlich werden. Bei drei Drehmomentstufen (M_2 = 20 Nm, M_2 = 100 Nm, M_2 = 200 Nm) wurde die Drehzahl von n_1 = 100 min^{-1} bis zu n_1 = 4500 min^{-1} in n_1 = 25 min^{-1} Schritten gesteigert. Analog zur Drehfehlermessung wurden drei Wiederholmessungen durchgeführt sowie deren Abweichungen überprüft. Die drei Wiederholmessungen wurden für die Auswertung gemittelt. Die FFT der Körperschallemission ist mit der VON HANN-Fensterfunktion und einer DFT-Länge von 8192 erfolgt. Als Schrittweite wurde analog zur Drehzahlsteigerung Δn_1 = 25 min^{-1} gewählt. Zur Analyse der Charakteristik der Körperschallemission wurden im ersten Schritt Frequenzspektren als Wasserfalldiagramme ausgewertet. Die Übertragbarkeit der quasistatischen Anregung wurde anhand von Ordnungsschnitten über der Drehzahl analysiert. Hierzu wurden die Radkörperordnungen sowie die Zahneingriffsordnungen ausgewertet. Neben der Amplitude der Körperschallemission wurden die psychoakustischen Kennwerte Lautheit, Schärfe, Tonhaltigkeit und Rauigkeit ausgewertet. Die Auswertung der Lautheit und der Schärfe ist nach Norm DIN 45631/A1 erfolgt [DIN10b]. Die Kennwerte Tonhaltigkeit und die Rauigkeit basieren auf dem Gehörmodell von SOTTEK, welches im genutzten Auswerteprogramm ARTEMIS-SUITE 12.7 integriert ist [SOTT94, SOTT16].

Drehzahlscan zur Überprüfung des Betriebszustands der Betriebswälzprüfung

Die Überprüfung der Betriebsdrehzahl der Betriebswälzprüfung bildet die Grundlage der Bewertung des Drehfehlers. Der Drehzahlscan wurde zu Beginn der Untersuchung mit der Referenzvariante *ST.REF* durchgeführt. Bei konstantem Drehmoment wurde die Drehzahl kontinuierlich von $n_1 = 30\ min^{-1}$ bis $n_1 = 200\ min^{-1}$ gesteigert und der Drehfehler gemessen. **Bild 5-16** zeigt das Frequenzspektrum des Drehfehlers über der Drehzahl. Es werden mehrere Eigenfrequenzen zwischen f = 0 – 27,5 Hz und eine weitere im Bereich von f = 100 Hz gemessen.

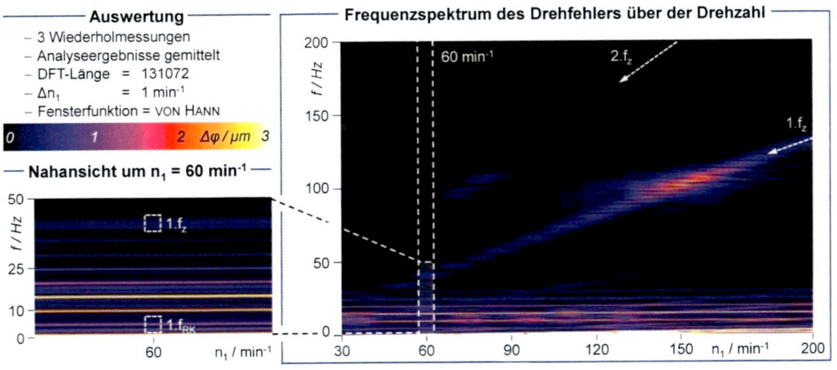

Bild 5-16: Drehzahlscan

Rotational speed scan

Bei einer Drehzahl von $n_1 = 60\ min^{-1}$, beträgt die erste Zahneingriffsfrequenz $1.f_z = 40$ Hz und die zweite Zahneingriffsfrequenz $2.f_z = 80$ Hz. Damit werden die Zahneingriffsfrequenzen nicht von den Eigenfrequenzen beeinflusst. Die Radkörperfrequenzen betragen auf den Antrieb bezogen bei $n_1 = 60\ min^{-1}$ $f_{RK,Bohrungen} = 3{,}46$ Hz und $f_{RK,Labyrinth} = 2{,}47$ Hz und fallen damit mit den Eigenfrequenzen zusammen. Erst ab einer Betriebsdrehzahl der Betriebswälzprüfung von $n_1 = 660\ min^{-1}$ liegen die Radkörperfrequenzen nicht innerhalb des Eigenfrequenzbereichs des Prüfaufbaus.

Bei einer Anpassung der Betriebsdrehzahl auf $n_1 > 660\ min^{-1}$ wurden, infolge des dynamischen Verhalten des Prüfstands, die Amplituden der Zahneingriffsfrequenzen beeinflusst. Des Weiteren wäre die Durchführung der Betriebswälzprüfung nicht normgerecht. Daher wurde die Betriebswälzprüfung bei $n_1 = 60\ min^{-1}$ durchgeführt. Der Einfluss auf etwaige Abweichungen des Drehfehlers in den Radkörperordnungen wurde in der Auswertung berücksichtigt.

5.5.2 Tragbildprüfung

Contact Pattern Test

Die Tragbildprüfung wurde im Laufversuche mit der WZL-STIRNRADMESSZELLE auf dem EVP durchgeführt. **Bild 5-17** zeigt die Ergebnisse der Tragbildprüfung für die drei Drehmomentstufen. Zur Identifizierung eines Taumels wurden jeweils drei Bilder über dem Umfang des Rads aufgenommen. In Abhängigkeit der Radkörpermodifikationen werden die Aufnahmepositionen über Stege und Aussparungen verteilt, sodass unter der Schwankung der Zahneingriffssteifigkeit gemessen wird. Die Ergebnisse zeigen für alle Varianten ein mittig positioniertes Tragbild mit einer elliptischen Form, welches unabhängig von der Position der Aufnahme ist. Eine Verschiebung des Tragbilds infolge der schwankenden Eingriffssteifigkeit kann somit nicht festgestellt werden. Es ist zu beachten, dass die zu erwartende Verschiebung des Tragbilds durch die ausgelegte Profil- und Breitenballigkeit vermindert wird. Der blau straffierte Bereich zeigt das Berechnungsergebnis mit der nominellen Geometrie, entsprechend der Auslegung.

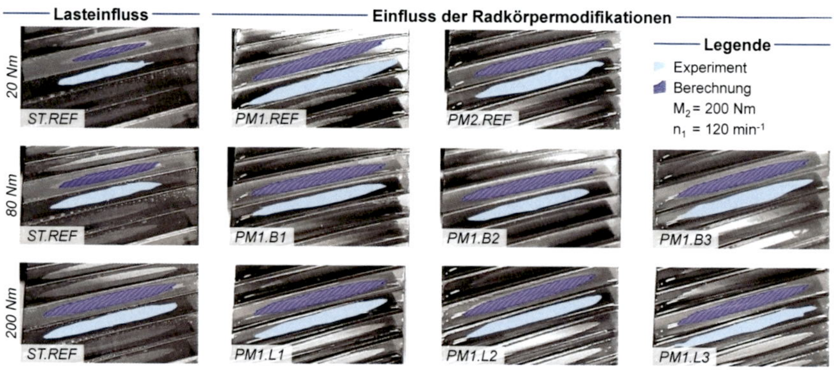

Bild 5-17: Ergebnis der Tragbildprüfung

Results of the contact pattern test

Infolge der Profil- und Breitenballigkeit sowie der Kopfrücknahme ist kein Flankenkontakt im Kopf- oder Fußbereich sowie kein Kantentragen zu verzeichnen. Dementsprechend können keine Montage- oder Fertigungsabweichungen festgestellt werden, welche nicht durch die Zahnflankenmodifikationen ausgeglichen werden. Mit steigendem Drehmoment vergrößert sich der Traganteil der Zahnflanke gleichmäßig. Ein Einfluss der Radkörpermodifikationen auf das Tragbild wird in den Untersuchungen nicht festgestellt.

Das Berechnungsergebnis bildet die beschriebenen Beobachtungen ab und zeigt keine signifikanten Abweichungen zum Experiment, wodurch die Berechnung hinsichtlich des Tragbild validiert wird. Da keine signifikanten Verlagerungen der Messzelle beobachtet wurden, wird die Berechnung des Einsatzverhalten ohne Verlagerungen mit der nominell ausgelegten Geometrie der Prüfverzahnungen durchgeführt.

5.5.3 Anregungsverhalten

Excitation Behavior

Das Anregungsverhalten der Prüfverzahnungsvarianten wird von zwei Mechanismen beeinflusst; der geringeren Steifigkeit infolge der Werkstoffdichte und der geometrischen Radkörpermodifikationen. Daher werden beide Einflussgrößen getrennt ausgewertet und diskutiert.

Einfluss der Werkstoffdichte auf das Anregungsverhalten

Der Einfluss der Werkstoffdichte auf das Anregungsverhalten wird anhand der drei Referenzvarianten *ST.REF*, *PM1.REF* und *PM2.REF* ausgewertet. Da keine Radkörpermodifikationen vorliegen, welche den langwelligen Drehfehleranteil beeinflussen, wird ausschließlich der kurzwellige Anteil des Drehfehlerverlaufs anhand der ersten beiden Zahneingriffsordnungen analysiert. **Bild 5-18** zeigt das Ordnungsspektrum sowie die experimentell gemessenen und berechneten Ordnungsschnitte der ersten und zweiten Zahneingriffsordnung über dem Drehmoment. Im Ordnungsspektrum des experimentell gemessenen Drehfehlerverlaufs ist ein klares Hervortreten der Zahneingriffsordnungen zu verzeichnen. Um die Zahneingriffsordnungen treten keine Seitenbänder hervor.

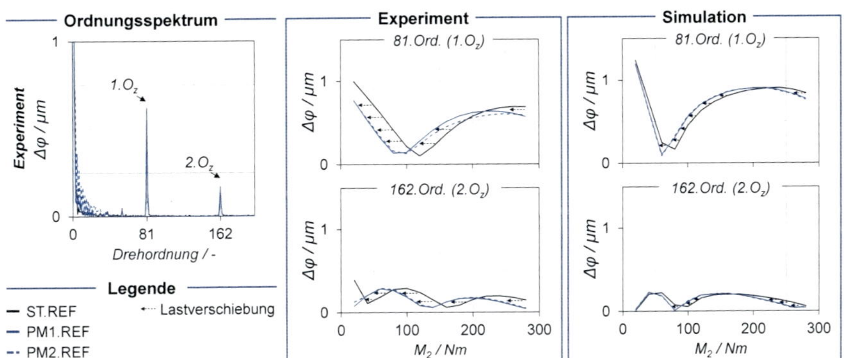

Bild 5-18: Einfluss der Werkstoffdichte auf das quasistatische Anregungsverhalten

Influence of the material density on the quasi-static excitation behavior

Die Ordnungsschnitte zeigen für die drei Varianten differente Kurvenverläufe über dem Drehmoment. Mit geringerer Dichte bzw. geringerer Werkstoffsteifigkeit sind die Drehfehlerverläufe über dem Drehmoment der *PM* Varianten im Vergleich zur Variante *ST.REF* hin zu geringerer Last gestaucht. Diese Stauchung des Drehfehlerverlaufs wird als Lastverschiebung definiert. Die Lastverschiebung ist lastabhängig und steigt exponentiell mit höherer Last an. Der Effekt ist sowohl bei der ersten als auch den höherharmonischen Zahneingriffsordnungen zu verzeichnen. Bei der geringeren Werkstoffsteifigkeit der PM-Varianten liegt eine verminderte Eingriffssteifigkeit im Zahneingriff vor. Infolge der geringeren Eingriffssteifigkeit ist ein Anstieg der lastbedingten Überdeckung zu verzeichnen, vgl. [BREC17c]. Der Überdeckungszugewinn ergibt sich infolge der höheren Verformung der Zähne bei geringerer Werkstoffsteifigkeit. Somit wird bereits bei geringen Drehmomenten das Drehfehlerminimum erreicht und der Drehfehlerverlauf über dem Drehmoment verschiebt sich. Insbesondere ist die für das Systemverhalten relevante Verschiebung des Anregungsminimums in der Auslegung zu berücksichtigen. Bei nicht nachverdichteten Verzahnungen ist der Effekt der Lastverschiebung verstärkt. Durch die Verdichtung der Zahnflanke und des Zahnfußes erhöht sich die Dichte und damit die Steifigkeit der Zähne, wodurch sich die Lastverschiebung im Vergleich zu unverdichteten PM Verzahnungen verringert. Im Vergleich zur schmelzmetallurgischen Variante egalisiert sich der Einfluss der geringeren Werkstoffdichte jedoch nicht.

Im Hinblick auf die Auslegung von verdichteten PM Verzahnungen ist festzuhalten, dass sich der Lastverschiebung nicht auf die maximale und minimale Amplitude des Drehfehlers auswirkt, sondern vielmehr zu einer Verschiebung hinsichtlich des Lastbereichs führt. So zeigen die Ergebnisse eine höhere Anregung der *PM1.REF* und *PM2.REF* Variante um M_2 = 150 Nm, wobei für den Lastbereich um M_2 = 50 Nm sowie um M_2 = 250 Nm eine geringere Anregung der ersten Zahneingriffsordnung zu verzeichnen ist. Der Vergleich der Varianten *PM1.REF* zu *PM2.REF* zeigt, dass eine geringe Radkörperdichte und damit verbundene geringe Steifigkeit des Radkörpers keine signifikanten Auswirkungen auf die Lastverschiebung der Zahneingriffsfrequenzen hat. Entscheidend für den Betrag der Lastverschiebung ist die Zahneingriffssteifigkeit.

Einfluss der Radkörpergeometrie

Der Einfluss der Radkörpergeometrie auf das Anregungsverhalten wird anhand der Radkörpervarianten in Gegenüberstellung zur werkstoffgleichen Referenz *PM1.REF* untersucht. **Bild 5-19** zeigt die experimentell gemessenen auf eine Umdrehung des Rads gemittelten Drehfehlerverläufe der Bohrungs- und Labyrinthvarianten bei einem Drehmoment von M_2 = 200 Nm. Im linken Diagramm ist in schwarz die Referenzvariante *PM1.REF* ohne Radkörpermodifikationen dargestellt. Die Referenzvariante verzeichnet einen langwelligen Drehfehleranteil der 1.Ordnung sowie den kurzwelligen Drehfehleranteil resultierend aus dem Zahnkontakt. Der langwellige Anteil entsteht infolge von langwelligen Abweichungen der Antriebsstrangkomponenten sowie der Verzahnung, wie einer Exzentrizität oder Rundlaufabweichung. Ohne diese Abweichungen ist ausschließlich der kurzwellige Anteil zu erwarten. In grau sind links die Drehfehlerverläufe der Bohrungsvarianten und rechts die Drehfehlerverläufe der Labyrinthvarianten dargestellt.

Die Steifigkeitsschwankung aufgrund der Radkörpermodifikationen überlagert den langwelligen Drehfehleranteil 1. Ordnung mit der Radkörperordnung. Der langwellige Drehfehleranteil 1. Ordnung resultiert aus den Rundlaufabweichungen der Prüfverzahnungen. Bei den Bohrungs-Varianten sind infolge der sieben Bohrungen im Radkörper zusätzlich sieben lokale Maxima und Minima im langwelligen Drehfehleranteil zu verzeichnen. Bei den Labyrinthvarianten spiegeln sich die fünf Nuten in fünf Maxima und Minima im langwelligem Drehfehlerverlauf wider. Die Modulation des Drehfehlerverlaufs resultiert aus der Steifigkeitsschwankung im Zahnkontakt und bestätigt das Ergebnis der Berechnungsmethode.

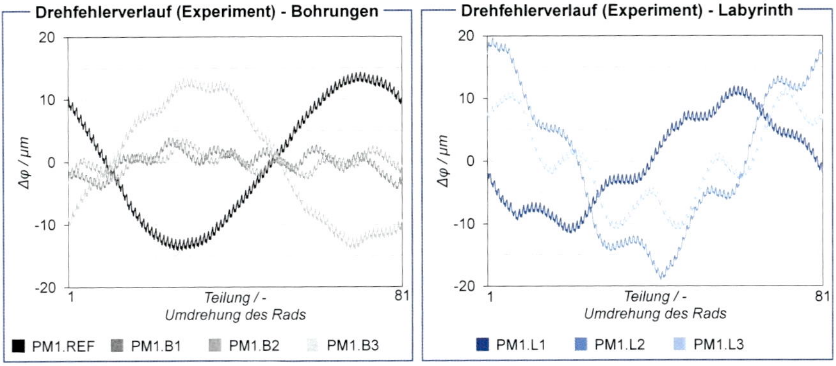

Bild 5-19: Experimentell gemessene Drehfehlerverläufe der PM1 Varianten

Experimentally measured transmission error profiles of PM1 variants

Bild 5-20 zeigt rechts die Ordnungsschnitte der ersten Zahneingriffsordnung sowie der Radkörperordnung über dem Drehmoment. Das Ordnungsspektrum auf der linken Seite der Abbildung zeigt ein signifikantes Hervortreten der ausgewerteten Radkörper- und Zahneingriffsordnung, wodurch die Auswertung der jeweiligen Amplitude als Ordnungsschnitt zulässig ist. Im Experiment zeigen sich dieselben Einflussmechanismen wie in der Berechnung. Es sind eine durch die Radkörpermodifikationen hervorgerufene Anregung der Radkörperordnung sowie Seitenbänder neben den Zahneingriffsordnungen zu verzeichnen. Während sich die Amplituden der Zahneingriffsordnungen und der Radkörperordnung bei dem untersuchten Drehmoment von M_2 = 200 Nm klar abzeichnen, treten deren Seitenbänder nicht signifikant hervor. Die Höhe der Drehfehleramplitude der Radkörperordnung korreliert mit der Schwankung der Eingriffssteifigkeit der Varianten. Bei höherer Steifigkeitsmodulation, wie mit steigender Labyrinthstruktur, treten zudem die höherharmonischen Radkörperordnungen auf. Dieser Effekt führt bei allen Varianten zu einem breitbandigeren Anregungsspektrum im Vergleich zur Referenz-Variante.

Der Verlauf der ersten Zahneingriffsordnung (81. Ord. (1.O_z)) über dem Drehmoment fällt zunächst bis auf ein Minimum ab und steigt danach wieder an. Das Minimum resultiert aus der Änderung der lastbedingten Überdeckung. Mit steigender Last erhöht sich die Drehfehleramplitude wieder und sinkt nach Erreichen des lokalen Maximums wieder zum Ende des untersuchten Drehmomentbereichs leicht ab. Der berechnete Verlauf als auch der Betrag des Drehfehlers der ersten Zahneingriffsordnung stimmen mit den experimentellen Messergebnissen überein, wodurch die Berechnungsmethode für die erste Zahneingriffsfrequenz validiert wird. Bezüglich der Drehfehleramplituden der ersten Zahneingriffsordnung ist, sowohl in den experimentellen- als auch in den Berechnungsergebnissen, kein signifikanter Einfluss der Radkörpermodifikationen zu beobachten. Die Amplitude der Radkörperordnung wird hingegen deutlich von der Geometrie des Radkörpers beeinflusst.

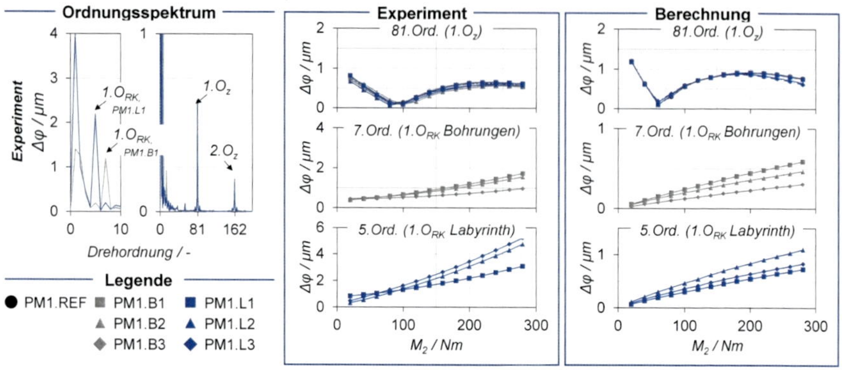

Bild 5-20: Ordnungsschnitte der ersten Zahneingriffsordnung und Radkörperordnung

Order cuts of the first gear mesh order and gear body order

Die Drehfehleramplitude der Radkörperordnungen steigt im Gegensatz zu den Zahneingriffsordnungen proportional zum Drehmoment an. Der Verlauf wird sowohl im Experiment als auch in der Simulation abgebildet. Der Einfluss des Radkörpers nimmt – vergleichbar zur Parameteranregung im Zahneingriff – mit der Last zu. Mit steigender Last führt die geringere Steifigkeit der modifizierten Radkörper zu höheren Dehnungen. Da die Steifigkeit die proportionale Abhängigkeit der Kraft zur Dehnung beschreibt, ist der Verlauf als physikalisch plausibel einzustufen.

Während die Amplituden der ersten und zweiten Zahneingriffsordnung im Experiment und in der Berechnung in vergleichbarer Größenordnung liegen, wird die Amplitude der Radkörperordnung in der Berechnung unterschätzt. Die erhöhte Drehfehleramplitude der Radkörperordnungen wird auf das dynamische Verhalten des Prüfstands im Bereich der Radkörperfrequenzen zurückgeführt, welche mit dem Drehzahlscan identifiziert wurden. Infolge der Anregung der Systemeigenfrequenzen durch die Radkörperfrequenz erhöht sich die Amplitude der Radkörperordnung im Experiment. Die berechneten Amplituden der Radkörperordnung sind um einen konstanten Faktor von $x \approx 4$ geringer als die Versuchsergebnisse. Die Abstufungen zwischen den Varianten werden jedoch klar abgebildet und stimmen mit dem Experiment überein. Der für die Auslegung von Verzahnungen entscheidende Vergleich zwischen den Varianten kann somit validiert werden.

5.5.4 Schwingungsverhalten und Körperschalltransfer

Vibration Behavior and Structure-Borne Noise Transfer

Der Einfluss der Werkstoffdichte und der Radkörpermodifikationen auf das Schwingungsverhalten und den Körperschalltransfer wird mit dem KÖRPERSCHALL-TRANSFERPRÜFSTAND untersucht. Die Messqualität wird anhand der Kohärenz zwischen der Anregungskraft und der gemessenen Beschleunigung am Radkörperinnendurchmesser bestimmt. **Bild 5-21** zeigt die Kohärenz über der Frequenz.

Unabhängig von den Varianten kann eine Proportionalität zwischen Kraftanregung und der Körperschallemission an den Messpunkten bis zu einer Frequenz von f = 5500 Hz festgestellt werden. Darüber hinaus bricht die Kohärenz zunächst für die Variante *PM2.REF* und über f = 6000 Hz auch für weitere Varianten ein. Daher wird das Schwingungsverhalten der Varianten im Folgenden bis f = 6000 Hz ausgewertet. Aufgrund der Kohärenz ist in diesem Frequenzbereich eine Normierung der gemessenen Beschleunigung auf die Anregungskraft zulässig und wird für die Auswertung durchgeführt.

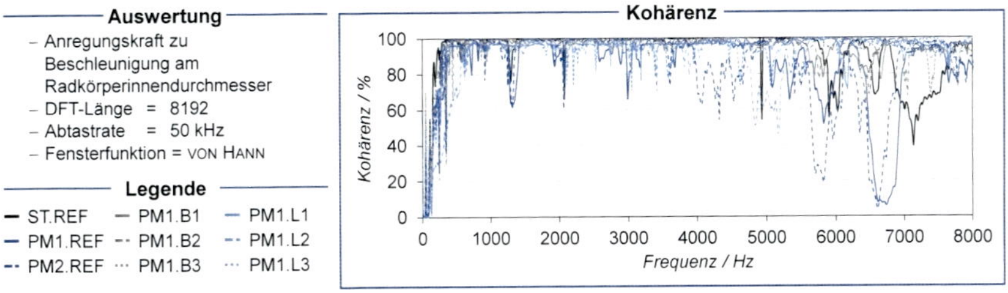

Bild 5-21: Kohärenz zwischen Kraftanregung und Beschleunigung

Coherence between excitation force and acceleration

Einfluss der Werkstoffdichte auf das Schwingungsverhalten

Bild 5-22 zeigt den Einfluss der Werkstoffdichte auf das Schwingungsverhalten im KÖRPERSCHALLTRANSFERPRÜFSTAND. Zur Bestimmung des Einflusses der Werkstoffdichte werden die Varianten mit Referenzgeometrie *ST.REF*, *PM1.REF* und *PM2.REF* gegenübergestellt. Der Vergleich adressiert die Mechanismen durch eine geringere Werkstoffsteifigkeit, einer höheren Werkstoffdämpfung und der Impedanz infolge der geringen Radkörperdichte.

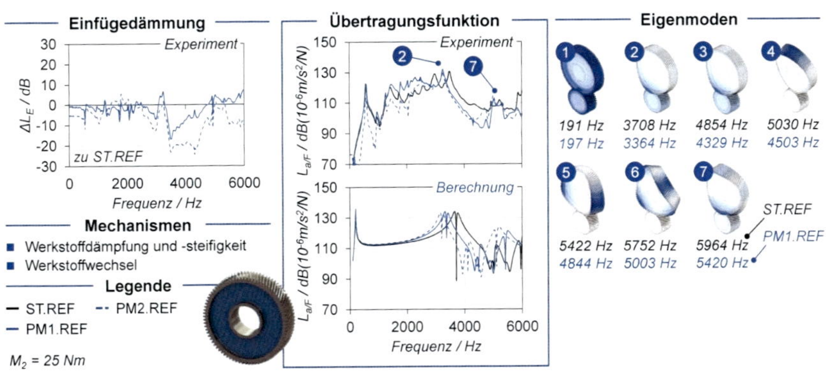

Bild 5-22: Einfluss der Werkstoffdichte auf das Schwingungsverhalten

Influence of material density on the vibration behavior

Das linke Diagramm zeigt die Einfügedämmung der *PM* Varianten zur Referenzvariante *ST.REF*. Infolge der reduzierten Gesamtwerkstoffdichte der Variante *PM1.REF* und der zusätzlich reduzierten Radkörperdichte der Variante *PM2.REF* ist eine Reduzierung des Schwingungseintrags am Radkörperaußendurchmesser zu verzeichnen. Während bei *PM1.REF* ab einer Frequenz von f = 4900 Hz mehr Schwingungsenergie eingeleitet wird, führt die reduzierte Radkörperdichte zur einer Verringerung der Einfügedämmung, wodurch sich der Bereich positiver Einfügedämmung verkleinert.

Im untersuchten Frequenzbereich werden sieben Eigenmoden berechnet. Die Eigenmoden können in Membranmoden (5/7), Kippmoden (2/3/4) und Verwindungsmoden (6) unterteilt werden. Die erste Eigenmode ist eine Aufweitung des Rads gegenüber dem Ritzel. Für die Auslegung besteht die Herausforderung in der Bewertung der kritischen Eigenmoden für den Betrieb. Die beiden mittleren Diagramme zeigen hierzu die experimentell gemessene (oben) und berechnete Übertragungsfunktion zwischen der Anregungskraft und der Beschleunigung am Radkörperinnendurchmesser (unten). Es wird die Vektorsumme der drei Raumrichtungen der Beschleunigung kraftnormiert am Radkörperinnendurchmesser analysiert. Die Übertragungsfunktion zeigt die resultierende Schwingungsamplitude über der Frequenz. Es können zwei für den Betrieb kritische Eigenmoden identifiziert werden (Mode 2 und Mode 7). Infolge der Reduzierung der Werkstoffdichte verringern sich die Eigenfrequenzen der Verzahnung um bis zu Δf = 436 Hz (Mode 5). Die Berechnungsmethode bildet die Effekte ab. Sowohl der Verlauf als auch die Amplitude der Übertragungsfunktion werden validiert. Dies ermöglicht die Voraussage des Schwingungsverhaltens und die Identifizierung der kritischen Eigenmoden.

Zum grundlegenden Verständnis des Dichteeinflusses wird die Berechnung der Eigenfrequenzen eines Einmassenschwingers herangezogen, vgl. **Formel (5-4)**. Dabei ergibt sich die Eigenfrequenz aus dem Verhältnis der Steifigkeit und der Masse, die bei PM Bauteilen beide abhängig von der Dichte sind, vgl. **Formel (5-5)** und **Formel (5-6)**. Mit der Annahme der Proportionalität der Steifigkeit und des Elastizitätsmoduls kann die Proportionalitätsbeziehung zwischen der Eigenfrequenz und der Dichte eines PM Bauteils aufgestellt werden. **Formel (5-8)** zeigt, dass mit abnehmender Dichte, die Eigenfrequenzen sinken. Dieser physikalische Zusammenhang wird sowohl durch die experimentellen Versuche als auch durch die Berechnung bestätigt.

$$f_e = \frac{1}{2\pi}\sqrt{\frac{c(\rho)}{m_g(\rho)}} \tag{5-4}$$

$$c(\rho) \sim E(\rho) = E_0 \cdot \left(\frac{\rho}{\rho_0}\right)^m \tag{5-5}$$

$$m_g(\rho) = \rho \cdot V \tag{5-6}$$

$$f_e \sim \sqrt{\frac{E_0 \cdot \left(\frac{\rho}{\rho_0}\right)^m}{\rho \cdot V}} \tag{5-7}$$

$$f_e \sim \sqrt{\rho^{m-1}}\ mit \frac{E_0}{\rho_0^m \cdot V} = konst. \tag{5-8}$$

Neben der Verschiebung der Resonanzfrequenzen ist infolge der reduzierten Radkörperdichte der Variante *PM2.REF* eine Reduzierung der Schwingungsübertragung im untersuchten Frequenzbereich zu verzeichnen. Dies wird einerseits auf den geringeren Schwingungseintrag und andererseits auf den geringeren Körperschalltransfer infolge der Mechanismen Werkstoffdämpfung und Werkstoffwechsel, aufgrund des Dichteunterschieds im Radkörper, zurückgeführt. Da die Variante *PM1.REF* trotz höherer Werkstoffdämpfung im Vergleich zu *ST.REF* – insbesondere um f = 2000 Hz – keine Reduzierung der Übertragungsfunktion zeigt, wird der Werkstoffwechsel als potenzialträchtiger im Vergleich zur allgemeinen Dichtereduzierung bewertet.

Einfluss der Radkörperposition auf das Schwingungsverhalten

Das resultierende Schwingungsverhalten in Abhängigkeit der Radkörperposition adressiert den Mechanismus der Resonanzmodulation. Da im KÖRPERSCHALLTRANSFERPRÜFSTAND kein Wechsel der Anregung über einer Bohrung und einem Steg vorliegt, werden die beiden Extrempositionen – über einer Bohrung und über einem Steg – eingestellt und die Messergebnisse verglichen. Dadurch lässt sich der Mechanismus der Resonanzmodulation experimentell nachweisen. **Bild 5-23** zeigt links die Einfügedämmung der Variante *PM2.B2* zur werkstoffgleichen Referenz *PM1.REF*. Rechts sind die Übertragungsfunktionen der Bohrungsvarianten in Abhängigkeit der Radkörperposition dargestellt. Die Ergebnisse der Labyrinthvarianten sind im Anhang 9.3 dargestellt.

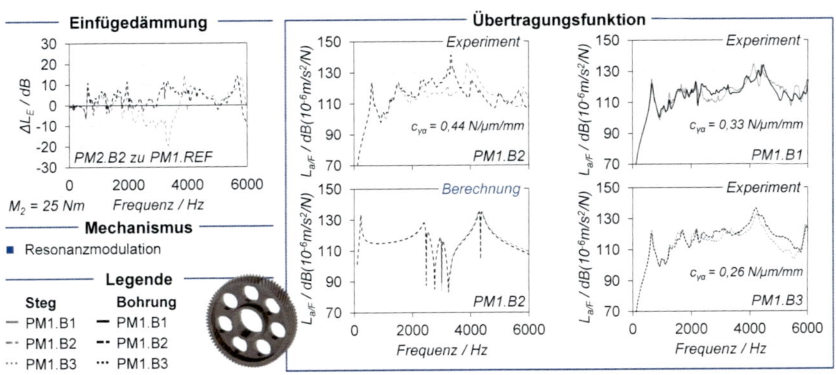

Bild 5-23: Einfluss der Radkörperposition auf das Schwingungsverhalten

Influence of the gear body position on the vibration behavior

Der Vergleich der Einfügedämmung in Abhängigkeit der Radkörperposition der Variante *PM1.B2* zeigt eine signifikante Änderung der Schwingungseinfügung. Infolge der geringen Zahneingriffssteifigkeit über der Bohrung ist der Widerstand gegenüber der Schwingungseinfügung geringer. Die Folge ist eine höhere mittlere Beschleunigung am Radkörperaußendurchmesser sowie eine positive Einfügedämmung. Insbesondere um eine Frequenz von f = 3650 Hz ist die differente Schwingungseinfügung zu beobachten.

Das positionsabhängige Schwingungsverhalten lässt sich auf die Übertragungsfunktion übertragen. Die Änderung der Radkörperposition bewirkt eine Verschiebung der maximalen Beschleunigung über der Frequenz. Die Änderung des Schwingungsverhaltens zeigt eine Abhängigkeit zum Bohrungsdurchmesser sowie zur Zahnkranzdicke und korreliert mit der Schwankungsbreite der berechneten Eingriffssteifigkeit. Der Mechanismus reduziert sich mit geringerem Bohrungsdurchmesser und steigt mit Verringerung der Zahnkranzdicke, wodurch die Variante *PM1.B2* die größte Differenz bezüglich der Übertragungsfunktion und der Einfügedämmung zeigt. Im Gegensatz zum Experiment zeigen die Berechnungsergebnisse keine signifikante Verschiebung der maximalen Amplitude der Übertragungsfunktion in Abhängigkeit der Radkörperposition. In der Berechnung ändert sich ausschließlich die Amplitude der Eigenfrequenzen in Abhängigkeit der Radkörperposition. Dies wird auf die implizite Berechnung des Schwingungsverhaltens zurückgeführt.

Im Hinblick auf die Resonanzmodulation infolge der Radkörpermodifikationen ist festzuhalten, dass sowohl die Schwingungseinfügung als auch der Schwingungsübertragung differiert. Im rotierenden Betrieb wird eine Absenkung des Maximums erwartet, welche zu einem verbesserten Geräuschverhalten aufgrund der Radkörpermodifikationen führt. Da die Referenzvarianten geometriebedingt über einem Steg gemessen werden, wird der Vergleich mit den radkörpermodifizierten Varianten anhand der Radkörperposition über dem Steg durchgeführt.

Einfluss von Radkörperbohrungen auf das Schwingungsverhalten

Bild 5-24 zeigt den Einfluss der Radkörperbohrungen der Varianten *PM1.B1*, *PM1.B2* und *PM1.B3* auf das Schwingungsverhalten im Vergleich zur werkstoffgleichen Referenzvariante *PM1.REF*. Es werden die Mechanismen der Körperschalldämmung durch Querschnittswechsel und die Änderung der Steifigkeit und Masse des Radkörpers, bei vergleichbarem Körperschalltransferweg, adressiert.

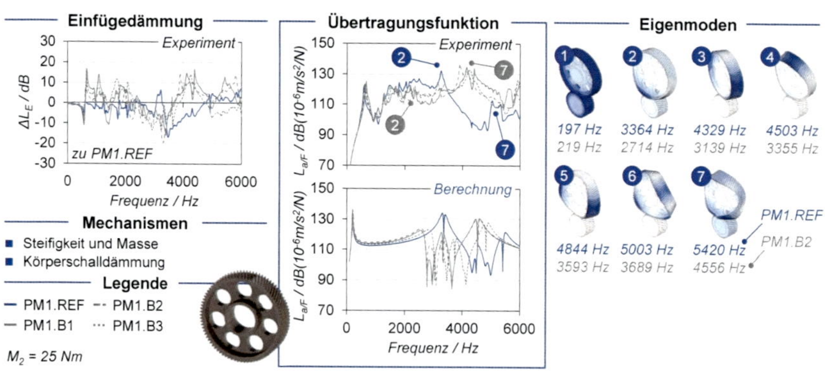

Bild 5-24: Einfluss von Radkörperbohrungen auf das Schwingungsverhalten

Influence of gear body bores on the vibration behavior

Unabhängig von den Radkörperbohrungen werden die gleichen Eigenmoden der Referenzvariante identifiziert, jedoch ist eine signifikante Reduzierung der Eigenfrequenzen von bis zu Δf = 1176 Hz (Mode 6) zu verzeichnen. Die Änderung der Eigenfrequenzen ist auf die im Vergleich zur Masse größere Verringerung der Steifigkeit zurückzuführen. Die Einfügedämmung zeigt eine erhöhte Schwingungseinfügung im Frequenzbereich zwischen f = 500 – 2150 Hz. Im Bereich der ersten kritischen Eigenmode der Referenzvariante ($f_{krit,1}$ ≈ 3317 Hz (Mode 2)) sinkt die Schwingungseinfügung bis auf ein Minimum von $\Delta L_{E,PM1.B2}$ = -19,3 dB. In der zweiten kritischen Eigenmode der Referenzvariante ist ein gegenteiliges Verhalten zu beobachten. Die Einfügedämmung steigt um die siebte Eigenmode auf bis zu $\Delta L_{E,PM1.B1}$ = -16,7 dB.

Im Hinblick auf die Übertragungsfunktion lässt sich die Schwingungseinfügung nur bedingt übertragen. Während die erhöhte Schwingungseinfügung im Frequenzbereich zwischen f = 500 – 2150 Hz infolge des Körperschalltransfers durch den Radkörper kompensiert wird, ist die maximale Amplitude der Übertragungsfunktion um die Frequenz der siebten Eigenmoden zur verzeichnen. Die kritische Eigenmode ändert sich infolge der Radkörperbohrungen. Die Berechnung bildet die Änderung der kritischen Eigenmode sowie den Verlauf und die Amplitude der Übertragungsfunktion ab. Die geometrischen Fehlstellen im Radkörper erhöhen die modale Dämpfung der Mode 2 auf D_{M2} = 0,12. Unterschiede zwischen der berechneten und experimentell gemessenen Übertragungsfunktion treten vor allem in den Frequenzbereichen auf, in denen keine Verzahnungseigenfrequenzen vorliegen. Dementsprechend kann die Berechnungsmethode ebenfalls für Radkörperbohrungen validiert werden.

Einfluss von Labyrinthstrukturen auf das Schwingungsverhalten

Die Ergebnisse der Labyrinthvarianten sind in **Bild 5-25** dargestellt und adressieren den Einfluss des Körperschalltransferwegs. Die dünnwandige Radkörperstruktur führen jedoch zu einer höheren Anzahl an Eigenfrequenzen im untersuchten Frequenzbereich. Während das Schwingungsverhalten und die Anzahl der Eigenfrequenzen der Variante *PM1.L1* vergleichbar zu den Bohrungsvarianten ist, verzeichnen Variante *PM1.L2* N_E = 10 und Variante *PM1.L3* N_E = 12 Eigenmoden im untersuchten Frequenzbereich. Nach der Reihenfolge entsprechen die Eigenmoden denen der Referenz- und Bohrungsvarianten.

Die Erhöhung der modalen Dämpfung der Mode 2 auf D_{M2} = 0,12 ist auf die Labyrinthvarianten zu übertragen. Durch die Reduzierung der Radkörpersteifigkeit verschieben sich die höheren Verzahnungseigenfrequenzen bei den Varianten *PM1.L2* und *PM1.L3* in den untersuchten Frequenzbereich. Dadurch liegt bei Variante *PM1.L3* die Frequenz von Mode 7 im Bereich der Frequenz von Mode 2 der Referenzvariante. Entsprechend der erhöhten Anzahl an Eigenfrequenzen im Vergleich zur Referenz treten im Frequenzbereich eine erhöhte Anzahl an lokalen Maxima der Einfügedämmung und der Übertragungsfunktion auf. Infolgedessen ist ebenfalls eine erhöhte Schwingungseinfügung in den Radkörper zu beobachten.

Trotz der Verlängerung des Körperschalltransferwegs und der Erhöhung der Impedanzelemente im Radkörper von der *PM1.L1* bis zur *PM1.L3* Variante resultiert eine höhere mittlere Amplitude der Übertragungsfunktion der Labyrinthvarianten gegenüber der *Referenz*. Die Berechnung bestätigt das Ergebnis. Die Lage der Eigenfrequenzen und die Amplitude der Übertragungsfunktion korrelieren, wodurch die Berechnungsmethode für die Labyrinthvarianten validiert wird.

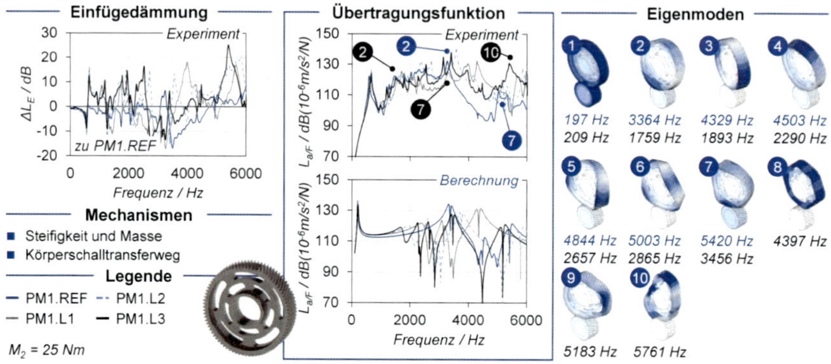

Bild 5-25: Einfluss von Labyrinthstrukturen auf das Schwingungsverhalten
Influence of labyrinth structures on the vibration behavior

Ein systematischer Einfluss der verschiedenen Labyrinthstrukturen infolge der Verlängerung des Körperschalltransferwegs auf die Einfügedämmung oder die Übertragungsfunktion kann nicht identifiziert werden. Der Radkörpereinfluss auf das Schwingungsverhalten wird von der erhöhten Anzahl an Eigenfrequenzen dominiert. Ausschließlich bei der Betrachtung von einzelnen Frequenzen, wie beispielsweise f = 2600 Hz (*PM1.L1*), kann eine geringe Schwingungseinfügung und -übertragung festgestellt werden. Labyrinthstrukturen bieten damit die Möglichkeit, das Schwingungsverhalten in dezidierten Frequenzbereichen zu reduzieren. Für Antriebssysteme mit einzelnen Betriebspunkten können Labyrinthstrukturen auf diesen Betriebspunkt zur Optimierung des Schwingungsverhaltens ausgelegt werden. Bei Antriebssystemen, bei denen ein breiter Frequenzbereich durchfahren wird, ist die höhere Anzahl an Eigenfrequenzen hingegen nicht zielführend.

5.5.5 Dynamisches Geräuschverhalten

Dynamic Noise Behavior

Die Ergebnisse zum dynamischen Geräuschverhalten basieren auf Drehzahlhochläufen bei konstantem Drehmoment. Anhand der Körperschallemission an den Lagerstellen der WZL-STIRNRADMESSZELLE wird untersucht, inwieweit sich die Anregungscharakteristik und das Schwingungsverhalten infolge der Radkörpermodifikationen im dynamischen Geräuschverhalten widerspiegeln. Die Körperschallemission wurde für ein Drehmoment von M_2 = 200 Nm ausgewertet. Bei diesem Drehmoment sind die Drehfehleramplituden, respektive Anregung, der ersten und zweiten Zahneingriffsfrequenz vergleichbar und die Radkörperanregung tritt signifikant hervor. **Bild 5-26** zeigt die Frequenzspektren der über drei Wiederholmessungen gemittelten Körperschallemission der neun Varianten.

Die Frequenzspektren zeigen eine erhöhte Körperschallemission in den ersten beiden Zahneingriffsfrequenzen sowie deren Höherharmonischen und mehrere Eigenfrequenzen im betrachteten Frequenzbereich von f = 0 – 8 kHz. Eine signifikante Körperschallemission der Radkörperfrequenzen ist nicht zu verzeichnen. Unterschiede zwischen den Varianten sind insbesondere im Frequenzbereich zwischen f = 3 – 6,5 kHz, in dem sich die kritischen Eigenmoden befinden, ersichtlich. In diesem Bereich dominiert die zweite Zahneingriffsfrequenz die Körperschallemission. Während die Referenzvariante *ST.REF* um n_1 = 3000 min^{-1} eine signifikante Überhöhung des Körperschallpegels von bis zu L_a = 140 dB zeigt, ist der Körperschallpegel der übrigen Varianten in diesem Bereich geringer.

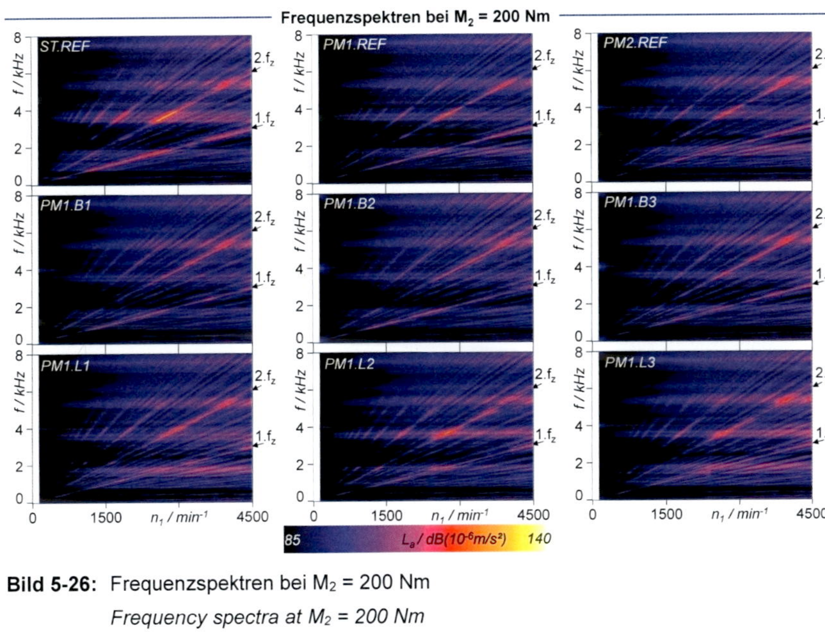

Bild 5-26: Frequenzspektren bei M_2 = 200 Nm

Frequency spectra at M_2 = 200 Nm

Zur näheren Betrachtung des Radkörpereinflusses auf die Anregung der Radkörperordnung werden deren Ordnungsschnitte sowie das Ordnungsspektrum ausgewertet, vgl. **Bild 5-27**. Das links dargestellte, über der Drehzahl gemittelte, Ordnungsspektrum zeigt kein signifikantes Hervortreten der Radkörperordnungen über dem untersuchten Drehzahlbereich. Die in der quasistatischen Untersuchung gemessene Drehfehleramplitude der Radkörperordnung kann nicht in vergleichbarem Maß auf das dynamische Geräuschverhalten übertragen werden.

Die rechten Diagramme zeigen die Ordnungsschnitte der Radkörperordnungen über der Drehzahl. Nur in dezidierten Drehzahlbereichen wird eine Erhöhung der Körperschallemission der radkörpermodifizierten Varianten festgestellt. Bei den Bohrungsvarianten ist eine erhöhte Körperschallemission bei n_1 = 3000 min^{-1} und bei den Labyrinthvarianten bei n_1 = 2150 min^{-1} zu verzeichnen. Infolge der unterschiedlichen Radkörperordnung der Bohrungs- und Labyrinthvarianten ergibt sich in beiden Fällen eine Frequenz von f = 250 Hz, wobei die Radkörperfrequenz auf eine Eigenfrequenz des Prüfaufbaus trifft. Mit einem mittleren Körperschallpegel von L_a = 102,4 dB (1.O_{RK}) ist die Körperschallemission in den Radkörperfrequenzen – im Gegensatz zum Amplitudenvergleich des quasistatischen Drehfehlers – signifikant geringer als die Körperschallemission in den Zahneingriffsfrequenzen mit L_a = 126,3 dB (2.O_Z). Infolgedessen ist eine Berücksichtigung der Anregung der Radkörperordnungen in der Auslegung nur bedingt notwendig. Es bleibt offen, inwieweit sich die geringere Körperschallemission auf einen höheren Drehzahlbereich übertragen lässt.

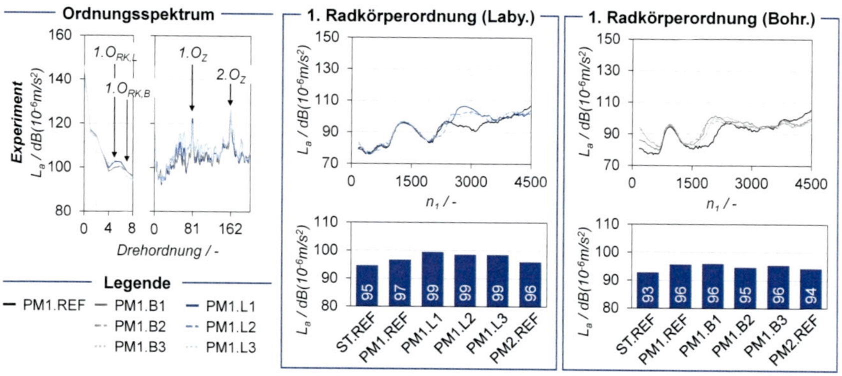

Bild 5-27: Ordnungsschnitte der Radkörperordnungen

Order cuts of gear body orders

Im Gegensatz zur Radkörperordnung tritt die Körperschallemission der Zahneingriffsordnungen signifikant hervor und dominiert das Geräuschverhalten. Der Einfluss der Werkstoffdichte und der Radkörpermodifikationen auf die Körperschallemission in den ersten beiden Zahneingriffsfrequenzen sowie den psychoakustischen Kennwerten wird daher detailliert analysiert.

Einfluss der Werkstoffdichte auf das Geräuschverhalten

In **Bild 5-28** ist die Körperschallemission der ersten und zweiten Zahneingriffsordnungen über der Frequenz sowie links die Gegenüberstellung der vier psychoakustischen Kennwerte dargestellt. Die Änderung der Geräuschcharakteristik infolge der Werkstoffdichte führt zu einer Änderung des menschlichen Hörempfindens. Die drei Kennwerte Lautheit, Schärfe und Tonhaltigkeit, werden insbesondere aufgrund von Überhöhungen des Körperschallpegels beeinflusst, wodurch ein negatives Geräuschempfinden resultiert. Infolge des Wegfalls von Pegelüberhöhungen wird der Verlauf der Kennwerte geglättet.

Die Frequenz der zweiten Zahneingriffsordnung entspricht stets der doppelten Frequenz der Ersten. Bis zur Hälfte des Drehzahlbereichs n_1 = 2250 min^{-1} stimmen demnach die Frequenzen der Amplitude der zweiten Zahneingriffsordnung den Frequenzen der ersten Zahneingriffsordnung (im gesamten Drehzahlbereich) überein. In der ersten Hälfte des Drehzahlbereichs ist der Verlauf des Körperschallpegels der zweiten Zahneingriffsordnung mit dem Verlauf des Körperschallpegels der ersten Zahneingriffsordnung vergleichbar. Die Amplitude der zweiten Zahneingriffsordnung ist gemäß der geringeren Anregung um etwa ΔL_a = 10 dB reduziert.

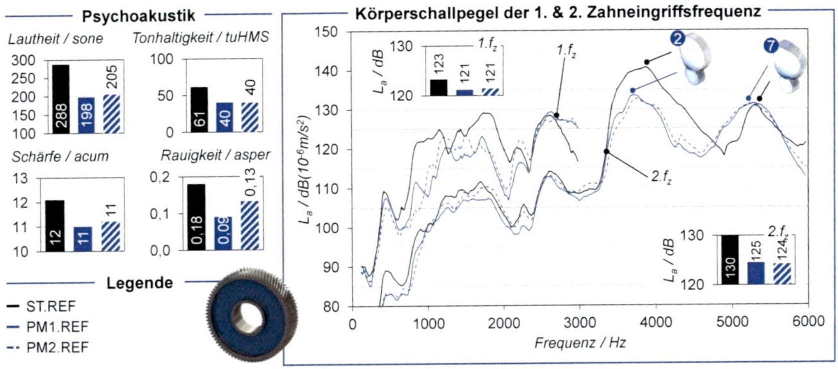

Bild 5-28: Einfluss der Werkstoffdichte auf das Geräuschverhalten
Influence of material density on the NVH behavior

Bei höheren Frequenzen f > 3000 Hz fallen die Frequenzen der zweiten Zahneingriffsordnung mit den Verzahnungseigenfrequenzen zusammen. Das dynamische Geräuschverhalten ist mit dem Schwingungsverhalten, bzw. den gemessenen Übertragungsfunktionen im KÖRPERSCHALLTRANSFERPRÜFSTAND vergleichbar. Der Körperschallpegel der zweiten Zahneingriffsordnung – insbesondere der Referenzvariante ST.REF – steigt bis auf ein Maximum von $L_{a,Ref}$ = 140 dB bei der ersten kritischen Eigenmode (Mode 2). Bei der zweiten kritischen Eigenmode (Mode 7) wird ein zweites lokales Maximum der zweiten Zahneingriffsfrequenz gemessen. Die Verschiebung der Verzahnungseigenfrequenzen kann ebenfalls identifiziert werden. Vergleichbar zum Schwingungsverhalten fällt die Körperschallemission der *PM Varianten* im höheren Frequenzbereich unter die der Variante *ST.REF*. Es ist festzuhalten, dass die geringere allgemeine Werkstoffdichte der *PM* Varianten, trotz vergleichbarer Anregung im Zahneingriff, zu einer Reduzierung der Körperschallemission führt. Ein signifikanter Einfluss der reduzierten Werkstoffdichte wird im Laufversuch nicht festgestellt. Die Reduzierung des maximalen Körperschallpegels führt hinsichtlich der psychoakustischen Kennwerte zu einer Optimierung des Geräuschverhaltens. Alle vier Kennwerte sinken infolge der geringen Werkstoffdichte und der damit verbundenen Reduzierung der Pegelüberhöhung. Das verbesserte Geräuschverhalten wird vor allem auf den geringeren Körperschalltransfer infolge der Steifigkeit und Werkstoffdämpfung zurückgeführt.

Einfluss der Radkörperbohrungen auf das Geräuschverhalten

Bild 5-29 zeigt die Ergebnisse der Bohrungsvarianten *PM1.B1*, *PM1.B2* und *PM1.B3* im Vergleich zur werkstoffgleichen Referenzvarianten *PM1.REF*. Analog zu den Referenzvarianten korreliert das berechnete und experimentell gemessene Schwingungsverhalten mit dem Geräuschverhalten im Laufversuch. Zwischen f = 2000-4000 Hz ist eine Reduzierung der Körperschallemission zu beobachten. Die Anregung der kritischen Eigenmode (Mode 7) durch die zweite Zahneingriffsfrequenz führt zu einem lokalen Maximum des Körperschallpegels. Infolge der Resonanzmodulation übersteigt die Körperschallemission der Bohrungsvarianten nicht die maximale Amplitude der Referenzvariante *PM1.REF*.

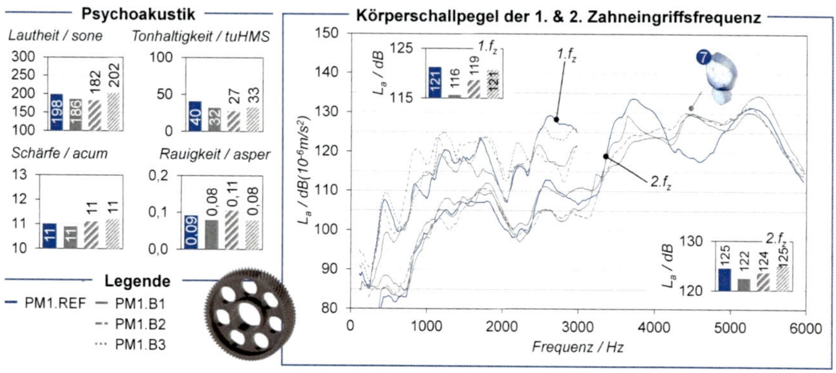

Bild 5-29: Einfluss von Radkörperbohrungen auf das Geräuschverhalten

Influence of gear body bores on the NVH behavior

Im Mittel führen die Radkörperbohrungen zu einer Reduzierung des Körperschallpegels der ersten und zweiten Zahneingriffsordnung. Der Vergleich zwischen den Varianten *PM1.B1* und *PM1.B3* zeigt, dass ein größerer Bohrungsdurchmesser den mittleren Körperschallpegel reduziert. Die Analyse der psychoakustischen Kennwerte zeigt, dass Bohrungen im Radkörper vor allem die Tonhaltigkeit beeinflussen. Während Schärfe und Rauigkeit nicht signifikant beeinflusst werden, reduziert sich die Tonhaltigkeit der Bohrungsvarianten um 17,5 % bis 32,5 %. Hinsichtlich der Lautheit führen ausschließlich die Varianten mit größerem Bohrungsdurchmesser *PM1.B1* und *PM1.B2* zu einer Reduzierung um bis zu 5,2 %. Der Einfluss der Radkörperbohrungen auf die Tonhaltigkeit wird auf den Mechanismus der Resonanzmodulation zurückgeführt, wodurch der Körperschallpegel in den Resonanzfrequenzen reduziert und die Schwingungsenergie über einen größeren Frequenzbereich verteilt wird.

Einfluss der Labyrinthstrukturen auf das Geräuschverhalten

Bild 5-30 zeigt den Einfluss der Labyrinthstrukturen auf das Geräuschverhalten. Die Labyrinthvarianten adressieren die Untersuchung des Einflusses sukzessiv steigender Anzahl an Impedanzelemente sowie die Verlängerung des Körperschalltransferwegs. Dem gegenüber steht die höheren Anzahl an Eigenfrequenzen der Verzahnung aufgrund der dünnwandigen Radkörperstruktur.

Das berechnete und experimentell gemessene Schwingungsverhalten korreliert mit der Körperschallemission im Laufversuch. Bei den Frequenzen der kritischen Eigenmoden (Mode 2, Mode 7 und Mode 11) ist ein erhöhter Körperschallpegel zu beobachten. Eine Reduzierung des Körperschallpegels ist hingegen im Frequenzbereich um f = 2600 Hz bei beiden Zahneingriffsordnungen zu verzeichnen. Für diesen Betriebspunkt zeigen alle Labyrinthvarianten, wie beim Schwingungsverhalten, eine Optimierung des Geräuschverhaltens.

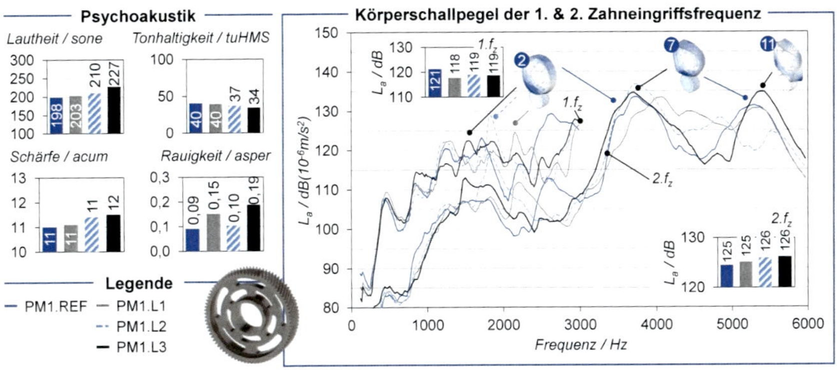

Bild 5-30: Einfluss von Labyrinthstrukturen auf das Geräuschverhalten

Influence of labyrinth structure on the NVH behavior

Analog zu den Ergebnissen am KÖRPERSCHALLTRANSFERPRÜFSTAND zeigen die Ergebnisse im Laufversuch keinen direkten systematischen Zusammenhang zwischen dem Körperschalltransferweg und dem Geräuschverhalten. Die Kennwerte Lautheit und Schärfe steigen mit Erhöhung der Nutenanzahl. Hinsichtlich Tonhaltigkeit und Rauigkeit wird ebenfalls kein systematischer Zusammenhang zum Körperschalltransferweg festgestellt. Der unsystematische Einfluss der Labyrinthstrukturen wird auf die steigende Anzahl der Eigenfrequenzen des Rads zurückgeführt, welche nicht durch die steigende Anzahl an Impedanzelementen und den Körperschalltransferweg kompensiert werden.

5.5.6 Kombination der Radkörpermechanismen

Combination of Gear Body Mechanisms

Zur Optimierung des Geräuschverhaltens zeigen die Mechanismen Werkstoffdämpfung, Werkstoffwechsel sowie Resonanzmodulation den größten Einfluss. Hinsichtlich der Verlängerung des Körperschalltransferwegs sowie der Anzahl der Impedanzelemente kann kein systematischer Einfluss festgestellt werden. Zur Untersuchung, inwieweit die einzelnen Radkörpermechanismen superponiert werden können, wurde die Variante *PM2.B3* und *PM2.L1* ausgelegt und das resultierende dynamische Geräuschverhalten untersucht. *PM2.B3* ist die Kombination aus Variante *PM2.REF* mit einer reduzierten Radkörperdichte von $\rho_{PM2,RK}$ = 6,60 g/cm³ und der Radkörpergeometrie der Variante *PM1.B3*. Die Variante *PM2.L1* vereint die reduzierte Radkörperdichte mit der Geometrie der Variante *PM1.L1*. Die Kombination aus einer geringen Radkörperdichte und Bohrungen vereint die drei potenzialträchtigsten Mechanismen. Die geringere Radkörperdichte führt zur Erhöhung der Werkstoffdämpfung, wobei die Radkörperbohrungen zu Impedanzen und Resonanzmodulation führen. In **Bild 5-31** sind die Ergebnisse der Variante *PM2.B3* gegenüber der konventionellen Referenzvariante *ST.REF* dargestellt. Die Ergebnisse der Variante *PM2.L1* sind im Anhang 9.3 abgebildet und bestätigen den Einfluss der Kombination der Radkörpermechanismen.

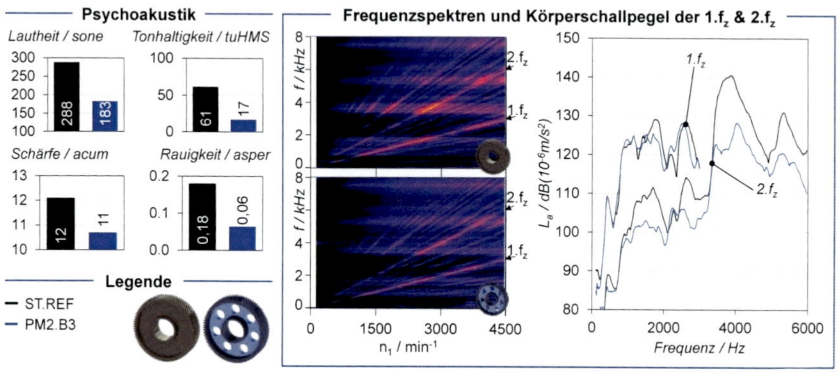

Bild 5-31: Kombination von Radkörperbohrungen und reduzierter Radkörperdichte

Combination of gear body bores and reduced gear body density

Die Untersuchungsergebnisse zeigen, dass sich der Einfluss der Mechanismen superponiert, wodurch eine Optimierung des Geräuschverhaltens erreicht wird. Sowohl der Körperschallpegel der ersten beiden Zahneingriffsfrequenzen als auch die psychoakustischen Kennwerte werden reduziert. Eine weitere Haupteinflussgröße ist die Verschiebung der Verzahnungseigenfrequenzen in unkritische Frequenzbereiche. Infolgedessen sinken sowohl der Mittelwert der zweiten Zahneingriffsfrequenz um ΔL_a = -12 dB als auch die maximalen Körperschallpegel um ΔL_a = -12,4 dB. Die reduzierte Radkörperdichte bewirkt im höheren Frequenzbereich ab f = 3400 Hz eine Reduzierung der Körperschallemission. Durch die Radkörperbohrungen ist eine Absenkung des maximalen Pegels, aufgrund der Resonanzmodulation, sowie eine Optimierung des geringen Frequenzbereichs zu beobachten. Die Untersuchung des Schwingungsverhaltens zeigt im Bereich zwischen f = 2000 – 4000 Hz eine geringe Einfügedämmung und negative Körperschalldifferenz infolge von Radkörperbohrungen. Die reduzierte Körperschallemission der *PM2.B3* Variante gegenüber der *ST.REF* Variante wird der Summe der Mechanismen zugeordnet, wodurch im gesamten Frequenzbereich eine Optimierung der Geräuschemission erzielt wird.

Der Vergleich der psychoakustischen Kennwerte der beiden Varianten zeigt ebenfalls eine signifikante Optimierung des Geräuschverhaltens der *PM2.B3* Variante gegenüber der Referenz *ST.REF*. Die Lautheit wird um -36,5 %, die Tonhaltigkeit um -72,1 %, die Schärfe um -7,3 % und die Rauigkeit um -66,7 % reduziert. Die Reduzierung der Kennwerte ist vor allem auf die Verringerung des Körperschallpegels der zweiten Zahneingriffsfrequenz im höheren Frequenzbereich zurückzuführen.

5.6 Fazit

Conclusion

Die Methoden zur Berechnung des Radkörpereinflusses ermöglichen die validierte Berechnung des Einsatzverhaltens radkörpermodifizierter Stirnradverzahnungen hinsichtlich des Anregungsverhaltens und der Zahnfuß- und Zahnflankentragfähigkeit sowie der Radkörpertragfähigkeit und des Schwingungsverhaltens. Auf Basis der Ergebnisse kann der Einfluss der Radkörpergeometrie und –dichte auf das Geräuschverhalten bestimmt und somit *Forschungsfrage 2* positiv beantwortet werden.

Radkörpermodifikationen bewirken eine über dem Umfang variierende, diskontinuierliche Steifigkeitscharakteristik, woraus ein variierendes Einsatzverhalten resultiert. Während die Zahnflankenbeanspruchung nicht signifikant beeinflusst wird, ist eine Erhöhung der Zahnfußbeanspruchung zu verzeichnen. Hinsichtlich des Drehfehlers führt die periodische Schwankung der Eingriffssteifigkeit zu einer Anregung der Radkörperordnung sowie von Seitenbändern neben den Zahneingriffsfrequenzen. Die geringe Werkstoffsteifigkeit der PM Varianten bewirkt eine Lastverschiebung des Drehfehlerverlaufs der Zahneingriffsordnungen. Die Methode zur Berechnung des Einsatzverhaltens wurde anhand des Drehfehlers direkt validiert.

Infolge der Masse, der Steifigkeit und der Dämmungs- und Dämpfungsmechanismen des Radkörpers resultiert ein differentes Schwingungsverhalten. Im Stand der Technik wurde keine Prüfmethode zur Untersuchung des anregungsunabhängigen Schwingungsverhaltens von belasteten Verzahnungen identifiziert. Daher wurde der KÖRPERSCHALLTRANSFERPRÜFSTAND entwickelt und erfolgreich zur Untersuchung der Übertragungsfunktion des Radkörpers verwendet. Im nicht-rotierenden Betrieb erfolgt eine erzwungene Anregung mit einem Piezoaktor über den verspannten Zahneingriff. Radkörpermodifikationen bewirken eine Änderung des Schwingungsverhaltens infolge der Verschiebung von Verzahnungseigenfrequenzen. Die Reduzierung der Werkstoffdichte bewirkt eine Absenkung des maximalen Körperschallpegels sowie eine Reduzierung des Körperschalltransfers im höheren Frequenzbereich. Es wird der Mechanismus der Resonanzmodulation bestätigt. Infolge der variierenden Steifigkeit durch Radkörpermodifikationen über der Umdrehung des Zahnrads ändern sich die Resonanzfrequenzen im Zahneingriff. Die Folge für das Schwingungsverhalten ist eine Reduzierung des maximalen Körperschallpegels im Laufversuch. Die Verlängerung des Körperschalltransferwegs und die sukzessiv steigende Anzahl an Impedanzelementen im Radkörper werden mit Labyrinthstrukturen untersucht. Ein systematischer Einfluss der Labyrinthstrukturen auf die Einfügedämmung oder die Körperschalldifferenz kann nicht identifiziert werden. Die dünnwandigen Radkörperstrukturen führen zu einer erhöhten Anzahl an Eigenfrequenzen im untersuchten Frequenzbereich, welche nicht infolge der Impedanzelemente und des Körperschalltransferwegs kompensiert werden. Die Methode zur Berechnung des Schwingungsverhaltens wurde mit der experimentell gemessenen Übertragungsfunktion direkt validiert. Die Berechnung wird mit ABAQUS CAE durchgeführt. Es wird die Verzahnung abgebildet, vorgespannt und die Verzahnungseigenfrequenzen sowie die Übertragungsfunktion berechnet.

Die Untersuchungsergebnisse des Schwingungsverhaltens sind auf die Geräuschemission im dynamischen Laufversuch übertragbar. Die Körperschallemission der ersten beiden Zahneingriffsfrequenzen zeigt bei der Untersuchung dynamischer Drehzahlhochläufe eine vergleichbare Charakteristik der lokalen Maxima und Minima der Geräuschemission zum Schwingungsverhalten. Während die Labyrinthstrukturen ausschließlich in dezidierten Frequenzbereichen eine Verbesserung des Geräuschverhaltens zeigen, wird infolge der reduzierten Werkstoffdichte und Radkörperbohrungen eine Optimierung des Geräuschverhaltens über einen breiten Frequenzbereich erreicht. Infolge der Resonanzmodulation reduziert sich der maximale Körperschallpegel der Zahneingriffsfrequenzen sowie die Tonhaltigkeit. Die geringe Gesamtwerkstoffdichte und geringere Radkörperdichte bewirken ebenfalls eine Reduzierung der Körperschallemission der ersten und zweiten Zahneingriffsfrequenz. Die Untersuchungsergebnisse zur Kombination der Radkörpermechanismen zeigen, dass sich der Einfluss der Mechanismen superponiert, wodurch eine signifikante Optimierung des Geräuschverhaltens erreicht wird. Sowohl der Körperschallpegel der zweiten Zahneingriffsfrequenz als auch die psychoakustischen Kennwerte werden signifikant reduziert. Ferner ist der Einfluss der Lage der kritischen Eigenfrequenzen auf das dynamische Geräuschverhalten zu beobachten. Die kritischen Eigenmoden konnten als Verkippung des Zahnkranzes zur Radnabe identifiziert werden und zeichnen sich in der Berechnung durch erhöhte Amplituden der Übertragungsfunktion ab. Für ein besseres Geräuschverhalten ist es zielführend, die kritischen Eigenmoden in nicht relevante Frequenzbereiche zu verschieben.

6 Radkörperauslegung pulvermetallurgischer Zahnräder

Gear Body Design of Powder Metal Gears

Die systematischen Untersuchungen zum Einfluss des Verdichtungsprofils und zum Einfluss von Radkörpermodifikationen zeigen einen multidimensionalen Einfluss radkörpermodifizierter PM Stirnradverzahnungen auf das Einsatz- und Geräuschverhalten. Es werden die Anregung im Zahneingriff, die Zahnfuß- und Zahnflankenbeanspruchung, die Radkörperspannungen sowie das Schwingungs- und Geräuschverhalten beeinflusst. Um das Potenzial von Radkörpermodifikationen gezielt zu nutzen, wird eine Methode zur Radkörperauslegung entwickelt. Die Radkörperauslegung ordnet sich in die konventionelle Verzahnungsauslegung nach der Makrogeometrieauslegung und vor der Mikrogeometrieauslegung ein. So ist gewährleistet, dass die Mikrogeometrie unter Berücksichtigung der durch den Radkörper bedingten Änderung der Zahneingriffssteifigkeit ausgelegt wird. Das Ziel ist die Optimierung des Geräuschverhaltens sowie die Steigerung der Leistungsdichte durch Leichtbau. Die teils gegensätzlichen Wirkmechanismen in der Auslegung bedingen jedoch eine mehrdimensionale Bewertung des resultierenden Einsatzverhaltens aufgrund von Radkörpermodifikationen. Daher werden Restriktionen bezüglich der Zahnflanken-, Zahnfuß- und Radkörpertragfähigkeit aufgestellt sowie die Fertigbarkeit im PM Pressprozess berücksichtigt.

6.1 Methode zur Radkörperauslegung

Method for Gear Body Design

Die Methoden zur Berechnung des Radkörpereinflusses sowie zur Berücksichtigung des lokalen Verdichtungsprofils befähigen anhand der validierten Ergebnisgrößen zur Vorhersage des Einflusses von Radkörpermodifikationen und des Verdichtungsprofils auf das Einsatz- und Geräuschverhalten von PM Stirnradverzahnungen. Zur Auslegung der Radkörpergeometrie wird eine modale Formoptimierung auf Basis der Übertragungsfunktion entwickelt. Die Parametrisierung der Radkörpergeometrie bildet die Variationsgrundlage zur Formoptimierung. Da sowohl eine Bewertungsfunktion (Masse, Eigenfrequenzen, Übertragungsfunktion, Radkörperspannungen und Einsatzverhalten), als auch ein Lösungsraum (Menge von möglichen Geometrien) vorliegen, sind die Bedingungen für ein Optimierungsproblem erfüllt.

6.1.1 Auslegungsziel

Design Objective

Die Radkörperauslegung zielt auf die Steigerung der Leistungsdichte durch Leichtbau und die Optimierung des Geräuschverhaltens ab. Infolge von Leichtbau durch Reduzierung der Masse des Zahnrads erfolgt zusätzlich die Steigerung der Ressourceneffizienz durch Materialeinsparung in der pulvermetallurgischen Prozesskette. Es wird das Schwingungsverhalten durch die Verschiebung der Verzahnungseigenfrequenzen in unkritische Frequenzbereiche und die Verwendung der Resonanzmodulation und Impedanzelemente optimiert.

Die Zielfunktion wird anhand der Auslegungsziele abgeleitet. Das Schwingungsverhalten des Radkörpers wird auf Basis der kritischen Frequenzen des Antriebsstrangs ausgelegt. Die kritischen Frequenzen können von einem beliebigen Antriebsstrang abgeleitet werden. Auf Grundlage der kritischen Frequenzen wird zur Auslegung und Optimierung des Schwingungsverhaltens der Stirnradverzahnung ein Zielpegel L_{ZP} der Übertragungsfunktion definiert, vgl. **Bild 6-1**.

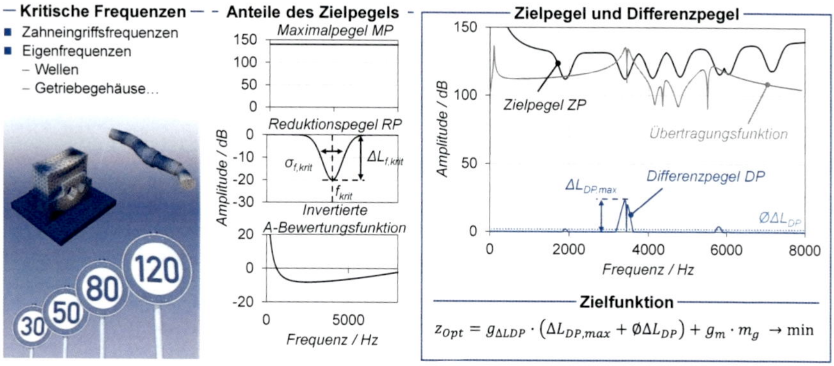

Bild 6-1: Ableitung der Zielfunktion zur Optimierung des Schwingungsverhaltens

Derivation of the objective function for the optimization of the vibration behavior

Der Zielpegel beinhaltet drei Anteile. Im ersten Schritt wird ein frequenzunabhängiger Maximalpegel L_{MP} für die Übertragungsfunktion festgelegt. Der Maximalpegel wird anhand der maximalen Amplituden der Übertragungsfunktion der nicht-radkörpermodifizierten Referenzverzahnung bestimmt. Im zweiten Schritt erfolgt die Reduzierung des Maximalpegels bei den kritischen Frequenzen um einen Reduktionspegel L_{RP}. Da sowohl die Vorgabe der kritischen Frequenzen zum Auslegungszeitpunkt als auch die Berechnung des Schwingungsverhaltens statistischen Abweichungen unterliegen, wird zusätzlich die Standardabweichung $\sigma_{f,krit}$ der kritischen Frequenzen vorgegeben und eine Normalverteilung genutzt. Der dritte Schritt ist die Berücksichtigung des menschlichen Hörempfindens mit der invertierten A-Bewertungsfunktion. Die A-Bewertungsfunktion kann mit dem Faktor f_a multipliziert werden, wodurch eine höhere Sensitivität erreicht werden kann. Die Summe des Maximalpegels MP, des Reduktionspegels RP und der invertierten A-Bewertungsfunktion entspricht dem für die Auslegung relevanten Zielpegel in Abhängigkeit der Frequenz.

Der zu optimierende Zielwert z_{Opt} berechnet sich aus dem Differenzpegel und der Zahnradmasse. Der Differenzpegel ist der positive Anteil der Differenz der Übertragungsfunktion zum Zielpegel. Es werden die mittlere und maximale Amplitude des Differenzpegels zur Berechnung des Zielwerts herangezogen, vgl. **Formel (6-1)**.

$$z_{Opt} = g_{\Delta LDP} \cdot \left(\Delta L_{DP,max} + \emptyset \Delta L_{DP}\right) + g_m \cdot m_g \rightarrow min \quad \text{(6-1)}$$

Mit den Gewichtungsfaktoren $g_{\Delta LDP}$ und g_m wird der Zielwert entsprechend des Anwendungsfalls hinsichtlich der Reduzierung der Masse und der Optimierung des Geräuschverhaltens gewichtet. Das Auslegungsziel ist die Minimierung des Zielwerts z_{Opt}.

6.1.2 Randbedingungen der Formoptimierung

Boundary Conditions for the Form Optimization

Die Randbedingungen der Formoptimierung ergeben sich aus der gewählten Fertigungskette, der Beanspruchbarkeit des Werkstoffs und dem Verhältnis der Übertragungsfunktion zum vorgegebenen zulässigen Schwingungsverhalten. Das zulässige Schwingungsverhalten wird auf Basis kritischer Frequenzen des Antriebsstrangs abgeleitet. Zur Fertigung der Impedanzelemente wird die pulvermetallurgische Fertigungskette betrachtet.

Auf Grundlage der Fertigung des Grünlings mittels uniaxialem Pressen, werden in der Optimierung ausschließlich geometrische Radkörpermodifikationen berücksichtigt, welche im Stirnschnitt des Zahnrads extrudiert werden können. Dies führt zu einer zweidimensionalen geometrischen Parametrisierung der Radkörpermodifikationen im Stirnschnitt und der Radkörperbreite als dritte Dimension. Die vierte Dimension der Parametrisierung ist die Werkstoffdichte des Radkörpers. Da die eingesetzten Presswerkzeuge, aufgrund von Verschleiß und Fertigungsgenauigkeit, nicht mit beliebig kleinen Wandstärken und Radien ausgeführt werden können, ist eine Randbedingung der Optimierung, die Vorgabe einer minimalen Materialdicke x_{min} des Werkstücks. Die minimale Materialdicke ist mit der minimalen materialfreien Dicke des Werkzeugs gleichzusetzen, wodurch die geometrischen Randbedingungen der Radkörpermodifikationen im Stirnschnitt resultieren, vgl. **Bild 6-2**.

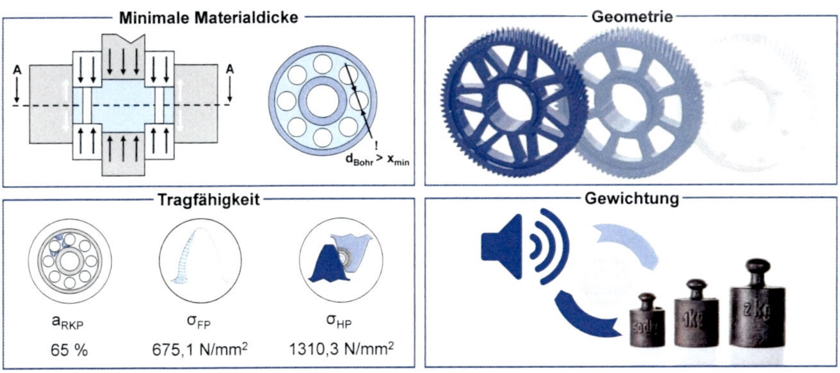

Bild 6-2: Randbedingungen für die Optimierung
Boundary conditions for the optimization

Die geometrischen Randbedingungen der Formoptimierung werden als minimale und maximale Grenzwerte der Optimierungsparameter dargestellt. Bei Wechselwirkungsbeziehungen zwischen den Optimierungsparametern erfolgt die Vorgabe durch ein lineares Gleichungssystem. Die Bedingung zur Erfüllung der Randbedingungen entspricht **Formel (6-2)**, wobei x_{OP} die Optimierungsparameter beschreibt und die Matrix A_{RB} sowie der Vektor b_{RB} die Grenzwerte.

$$[A_{RB}] \cdot \overrightarrow{x_{OP}} \leq \overrightarrow{b_{RB}} \tag{6-2}$$

Infolge der Vorgabe der geometrischen Randbedingungen können nicht zulässige Geometrien zu Beginn der Optimierung verworfen werden und die Optimierungszeit reduziert werden. Während die geometrischen Randbedingungen den Lösungsraum der Radkörperoptimierung eingrenzen, stellt die Sicherstellung der Tragfähigkeit des Zahnrads eine notwendige Randbedingung der Radkörperauslegung dar. Die Tragfähigkeit des Zahnrads gliedert sich in die drei Bereiche: Radkörper-, Zahnflanken- sowie Zahnfußtragfähigkeit. Zur Bestimmung der Tragfähigkeit wird die im Betrieb auftretende Beanspruchung berechnet und mit der Beanspruchbarkeit verglichen. Aufgrund der variierenden Radkörpersteifigkeit ist es erforderlich, die durch die Impedanzelemente resultierenden Radkörperspannungen, Zahnflankenpressungen und Zahnfußspannungen für mindestens ein Radkörpersegment zu berechnen und auszuwerten.

Die Gesamtauslastung des Radkörpers wird mit der FKM-Richtlinie bewertet. Die Radkörpertragfähigkeit gilt mit einer zulässigen Radkörperauslastung kleiner als a_{RKp} = 65 % als erfüllt. Dies entspricht einem Sicherheitsfaktor des Radkörpers von S_{RK} = 1,5. Hinsichtlich der Zahnflanken- und Zahnfußtragfähigkeit werden analog zur Tragfähigkeitsprüfung des Radkörpers, die Anstrengung der Zahnflanke und des Zahnfußes herangezogen. Die Beanspruchung der Zahnflanke wird mit der mittleren HERTZ'schen Zahnflankenpressung am Wälzkreis σ_H bewertet und der Flankendauerfestigkeit σ_{HP} gegenübergestellt. Die Zahnfußtragfähigkeit wird anhand der Gegenüberstellung der maximal auftretenden Zahnfußspannung an der 30°-Tangente $\sigma_{F,30°}$ zur Zahnfußdauerfestigkeit σ_{FP} abgeschätzt. Beide Kennwerte werden mit der Zahnkontaktanalyse berechnet, wobei der Radkörpereinfluss sowie eine vorausgelegte Mikrogeometrie der Verzahnung berücksichtigt wird. Als Sicherheitsfaktoren werden nach LINKE für die Sicherheit gegen Grübchenschaden $S_H \geq 1{,}2$ und für die Sicherheit gegen Zahnfußbruch $S_F \geq 1{,}3$ angewendet [LINK10]. Hinsichtlich der zulässigen Zahnfußspannung und Zahnflankenpressung zeigen die Untersuchungen zum Einfluss des lokalen Verdichtungsprofils und der Einsatzhärtetiefe, dass eine hohe Verdichtungstiefe und eine hohe Einsatzhärtetiefe die Tragfähigkeit steigern.

Die maximal zulässige Zahnfußspannung und Zahnflankenpressung werden aus den Untersuchungsergebnissen zum Einfluss des lokalen Verdichtungsprofils abgeleitet. Es werden die Dauerfestigkeitskennwerte, gemäß ISO 6336, der Zahnfußtragfähigkeit σ_{Flim} und der Zahnflankentragfähigkeit σ_{Hlim} in die zulässige Zahnfußspannung σ_{FP} und die zulässige Zahnflankenpressung σ_{HP} umgerechnet [ISO19c, ISO19a]. Mit den Faktoren zur Tragfähigkeitsberechnung der vorliegenden Verzahnung resultiert eine zulässige Zahnfußspannung von σ_{FP} = 675,1 N/mm^2 und eine zulässige Zahnflankenpressung von σ_{HP} = 1310,3 N/mm^2.

6.1.3 Auslegungsmethode

Design Method

Die Methode zur Radkörperauslegung basiert auf vier voneinander unabhängigen Berechnungsfunktionen, vgl. **Bild 6-3**:

1) Geometrie
2) Optimierung
3) Spannungsberechnung
4) Einsatzverhalten

In der ersten Berechnungsfunktion, der Geometrieberechnung und -prüfung, erfolgt zunächst das Einlesen der Eingabedaten. Die Eingabedaten beinhalten die Randbedingungen der Auslegung (minimale Materialdicke x_{min}, zulässige Spannungen σ_{HP}, σ_{FP}, zulässige Radkörperauslastung a_{RKp}, kritische Frequenzen f_{krit}), die gewählte Grundgeometrie des Radkörpers und deren Parameter, die Zahngeometrie (Eingabedaten der FE-STIRNRADKETTE) sowie die Betriebsbedingungen der Verzahnung (Drehzahl n, Drehmoment M). Im zweiten Schritt werden die Geometrielimitationen festgelegt. Der maximale Radkörperaußendurchmesser $d_{RKa,max}$ wird festgelegt, sodass die Mindestzahnkranzdicke der halben Zahnhöhe der Verzahnung entspricht. Für die Radkörperbreite wird als obere Limitation die Verzahnungsbreite und als untere Limitation eine minimale Radkörperbreite $b_{RK,min}$ festgelegt. Die weiteren Geometrielimitationen werden nach deren geometrisch maximalen und minimalen Ausprägungen in Abhängigkeit der minimalen Materialdicke x_{min} festgelegt. Danach folgt, unter Einhaltung der Geometrielimitationen, die Vorgabe beliebiger Startwerte für die zu variierenden Parameter, welche im letzten Schritt von Teil 1 durch die geometrischen Randbedingungen geprüft werden.

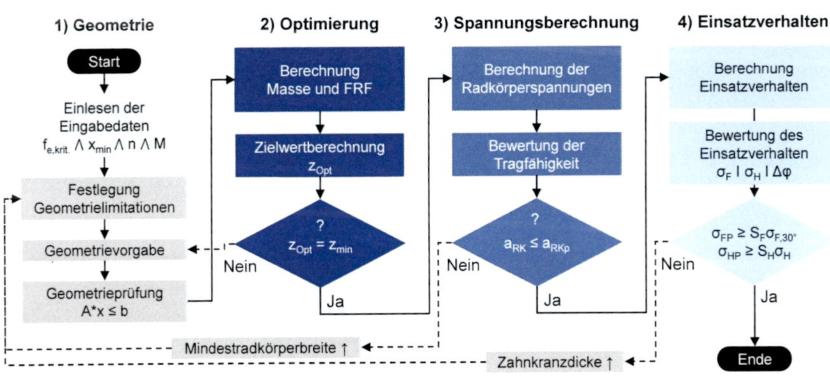

Bild 6-3: Methode zur Radkörperauslegung

Gear body design method

In der zweiten Berechnungsfunktion wird die Formoptimierung durch die Minimierung des Zielwerts z_{Opt} durchgeführt. Hierzu erfolgt zunächst die Berechnung der Zahnradeigenfrequenzen und der Übertragungsfunktion gemäß der Methode zur Berechnung des Schwingungsverhaltens sowie die Berechnung der resultierenden Zahnradmasse. Aus den Ergebnissen folgt die Berechnung des Zielwerts z_{Opt}. Die Optimierung

($z_{Opt} \rightarrow$ min) wird mit dem MATLAB-internen Optimierungsalgorithmus „Pattern Search“ durchgeführt [MATH20]. Als Abbruchkriterium des Optimierungsalgorithmus wird eine Netztoleranz von NT = 0,1 vorgegeben. Bei dem Optimierungsalgorithmus werden die Optimierungsparameter variiert und der Zielwert berechnet. Bei Näherung des Zielwerts an das Minimum wird der Variationsbereich der Optimierungsparameter verkleinert. Die Netztoleranz definiert den Grenzwert der Variationsbreite der Optimierungsparameter. Nach dem Ende des Optimierungsalgorithmus wird die Übertragungsfunktion der optimierten Variante berechnet und die Optimierung abgeschlossen.

In der dritten Berechnungsfunktion erfolgt die Bewertung der bei maximalem Drehmoment resultierenden Radkörperauslastung. Für jede Teilung eines Radkörpersegments werden die Radkörperspannungen berechnet und die maximale Gesamtauslastung a_{BK} bestimmt. Wenn die Tragfähigkeitsbedingung des Radkörpers mit $S_{RK} \geq 1{,}5$ ($a_{BK} \leq 65$ %) nicht erfüllt ist, wird die zulässige Mindestradkörperbreite b_{RK} erhöht und die Optimierungsmethode mit erneuter Festlegung der Geometrielimitationen ausgeführt. Bei Erfüllung der Tragfähigkeitsbedingung des Radkörpers wird die Spannungsberechnung beendet und die vierte Berechnungsfunktion gestartet.

In der vierten Berechnungsfunktion wird das resultierende Einsatzverhalten der Verzahnung mit der Methode zur Berechnung des Einsatzverhaltens bewertet. Zur Auswertung werden die Kennwerte Drehfehler $\Delta\varphi$, maximale Zahnfußspannung $\sigma_{F,max}$ und maximale Hertz'sche Zahnflankenpressung $\sigma_{H,max}$ jeder Teilung herangezogen. Mit den beiden Bedingungen $\sigma_{FP} \geq S_F \cdot \sigma_{F,30°}$ und $\sigma_{HP} \geq S_H \cdot \sigma_H$ wird die Sicherstellung der Zahnfuß- und Zahnflankentragfähigkeit überprüft. Sind die Bedingungen aufgrund der Radkörpermodifikationen nicht erfüllt, wird analog zur dritten Berechnungsfunktion die Mindestradkörperbreite zur Steigerung der Steifigkeit des Radkörpers erhöht und die Optimierungsmethode mit der neuen Festlegung der Geometrielimitationen erneut gestartet. Bei Erfüllung der beiden Tragfähigkeitsbedingungen sind das Auslegungsziel sowie die Randbedingungen erfüllt und die Radkörperauslegung abgeschlossen.

6.2 Anwendung der Methode

Application of the Method

Die entwickelte Methode zur Radkörperauslegung wird für ein elektrisch angetriebenes Fahrzeug angewendet. Ausgehend von typischen Geschwindigkeitsbegrenzungen und der Zähnezahlen der Stirnradstufe werden die kritischen Frequenzen des Antriebstrangs definiert und der Zielpegel berechnet. Es werden drei Radkörpergeometrien parametrisiert und ausgelegt.

6.2.1 Anwendungsfall

Use Case

Die Anwendung der Methode erfolgt am Beispiel eines Kleinwagens mit einer maximalen Leistung von $P_{max} = 60$ kW und einem maximalen Drehmoment des Antriebmotors von $M_{1,max} = 160$ Nm. Es wird von einer maximalen Antriebsdrehzahl des Elektromotors von $n_{1,max}$ = 16.000 min^{-1} ausgegangen, welche der maximalen Fahrzeuggeschwindigkeit von v_{max} = 130 km/h entspricht. In **Bild 6-4** ist das resultierende Leistungskennfeld des Antriebsmotors dargestellt.

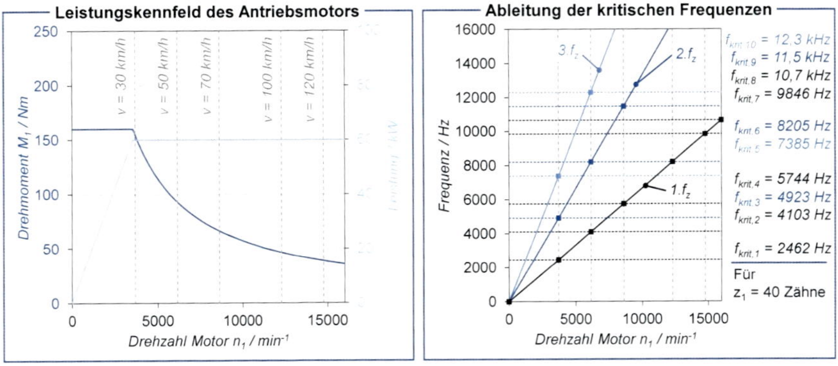

Bild 6-4: Leistungskennfeld des Antriebsmotors und Ableitung der kritischen Frequenzen

Power map of the drive motor and derivation of the critical frequencies

Die Untersetzung erfolgt durch ein zweistufiges Stirnradgetriebe, wobei die Radkörperauslegung für die erste Stufe des Stirnradgetriebes angewendet wird. Die Ableitung der kritischen Frequenzen erfolgt für die Geschwindigkeitsbegrenzungen: v = 30, 50, 70, 100, 120 und 130 km/h. Mit der Drehzahl des Antriebsmotors und der Zähnezahl des Ritzels von z_1 = 40 werden die ersten drei Zahneingriffsfrequenzen über der Drehzahl berechnet. Die Schnittpunkte der Zahneingriffsfrequenzen mit den definierten Fahrgeschwindigkeiten bestimmen die kritischen Frequenzen des Antriebsstrangs. Insgesamt werden zehn kritische Frequenzen identifiziert und in der Radkörperauslegung berücksichtigt. Die Auslegung des Geräuschverhaltens erfolgt für ein Drehmoment von M_1 = 50 Nm. Die Tragfähigkeit wird hinsichtlich des maximalen Drehmoments von M_1 = 160 Nm analysiert.

6.2.2 Radkörpervarianten

Gear Body Variants

Die Untersuchungen zum Einfluss der Radkörpergeometrie und der Werkstoffdichte auf das Schwingungsverhalten und den Körperschalltransfer zeigen, dass die kritischen Eigenfrequenzen als Verkippung des Zahnkranzes zur Nabe angesehen werden können. Eine höhere Steifigkeit gegenüber dieser Verkippung verschiebt die kritischen Eigenfrequenzen in höhere Frequenzbereiche. Eine Versteifung kann mit einer höheren Radkörperbreite erreicht werden, wodurch jedoch auch die Masse steigt. Einreihige als auch zweireihige Radkörperspeichen bzw. Dreiecke bieten als Grundform eine erhöhte Steifigkeit gegenüber Verkippung bei hoher Materialauslastung. Daher werden, neben der Berechnung eines Vollradkörpers, als Referenz, die drei Geometrien *Bohrungen*, *Speichen* und *Dreiecke* ausgelegt. Die zur Optimierung ausgewählten Radkörpergeometrien und deren Parametrisierung sind in **Bild 6-5** dargestellt.

Die Nabengeometrie ist bei allen Varianten konstant: Der innere Radkörperdurchmesser beträgt $d_{RK,i}$ = 50 mm mit einer Nabenbreite von b_{Nabe} = 29 mm. Der Radkörper ist bei allen Varianten als symmetrischer Steg ausgeführt. Der äußere Radkörperdurchmesser d_{RK} und die Radkörperbreite b_{RK} stellen variable Parameter der Radkörpergeometrie für alle Varianten dar. Die Radkörperdichte ρ_{RK} wird für alle Varianten mit als variabel definiert.

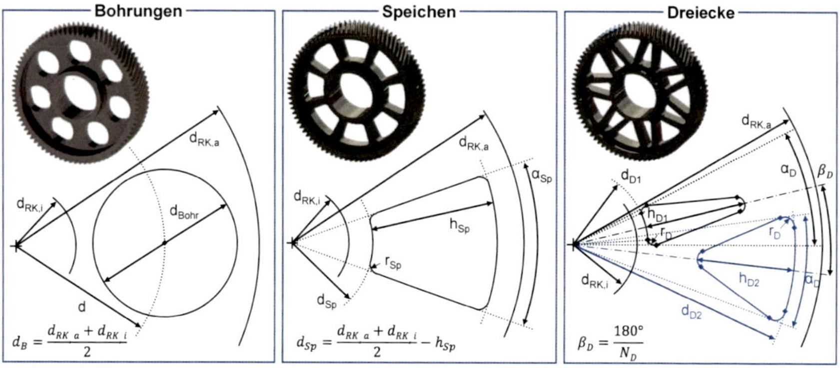

Bild 6-5: Parametrisierung der Radkörpervarianten
Parameterization of the gear body variants

Die Geometrie der Variante *Bohrungen* wird mit der Anzahl der Bohrungen N_B, welche äquidistant über dem Umfang verteilt sind, und dem Bohrungsdurchmesser d_{Bohr} parametrisiert. Der Durchmesser der Mittelpunkte der einzelnen Bohrungen wird in Abhängigkeit des Radkörperdurchmessers berechnet, sodass sich die Bohrungen stets mittig zwischen Radkörperinnen- und Radkörperaußendurchmesser befinden. Bei der Radkörpergeometrie *Speichen* werden die Speichenhöhe h_{Sp} und der Speichenwinkel α_{Sp} optimiert. Der Positionsdurchmesser der Speichen d berechnet sich vergleichbar zur Variante Bohrungen, sodass sich die Speichen stets mittig zwischen Radkörperinnen- und Radkörperaußendurchmesser befinden. Die Anzahl der über dem Umfang äquidistant verteilten Speichen wird mit N_{Sp} definiert. Die Parametrisierung der Radkörpergeometrie *Dreiecke* beinhaltet neben d_{RK}, b_{RK} und ρ_{RK} zusätzlich die fünf Parameter: Anzahl der Dreiecke (äquidistant über dem Umfang) N_D, die Höhen der gleichschenkligen Dreiecke h_{D1} und h_{D2}, die Positionsdurchmesser der Dreiecke d_{D1} und d_{D2} sowie den Dreieckswinkel α_D.

Die Parametrisierung zeigt eine steigende Anzahl der Geometrieparameter mit der Komplexität der Geometrievarianten, vgl. **Tabelle 6-1**. Die Dimension des Lösungsraums ist gleich der Anzahl der Geometrieparameter, sodass die Anzahl der Geometrieparameter maßgeblich die benötigte Optimierungszeit bestimmt. Da die Anzahl der über dem Umfang verteilten geometrischen Radkörpermodifikationen nicht direkt in die Optimierung mit einfließen, sondern variabel vorgegeben werden, sind die Geometrieparameter N_B, N_{Sp}, N_D nicht Teil der Optimierungsparameter. Die Variation der Anzahl der Radkörpermodifikationen kann durch parallele Berechnungen erfolgen.

Tabelle 6-1: Anzahl der im Optimierungsalgorithmus berücksichtigten Parameter
Number of parameters considered in the optimization algorithm

Geometrievariante	*Parameter*	*Anzahl*
Bohrungen	ρ_{RK}, $d_{RK,a}$, b_{RK}, d_{Bohr}	4
Speichen	ρ_{RK}, $d_{RK,a}$, b_{RK}, h_{Sp}, α_{Sp}	5
Dreiecke	ρ_{RK}, $d_{RK,a}$, b_{RK}, h_{D1}, h_{D2}, d_{D1}, d_{D2}, α_D	8

Aus den Radkörpergeometrien der Varianten ergeben sich in Abhängigkeit der minimalen Materialdicke geometrische Restriktionen welche mit **Formel (6-3)** für die Variante *Bohrungen*, mit **Formel (6-4)** für die Variante *Speichen* und mit **Formel (6-5)** für die Variante *Dreiecke* beschrieben werden. Die minimalen und maximalen Werte der Optimierungsparameter sind in Abhängigkeit der geometrischen Radkörperparameter in Anhang 9.4 dargestellt.

$$\begin{pmatrix} 0 & -\frac{\pi}{2\cdot N_B} & 0 & 1 \\ 0 & -\frac{1}{2} & 0 & 1 \end{pmatrix} * \begin{pmatrix} \rho_{RK} \\ d_{RK,a} \\ b_{RK} \\ d_{Bohr} \end{pmatrix} \leq \begin{pmatrix} \frac{\pi}{2\cdot N_B}\cdot d_{RK,i} - 2x_{min} \\ -x_{min} - \frac{d_{RK,i}}{2} \end{pmatrix} \tag{6-3}$$

$$\begin{pmatrix} 0 & -1 & 0 & 2 & 0 \\ 0 & 0 & 0 & -1 & 0 \end{pmatrix} * \begin{pmatrix} \rho_{RK} \\ d_{RK,a} \\ b_{RK} \\ h_{Sp} \\ \alpha_{Sp} \end{pmatrix} \leq \begin{pmatrix} -d_{RK,i} - 2\cdot x_{min} \\ -2\cdot r_{Sp} - x_{min} \end{pmatrix} \tag{6-4}$$

$$\begin{pmatrix} & -1 & & & & & & \\ 0 & -\frac{1}{2} & 0 & 0 & 1 & 0 & 0 & 0 \\ 0 & & 0 & 0 & 0 & 1 & 0 & 0 \\ 0 & -\frac{1}{2} & 0 & 0 & 0 & 0 & 1 & 0 \\ 0 & & 0 & \frac{1}{2} & 0 & 1 & 0 & 0 \\ 0 & -\frac{1}{2} & 0 & 0 & -\frac{1}{2} & 0 & 1 & 0 \\ 0 & 0 & 0 & 1 & -1 & 2 & 0 & 0 \\ 0 & 0 & 0 & 1 & -1 & 0 & 2 & 0 \\ 0 & 0 & 0 & 0 & 0 & -1 & 0 & 0 \\ 0 & 0 & 0 & 0 & 0 & 0 & -1 & 0 \\ & 0 & & & & & & \end{pmatrix} * \begin{pmatrix} \rho_{RK} \\ d_{RK,a} \\ b_{RK} \\ d_{D1} \\ d_{D2} \\ h_{D1} \\ h_{D2} \\ \alpha_D \end{pmatrix} \leq \begin{pmatrix} -x_{min} \\ -\frac{d_{RK,i}}{2} - 2\cdot x_{min} \\ -\frac{d_{RK,i}}{2} - 2\cdot x_{min} \\ -x_{min} \\ -\frac{d_{RK,i}}{2} - 2\cdot x_{min} \\ 0 \\ 0 \\ -2\cdot r_D - x_{min} \\ -2\cdot r_D - x_{min} \end{pmatrix} \tag{6-5}$$

6.2.3 Ergebnisse der Radkörperauslegung

Results of the Gear Body Design

Das Ergebnis der Radkörperauslegung beinhaltet die Radkörpergeometrie und -dichte sowie die resultierenden Übertragungsfunktionen, die Kennwerte Radkörper-, Zahnfuß- und Zahnflankentragfähigkeit sowie das Anregungsverhalten. Die resultierenden Werte der Optimierungsparameter sind in **Tabelle 6-2** aufgetragen. Während sich die Varianten *Bohrungen* und *Dreiecke* durch einen vergleichbaren Radkörperaußendurchmesser von $d_{RK,a} \approx 109$ mm auszeichnet, fällt der Radkörperaußendurchmesser der Variante *Speichen* mit $d_{RK,a,Sp} = 94$ mm geringer aus. Eine höhere Zahnkranzdicke bewirkt, aufgrund der höheren Steifigkeit des Zahnkranzes, eine gleichmäßig verteilte Einleitung der Kräfte in den Radkörper. Dadurch ist eine Verringerung des Einflusses der Steifigkeitsmodulation der geometrischen Radkörpermodifikationen auf das Einsatzverhalten und auf die Radkörperspannungen zu erwarten. Gegenläufig hierzu verhält sich die Radkörperbreite. Mit einer Radkörperbreite von b_{RK} = 18 mm weist die Variante *Dreiecke* die höchste Radkörperbreite auf. Infolgedessen wird die Steifigkeit gegenüber Verkippung des Radkörpers erhöht, wodurch die kritischen Eigenmoden in höhere Frequenzbereiche verschoben werden.

Tabelle 6-2: Werte der Optimierungsparameter
Values of the optimization parameters

Bohrungen		*Speichen*		*Dreiecke*	
Zeichen	Wert	Zeichen	Wert	Zeichen	Wert
ρ_{RK}	7,2 g/cm^3	ρ_{RK}	6,8 g/cm^3	ρ_{RK}	6,8 g/cm^3
$d_{RK,a}$	109,4 mm	$d_{RK,a}$	94 mm	$d_{RK,a}$	108,5 mm
b_{RK}	16 mm	b_{RK}	12 mm	b_{RK}	18 mm
d_{Bohr}	26 mm	h_{Sp}	16 mm	h_{D1}	13 mm
		α_{Sp}	30°	h_{D2}	20,25 mm
				d_{D1}	53,125 mm
				d_{D2}	104,75 mm
				α_D	25°

Bild 6-6 zeigt die Übertragungsfunktionen der drei Radkörpervarianten im Vergleich zur Referenz sowie die Masse. Die Masse der drei Varianten ist, infolge der Optimierung, im Vergleich zur Referenz um bis zu $\Delta m_{Bohrungen}$ = -27 % reduziert worden. Die Steigerung der Leistungsdichte der optimierten Varianten wird sowohl durch die Reduzierung Werkstoffdichte als auch infolge der Aussparungen erreicht. Während die Steigerung der Radkörperbreite der Massenreduktion entgegen wirkt, führt der breitere Radkörper zu einer höheren Steifigkeit gegenüber den kritischen Eigenmoden.

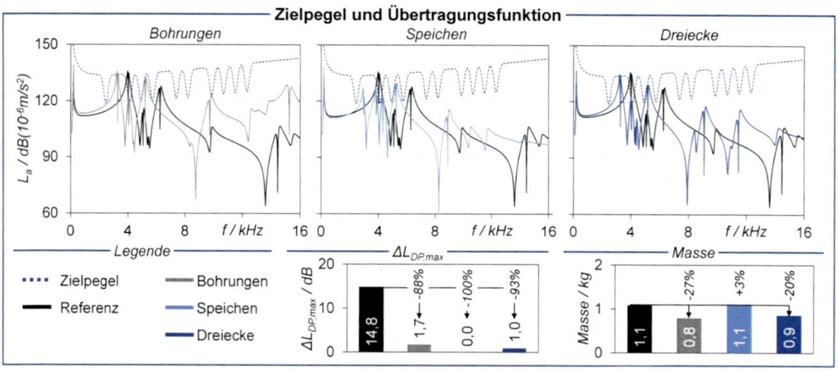

Bild 6-6: Übertragungsfunktionen und Masse der optimierten Radkörpervarianten
Transfer function and mass of the optimized gear body variants

Das Ziel, den Differenzpegel zu reduzieren, wurde für allen Varianten erfüllt. Die Liniendiagramme stellen den Zielpegel und die Übertragungsfunktionen der Varianten dar.

Durch die Reduzierung der Masse und der Steifigkeit des Radkörpers steigt die Anzahl der Verzahnungseigenfrequenzen von $N_{E,Ref} = 12$ der Referenz auf bis zu $N_{E,Bohrungen} = 17$, $N_{E,Speichen} = 14$ und $N_{E,Dreiecke} = 16$ an. Infolge der höheren Anzahl der Verzahnungseigenfrequenzen ist deren Verschiebung in unkritische Frequenzbereiche sowie Berücksichtigung im Auslegungsprozess entscheidend. Bei der Referenzverzahnung liegt die erste relevante Verzahnungseigenfrequenz bei $f_e = 4011$ Hz und fällt damit mit der zweiten kritischen Frequenz von $f_{krit,2} = 4103$ Hz zusammen. Dadurch ergibt sich die maximale Amplitude des Differenzpegels von $\Delta L_{DP,max,Ref} = 14{,}8$ dB. Durch die Auslegung des Radkörpers verschieben sich die Verzahnungseigenfrequenzen in die unkritischen Frequenzbereiche. Aufgrund der Verschiebung der Zahnradeigenfrequenzen wird die Überschneidung mit den kritischen Frequenzen reduziert, sodass keine signifikante Steigerung der Körperschallemission in den kritischen Frequenzen erwartet wird. Die maximale Amplitude reduziert sich infolgedessen bis auf $\Delta L_{DP,max,Speichen} = 0$ dB, wodurch die Anwendbarkeit der Methode bewiesen ist.

Ausgehend von der für die Auslegung definierten Grenzgesamtauslastung des Radkörpers von $a_{RK} \leq 65$ % ($S_{RK} \geq 1{,}5$) werden die resultierenden Radkörperspannungen überprüft, vgl. **Bild 6-7**. Alle Varianten erfüllen die notwendige Betriebssicherheit. Der Vergleich die Gesamtauslastung der Referenz $a_{RK,Ref} = 21$ % mit der Gesamtauslastung der Variante Dreiecke $a_{RK,Dreiecke} = 51$ % zeigt, dass der Radkörper bei gegebener Tragfähigkeit deutliche Gestaltungsfreiheiten zulässt und dabei die Sicherheit gegenüber Bauteilversagen erfüllt.

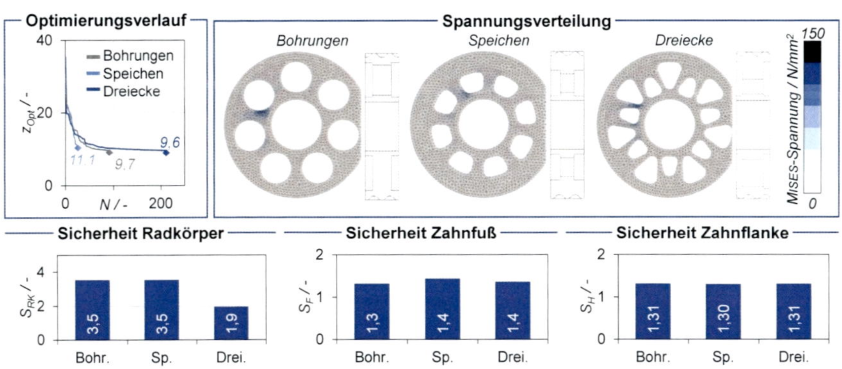

Bild 6-7: Optimierungsverlauf, Spannungsverteilung und Sicherheitsfaktoren der optimierten Radkörpervarianten

Optimization process, stress distribution and safety factors of the optimized gear body variants

Die Balkendiagramme stellen die resultierenden Sicherheitsfaktoren der Radkörper-, Zahnfuß- und Zahnflankentragfähigkeit gegenüber. Die Bedingung der Sicherheit gegen Grübchenschaden von $S_H \geq 1{,}2$ und der Sicherheit gegen Zahnfußbruch von $S_F \geq 1{,}3$ wird von allen Varianten hinreichend erfüllt. Während die Zahnflankentragfähigkeit keinen signifikanten Einfluss der Radkörpervarianten zeigt, ist hinsichtlich der

Sicherheit gegenüber Zahnfußbruch eine Schwankung der Sicherheitsfaktoren zu verzeichnen. Die Variante Speichen zeigt die höchste Sicherheit gegenüber Zahnfußbruch. Die geringere Zahnfußspannung der Variante Speichen ist auf den geringen Radkörperaußendurchmesser zurückzuführen, wodurch die Schwankungsbreite der Eingriffssteifigkeit und der Zahnfußspannung reduziert wird.

Die im Zahnkontakt eingeleitete Kraft wird aufgrund des steiferen Zahnkranzes gleichmäßiger über den Umfang des Radkörpers verteilt. Aufgrund des gleichen Effekts wirken sich die Steifigkeitsschwankungen des Radkörpers weniger auf den Zahnkontakt aus, weshalb die Schwankung der Kennwerte des Einsatzverhaltens geringer ausfällt, vgl. **Bild 6-8**. Mit Verringerung der Zahnkranzdicke steigt die Schwankungsbreite und die maximale Zahnfußspannung der Varianten Dreiecke und Bohrungen, wodurch sich der Sicherheitsfaktor reduziert.

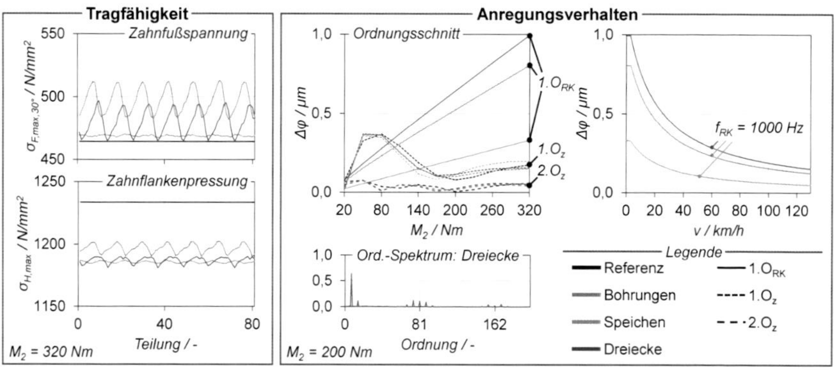

Bild 6-8: Beanspruchung und Anregungsverhalten der optimierten Radkörpervarianten
Stress and excitation behavior of the optimized gear body variants

Hinsichtlich des Anregungsverhaltens ist die Drehfehleramplitude der ersten beiden Zahneingriffsordnungen für alle Varianten $\Delta\varphi_{1.O,z} \leq 0{,}37$ µm. Bei der Variante *Dreiecke*, welche die höchste Radkörperanregung aufweist, dominiert somit ab einem Drehmoment von $M_2 = 119$ Nm die Drehfehleramplitude der Radkörperordnung das Anregungsverhalten. Des Weiteren weisen die Seitenbänder neben den Zahneingriffsordnungen vergleichbare Amplituden zu den Zahneingriffsordnungen auf. Die Anregung der Radkörperordnung sowie der Seitenbänder ist jedoch ausschließlich steifigkeitsbedingt und steht damit im proportionalem Zusammenhang zum Drehmoment. Die Übertragung der Drehmomentproportionalität auf das Motorkennfeld bei maximaler Leistung ermöglicht die Berechnung der Drehfehleramplitude über der Fahrgeschwindigkeit. Die Anregungsamplitude der Radkörperordnung folgt der Motorkennlinie, wodurch die Drehfehleramplitude ab f = 1000 Hz stets kleiner als $\Delta\varphi_{1.O,RK} \leq 0{,}28$ µm ist. Infolgedessen und aufgrund der Untersuchungsergebnisse ist durch die Anregung der Radkörperordnungen keine erhöhte Geräuschemission zu erwarten.

6.3 Fazit

Conclusion

Die entwickelte Methode ermöglicht die geräuschoptimierte Radkörperauslegung durch eine Formoptimierung. Infolgedessen kann die *Forschungsfrage 3* positiv beantwortet werden und die *Forschungshypothese* bestätigt werden. Zur Auslegung des Radkörpers werden die beiden Zielgrößen „Verbessertes Geräuschverhalten" sowie „Steigerung der Leistungsdichte" adressiert. Auf Basis der Vorgabe von antriebsstrangspezifischen kritischen Frequenzen und dem menschlichen Hörempfinden wird ein Zielpegel berechnet, auf den die Übertragungsfunktion der Verzahnung optimiert wird. Das Ziel ist die Minimierung des Differenzpegels zwischen Übertragungsfunktion und Zielpegel sowie die Minimierung der Masse. Es werden die Zahnradeigenfrequenzen in unkritische Frequenzbereiche verschoben und die Leistungsdichte der Verzahnung infolge von Gewichtseinsparungen gesteigert. Das Optimierungssystem basiert auf parametrisierten automatisiert erstellten Radkörpergeometrien, welche den Lösungsraum der Optimierung darstellen. Als Kennwerte des Radkörpereinflusses werden die Übertragungsfunktion, die Radkörpertragfähigkeit sowie das Einsatzverhalten anhand des Drehfehlers und der Zahnfuß- und Zahnflankentragfähigkeit ausgewertet. Die Randbedingungen bilden die Vorgabe der minimalen Materialdicke sowie die Tragfähigkeit des Radkörpers und der Verzahnung. Das *Ziel dieser Arbeit*, eine Auslegungsmethode zur Geräuschoptimierung pulvermetallurgischer Stirnradverzahnungen zu erarbeiten, wurde somit erreicht.

Die Auslegungsmethode wurde erfolgreich für die erste Stirnradstufe eines Fahrzeuggetriebes angewendet und eignet sich für den industriellen Einsatz. Insgesamt wurden drei pulvermetallurgische Radkörpervarianten ausgelegt und die Ergebnisse einem schmelzmetallurgischen Stegradkörper als Referenz gegenübergestellt. Das Ergebnis der Optimierung sind drei geräuschoptimierte Radkörper, welche sich durch eine Massereduktion von bis zu Δm = -27 % unter Einhaltung der gestellten Fertigungs- und Tragfähigkeitsrestriktionen auszeichnen. Der Differenzpegel konnte auf bis zu ΔL_{DP} = 0,0 dB reduziert werden, wodurch eine Reduzierung der Geräuschemission des Getriebes erwartet wird. Infolge der geringeren Radkörpersteifigkeit und Masse erhöht sich die Anzahl der Zahnradeigenfrequenzen. Dieser Effekt wird infolge der Eigenfrequenzverschiebung durch die Radkörperauslegung kompensiert, sodass die Verzahnungseigenfrequenzen mit den kritischen Frequenzen des Antriebstrangs nicht zusammenfallen. Aufgrund der diskontinuierlichen Steifigkeitscharakteristik resultieren unterschiedliche Schwankungsbreiten des Einsatzverhalten. Im Gegensatz zur Normberechnung berücksichtigt die Auslegungsmethode diesen Einfluss, wodurch das Auslegungsergebnis stets die Sicherheit gegenüber Bauteilversagen erfüllt.

7 Zusammenfassung und Ausblick

Summary and Outlook

Das Ziel der vorliegenden Dissertation ist eine Auslegungsmethode zur Geräuschoptimierung pulvermetallurgischer Stirnradverzahnungen. Im ersten Schritt wird der Einfluss der Verdichtungs- und Einsatzhärtetiefe auf die resultierende Zahnfuß- und Zahnflankentragfähigkeit sowie das Anregungsverhalten untersucht. Zur Berücksichtigung des Verdichtungsprofils wird eine Berechnungsmethode entwickelt und validiert. Für eine hohe Zahnfuß- und Zahnflankentragfähigkeit wird die im Variationsraum untersuchte hohe Verdichtungstiefe in Kombination mit einer hohen Einsatzhärtetiefe empfohlen. Die Ergebnisse zeigen, dass eine hohe Verdichtungs- und Einsatzhärtetiefe $t_{d,98}$ = CHD ≈ $0{,}15 \cdot m_n$, eine Steigerung der Zahnfußtragfähigkeit um 6,5 % und Zahnflankentragfähigkeit um 15,9 % bewirkt. Durch hohe Verdichtungs- und Einsatzhärtetiefe ergibt sich eine Flankendauerfestigkeit von σ_{Hlim} = 1032,6 N/mm^2 und eine Zahnfußdauerfestigkeit von σ_{Flim} = 306 N/mm^2. Bei einer geringeren Einsatzhärtetiefe wird ein antiproportionales Verhalten der Zahnflankentragfähigkeit in Bezug zur Verdichtungstiefe festgestellt. Als Grund wird eine lastbedingte Nachverdichtung der Zahnflanken im Versuch identifiziert, welche beanspruchungsreduzierend wirkt sowie das Geräuschverhalten um bis zu L_a = 8,6 dB im Niedriglastbereich reduziert. Jedoch entstehen bei geringer Einsatzhärtetiefe Risse unterhalb der Vollverdichtungszone. Die höhere Einsatzhärtetiefe wirkt durch tiefere, beanspruchungsreduzierende Druckeigenspannungen, welche die Vergleichsspannung nach der Verdichtungstiefe $t_{d,98}$ im Mittel um $\Delta\varnothing\sigma_{v,p}$ = 12,5 % reduzieren, der Rissentstehung entgegen. Hinsichtlich des Anregungsverhaltens über der Last führt die geringere Werkstoffdichte von PM Verzahnung zu einer Verschiebung des Drehfehlerverlaufs der Zahneingriffsordnungen. Die Lastverschiebung bedingt die Berücksichtigung des Verdichtungsprofils in der Auslegung. Mit der entwickelten Berechnungsmethode werden die Einflüsse abgebildet und können hinsichtlich der Auslegung vorhergesagt werden.

Im zweiten Schritt erfolgt die Untersuchung des Einflusses der Radkörpergeometrie und –dichte auf das Einsatz- und Geräuschverhalten. Es wird eine dreigeteilte Berechnungsmethode entwickelt und validiert. Die drei Ziele der Berechnungsmethode sind die Berechnung des Einsatzverhalten, der Radkörpertragfähigkeit und des Schwingungsverhaltens. Radkörpermodifikationen bewirken eine über dem Umfang variierenden diskontinuierlichen Steifigkeitscharakteristik, woraus ein variierendes Einsatz- und Schwingungsverhalten resultiert. Zur Untersuchung des Schwingungsverhaltens wird der KÖRPERSCHALLTRANSFERPRÜFSTAND entwickelt. Der Prüfstand ermöglicht die Untersuchung des Schwingungsverhaltens von Stirnradverzahnungen durch experimentelle Bestimmung der Übertragungsfunktion unter Last. Das Prüfergebnis ist die Übertragungsfunktion, womit die Berechnung des Schwingungsverhaltens direkt validiert wird. Als zielführend zur Optimierung des Getriebegeräuschs werden die Reduzierung der Werkstoffdichte und die Resonanzmodulation identifiziert. Die Untersuchungsergebnisse des Schwingungsverhaltens sind auf die Geräuschemission im dynamischen Laufversuch übertragbar. Durch die Kombination einer reduzierten Radkörperdichte und Radkörperbohrungen sinkt – im dynamischen Laufversuch – der Mittelwert der zweiten Zahneingriffsfrequenz um ΔL_a = -12 dB. Ferner beeinflusst die Lage der Verzahnungseigenfrequenzen das dynamische Geräuschverhalten. Trifft die Verzahnungsanregung auf die Verzahnungseigenfrequenzen, entsteht eine signifikante Pegelerhöhung der Körperschallemission.

Im dritten Schritt wird, auf Basis der validierten Berechnungsmethoden, eine Methode zur Radkörperauslegung durch modale Formoptimierung entwickelt. Die Zielgrößen sind die Optimierung des Geräuschverhaltens sowie die Reduzierung der Masse. Durch die Vorgabe von kritischen Frequenzen wird ein Zielpegel berechnet, auf den die Übertragungsfunktion der Verzahnung durch Variation des Radkörpers optimiert wird. Die Verzahnungseigenfrequenzen werden in unkritische Frequenzbereiche verschoben und die Masse der Verzahnung reduziert. Die Anwendung der Auslegungsmethode erfolgt für die erste Stufe eines elektrischen Fahrzeuggetriebes. Das Ergebnis der Optimierung sind drei geräuschoptimierte Radkörper, welche sich durch eine Massereduktion von bis zu Δm = -27 % unter Einhaltung der gestellten Fertigungs- und Tragfähigkeitsrestriktionen auszeichnen. Der Differenzpegel der resultierenden Übertragungsfunktion zum Zielpegel wurde infolge der Auslegung auf bis zu ΔL_{DP} = 0,0 dB reduziert. Das Ziel dieser Arbeit konnte somit erreicht werden.

Um zukünftig ein tieferes Verständnis der vielfältigen Einflussgrößen auf das Einsatzverhalten pulvermetallurgisch hergestellter Verzahnungen zu erlangen, bedarf es weiterer Forschung auf diesem Gebiet. Da die potenzialträchtigste Variante *VH-CH*, am Rand des untersuchten Variationsraums liegt, kann eine optimale Einsatzhärtetiefe zur Steigerung der Zahnfuß- und Zahnflankentragfähigkeit nicht benannt werden. Daher wird für zukünftige Forschungsprojekte eine Erweiterung des Variationsraums empfohlen. Ein weiteres Forschungsdefizit besteht darin, anhand welcher Parameter eine lastbedingte Verdichtung im Betrieb ausgeschlossen werden kann oder ob diese in speziellen Anwendungen bewusst genutzt werden kann. Eine mögliche Anwendung ist beispielsweise die gezielte Einstellung der lastbedingten Nachverdichtung durch einen definierten Einlaufprozess nicht nachverdichteter PM Zahnrädern. Somit wird eine Beanspruchungsreduktion im Betrieb erzielt und die Verzahnungstopografie lastbedingt eingestellt. Die Auslegung des Radkörpers bietet ebenfalls weiteres Forschungspotenzial. Additiv oder hybrid gefertigte Radkörper unterliegen nicht den Fertigungsrestriktionen von uniaxialem Pressen, woraus eine Erweiterung der Freiheitsgrade der Radkörperauslegung folgen kann. Keine oder geringere Fertigungsrestriktionen ermöglichen eine topologische Radkörperauslegung auf Basis des Schwingungsverhaltens. Analog zur spannungsoptimierten Topologieoptimierung kann Material lokal in den hochverformten Bereichen von kritischen Eigenmoden hinzugefügt werden und damit die Steifigkeit des Bauteils gegen diese Schwingformen erhöhen.

Summary and Outlook

The objective of this thesis is to develop a design method for noise optimized powder metallurgical cylindrical gears. In the first step, the influence of the densification and case hardness depth on the resulting tooth root and tooth flank load capacity as well as the excitation behavior is investigated. A calculation method is developed and validated for considering the densification profile in the tooth contact analysis. For a high tooth root and tooth flank load capacity, a high densification depth in combination with a high case hardness depth, which was investigated in the variation space, is recommended. The results show that a high densification and case hardness depth of $t_{d,98}$ = CHD ≈ 0.15 m_n, results in an increase in tooth root load capacity of 6.5 % and tooth flank load capacity of 15.9 %. High densification and case hardness depths result in a flank fatigue limit of σ_{Hlim} = 1032.6 N/mm^2 and a tooth root fatigue limit of σ_{Flim} = 306 N/mm^2. At lower case hardness depth, an antiproportional behavior of the tooth flank load capacity with respect to the densification depth is observed. The reason for this is a load-induced redensification of the tooth flanks in the experiment, which has a stress-reducing effect and also reduces the noise emission by up to L_a = 8.6 dB in the low load range. However, cracks develop below the full densification zone at low case hardness depths. A higher case hardness depth counteracts crack initiation through deeper residual compressive stresses, which reduce the equivalent stress beyond the densification depth $t_{d,98}$ by an average of $\Delta\varnothing\sigma_{v,\rho}$ = 12.5 %. Regarding the excitation behavior over load, the lower material density of PM gears leads to a shift of the transmission error profile of the gear mesh orders. The load shift requires the consideration of the densification profile in the design. The developed calculation method can simulate these influences and thus predict them during design.

In the second step, the influence of the gear body geometry and density on the operating and noise behavior is investigated. A three-part calculation method is developed and validated. The three objectives of the calculation method are the calculation of the operational behavior, the gear body load capacity and the vibration behavior. Gear body modifications cause a discontinuous stiffness characteristic that varies over the circumference, resulting in a varying operational and vibration behavior. For the investigation of the vibration behavior the structure borne noise transfer test rig is developed. The test rig enables the investigation of the vibration behavior of cylindrical gears by experimentally measuring the transfer function under load. The test result is the transfer function, which directly validates the calculation of the vibration behavior. The reduction of the material density and the resonance modulation are identified as being effective in optimizing the gear noise emission. The investigation results of the vibration behavior can be transferred to the structure borne noise emission in the dynamic running test. The combination of a reduced gear body density and gear body bores reduces - in the dynamic running test - the mean value of the second gear mesh frequency by ΔL_a = -12 dB. Furthermore, the natural frequencies of the gear set influences the dynamic noise behavior. If the gear mesh frequencies reaches the natural frequencies, the level of the structure-borne noise emission is significantly increased.

In the third step, a method for gear body design by modal form optimization is developed based on the validated calculation methods. The target parameters are the optimization of noise behavior and the reduction of mass. With the specification of critical frequencies, a target level is calculated to which the transfer function of the gear set is optimized by varying the gear body geometry and density. The natural frequencies of the gear set are shifted into non-critical frequency ranges and the mass of the gear set is reduced. The design method is applied to the first stage of an electric vehicle transmission. The results of the optimization are three noise-optimized gear bodies, which are characterized by a mass reduction of up to $\Delta m = -27\ \%$ while complying with the specified manufacturing and load-bearing capacity restrictions. The difference level of the resulting transfer function to the target level was reduced to up to $\Delta L_{DL} = 0.0$ dB as a result of the design. The objective of this work was thus achieved.

In order to achieve a deeper understanding of the various influencing variables on the case-hardening behavior of powder metallurgical manufactured gears in the future, further research is required in this field. Since the most potential variant, VH-CH, is at the edge of the variation space investigated, an optimal case hardness depth for increasing the tooth root and tooth flank load capacity cannot be specified. Therefore, a widening of the variation space is recommended for future research projects. Another research deficit is which parameters can be used to prevent load-induced densification in operation or whether this can be intentionally used in special applications. One possible application, for example, is the targeted adjustment of load-induced redensification by means of a defined run-in process of PM gears that have not been densified. In this way, a reduction in stress during operation is achieved and the tooth topography is adjusted according to the load. The design of the gear body also offers further research potential. Additively or hybrid manufactured gear bodies are not restricted by the manufacturing restrictions of uniaxial pressing, which can result in additional degrees of freedom in the design of the gear body. No or fewer manufacturing restrictions allow a topological gear body design based on vibration behavior. Similar to stress-optimized topology optimization, material can be added locally in the highly deformed regions of critical eigenmodes, thereby increasing the stiffness of the component against these eigenmodes.

8 Literaturverzeichnis

References

[AHMA18] Ahmad, M.; Brecher, C.; Löpenhaus, C.: Einflussanalyse von langwelligen Abweichungen auf das Anregungsverhalten von Getrieben für Elektrofahrzeuge. In: AG KISSsoft (Hrsg.): SMK 2018, Schweizer Maschinenelemente Kolloquium. Dresden: TUDpress, 2018, S. 219–230

[ANDE14] Andersson, M.: An investigation of models for estimating component fatigue strength of sintered steels. In: Martin J. M.; Barrière T. (Hrsg.): Proceedings EuroPM 2014 Congress - Euro PM 2014 Congress & Exhibition; Proceedings: EuroPM, Salzburg, Austria, 21.-24.09.2014. European Powder Metallurgy Association (EPMA), 2014

[BEIS13] Beiss, P.: Pulvermetallurgische Fertigungstechnik. Berlin: Springer Vieweg, 2013

[BERG18] Bergs, T.; Brecher, C.; Löpenhaus, C.: Grundlagenseminar Zahnrad- und Getriebetechnik. Aachen: Apprimus, 2018

[BILL20] Billenstein, D.; Scholzen, P.; Hammerl, G.; Glenk, C.; Löpenhaus, C.; Rieg, F.; Brecher, C.; Haefke, N.: Elastischer Radkörper. Einfluss elastischer Radkörperstrukturen auf die Tragfähigkeitsberechnung bei Stirnradverzahnungen. Heft 1366. Aufl. Frankfurt, 2020

[BONG90] Bong, H.-B.: Erweiterte Verfahren zur Berechnung von Stirnradgetrieben auf der Basis numerischer Simulationen und der Methode finiter Elemente. Dissertation RWTH Aachen, 1990

[BRÄU14] Bräunig, J.; Woller, J.; Kranz, B.; Schlecht, B.: Möglichkeiten zur vibroakustischen Strukturuntersuchung am Radkörper einer Verzahnung. ant journal, Antriebstechnik, 2014, S. 3–9

[BREC17a] Brecher, C.; Weck, M.: Benutzeranleitung zum Programm FE-Stirnradkette v4.2.21: Forschungsvereinigung Antriebstechnik (FVA) e. V.; Werkzeugmaschinenlabor (WZL) der RWTH Aachen, 2017

[BREC17b] Brecher, C.; Löpenhaus, C.; Schroers, M.; Frech, T.; Scholzen, P.: Optimization of NVH-Behavior of Gears by Alternative Gear Materials. International Conference on Gears 2017, September 13th to 15th, 2017, Technische Universität München (TUM), Garching (near Munich), Germany. Düsseldorf: VDI-Verl., 2017, S. 539–551

[BREC17c] Brecher, C.; Löpenhaus, C.; Scholzen, P.: Influence of the densification profile on the excetation behavior of PM gears. Euro PM2017 proceedings 1-5 October 2017, Milano Congressi (MiCo), Milan, Italy. Shrewsbury, United Kingdom, Shrewsbury, United Kingdom: European Powder Metallurgy Association (EPMA), 2017

[BREC18] Brecher, C.; Löpenhaus, C.; Scholzen, P.: Analysis of the Damping Potential of Powder Metallurgical Manufactured Gear Bodies. 14-18 October 2018, Bilbao Exhibition Centre (BEC), Bilbao, Spain. Shrewsbury, United Kingdom: European Powder Metallurgy Association (EMPA), 2018

[BRIM21] Brimmers, J.: Funktionsorientierte Auslegung topologischer Zahnflankenmodifikationen für Beveloidverzahnungen. 1st ed. Aufl. Aachen: Apprimus Wissenschaftsverlag, 2021

[CAO02] Cao, J.: Anforderungs- und fertigungsgerechte Auslegung von Stirnradverzahnungen durch Zahnkontaktanalyse mit Hilfe der FEM. Diss. RWTH Aachen University, 2002

[CARL14] Carl, C.: Gehörbezogene Analyse und Synthese der vibroakustischen Geräuschanregung von Verzahnungen. Diss. RWTH Aachen, 2014

[CERR11] Cerrato, G.; Goodes, P.: Practical Approaches to Solving Noise and Vibration Problems. In: Sound Vib. Mag., 45. Jg., 2011, Nr. 4, S. 18–22

[CHUN99] Chung, C.-H.; Steyer, G.; Abe, T.; Clapper, M.; Shah, C.: Gear Noise Reduction through Transmission Error Control and Gear Blank Dynamic Tuning. Proceedings of the 1999 Noise and Vibration Conference, 1999

[CREM96] Cremer, L.; Heckl, M.: Körperschall. Physikalische Grundlagen und technische Anwendungen. Aufl. 2. Aufl. Berlin, Heidelberg: Springer, 1996

[CZIC10] Czichos, H.; Habig, K.-H.: Tribologie-Handbuch. Tribometrie, Tribomaterialien, Tribotechnik. 3. Aufl. Wiesbaden: Vieweg + Teubner, 2010

[DASS21] Dassault Systèmes: Abaqus Documentation. https://www.3ds.com/products-services/simulia/servicessupport/support/documentation/,2021

[DIET97] Dietz, P.; Schmidt, A.: Impedanzelement. Entwicklung von Konstruktionsrichtlinien zur gezielten Beeinflussung der Körperschalleitung an Zahnradkörpern mit Hilfe von Analogiebetrachtungen und Modellversuchen im Bereich der dynamischen Spannungsoptik. Abschlussbericht zum FVA Forschungsvorhaben Nr. 235, Heft 522, Forschungsvereinigung Antriebstechnik e.V., Frankfurt a.M., 1997

[DILG04] Dilger, K.; Böhm, S.; Ullmann, M.; Weck, M.; Schlattmeier, H.; Mandt, D.: Geräuscharme Zahnradgetriebe durch den Einsatz von leichten und dämpfenden Werkstoffverbund-Zahnrädern. METAV Tagung München, 2004

[DIN06] DIN Deutsches Institut für Normung DIN ISO 14635-1 (06.2006) Zahnräder – FZG-Prüfverfahren – Teil 1: FZG-Prüfverfahren A/8,3/90 zur Bestimmung der relativen Fresstragfähigkeit von Schmierölen.

[DIN07] DIN Deutsches Institut für Normung DIN EN ISO 4507 (Mai 2007) Sinter-Eisenwerkstoffe, aufgekohlt oder karbonitriert - Bestimmung und Prüfung der Einsatzhärtungstiefe durch Messung der Mikrohärte.

[DIN10a] DIN Deutsches Institut für Normung DIN EN ISO 4287 (Juli 2010) Geometrische Produktspezifikation (GPS) - Oberflächenbeschaffenheit: Tastschnittverfahren - Benennungen, Definitionen und Kenngrößen der Oberflächenbeschaffenheit.

[DIN10b] DIN Deutsches Institut für Normung DIN 45631/A1 (03.2010) Berechnung des Lautstärkepegels und der Lautheit aus dem Geräuschspektrum – Verfahren nach E. Zwicker.

[DIN14] DIN Deutsches Institut für Normung DIN ISO 21771 (August 2014) Zahnräder - Zylinderräder und Zylinderradpaare mit Evolventenverzahnung - Begriffe und Geometrie.

[DIN18] DIN Deutsches Institut für Normung DIN ISO 1328-1 (03.2018) Zylinderräder – ISO-Toleranzsystem –.

[DIN79] DIN Deutsches Institut für Normung DIN 3979 (Juli 1979) Zahnschäden an Zahnradgetrieben. Bezeichnung, Merkmale, Ursachen.

[DIN87] DIN Deutsches Institut für Normung DIN 3990-3 (1987) Tragfähigkeitsberechnung von Stirnrädern.

[DIZD12] Dizdar, S.: High-Performance Sintered-Steel Gears for Transmissions and Machinery: A Critical Review. In: Gear Technology, 2012, Nr. August 2012, S. 60–65

[DIZD13] Dizdar, S.: Pitting resistance of sintered small-module gears. In: Proceedings of the Institution of Mechanical Engineers, Part J: Journal of Engineering Tribology, 227. Jg., 2013, Nr. 11, S. 1225–1240

[DRES14] Dresig, H.; Fidlin, A.: Schwingungen mechanischer Antriebssysteme. Modellbildung, Berechnung, Analyse, Synthese. 3., überarbeitete und erweiterte Auflage. Aufl. Berlin, Heidelberg: Springer Vieweg, 2014

[ENGE96a] Engel, K.: Analyse der Körperschalleitung mit sensorischen, optischen und numerischen Verfahren am Beispiel von Zahnradkörpern. Dissertation TU Clausthal, 1996

[ENGE96b] Engel K.; Schmidt A.: Alternatives Verfahren zur Körperschallanalyse am Beispiel der Zahnradstruktur. In: IMW - Institutsmitteilung, 1996, Nr. Nr. 21

[FKM03] FKM Forschungskuratorium Maschinenbau FKM (2003) Rechnerischer Festigkeitsnachweis für Maschinenbauteile.

[FLOD10] Flodin A.; Henser, J.; Brecher, C.; Gorgels, C.; Röthlingshöfer, T.: Design Aspects of Powder Metal Gears. Macro and Micro Geometry Considerations. International Conference on Gears Europe invites the world ; time and venue: October 4th to 6th, 2010, Technical University of Munich (TUM), Garching (near Munich), Germany, 2010, S. 11–21

[FLOD11] Flodin A.; Brecher, C.; Gorgels, C.; Röthlingshöfer, T.; Henser, J.: Designing Powder Metal Gears. In: Gear Solutions, August 2011. Jg., 2011, S. 26–35

[FLOD13] Flodin, A.; Andersson, M.: Tooth Root Optimization of Powder Metal Gears: Reducing Stress from Bending and Transient Loads. In: Gear Technol. (Gear Technology), 2013, Nr. June/July

[FLOD16] Flodin A.: Testing and Validation of Powder Metal Gears in a 6 Speed Manual Transmission. World PM2016 proceedings, Congress Centre Hamburg (CCH), Hamburg, Germany, 9-13 October 2016. Shrewsbury, United Kingdom: European Powder Metallurgy Association (EPMA), 2016

[FORD03] Fordén, L.; Bengtsson, S.; Lipp, K.; Sonsino, C.: Rolling Contact Fatigue Design Aspects of Surface Densified PM Components. Euro PM 2003 conference proceedings 2003, 2003

[FREC15] Frech, T.; Klocke, F.; Gräser, E.: Potential of PM process chains with profile modified densifying tools International Conference on Gears 2015. München, 5.-6. Oktober 2015. Düsseldorf: VDI-Verl., 2015, S. 1357–1366

[FREC19] Frech, T.: Modellierung der Walzkraft beim Dichtwalzen pulvermetallurgisch hergestellter Zahnräder. Diss. RWTH Aachen, 2019

[FÜßE17] Füßel, A.: Technische Potenzialanalyse der Elektromobilität. Stand der Technik, Forschungsausblick und Projektion auf das Jahr 2025. Wiesbaden: Springer Vieweg, 2017

[FVA12] FVA Forschungsvereinigung Antriebstechnik E.V. FVA-Richtlinie FVA Nr. 563 I: Ausgabe 2012 (2012) Empfehlungen zur Vereinheitlichung von Tragfähigkeitsversuchen an vergüteten und gehärteten Zylinderrädern.

[GAIS22] Gaisina, V.; Andersson, M.; Bonvalet-Rolland, M.; Odqvist, J.; Larsson, P.-L.; Gudmundson, P.: On the mechanical behavior of sintered Astaloy-85Mo: Influence of porosity and sinter conditions. In: Materials Science and Engineering: A, 841. Jg., 2022

[GALE20] Gale, A.; Langlois, P.; Harris, O.: Gear Blank Tuning. In: Gear Technol. (Gear Technology), August 2020. Jg., 2020, S. 62–66

[GENU10] Genuit, K.: Sound-Engineering im Automobilbereich. Methoden zur Messung und Auswertung von Geräuschen und Schwingungen. Berlin: Springer, 2010

[GESE02] Gesellschaft für Tribologie (GfT) Arbeitsblatt 7 (August 2002) Verschleiß, Reibung - Definitionen, Begriffe, Prüfung.

[GUIL17] Guilbert, B.; Cutuli, P.; Velex, P.: Hybrid dynamic model of hollow thin-rimmed gears. In: Proceedings of International Conference on Gears 2017. Garching, 13. - 15. September 2017. Düsseldorf: VDI-Verl., 2017

[HAIB89] Haibach, E.: Betriebsfestigkeit. Verfahren und Daten zur Bauteilberechnung. Düsseldorf: VDI, 1989

[HAJE18] Hajeck, M.: Zahnfußtragfähigkeit pulvermetallurgisch hergestellter Zahnräder. Diss. RWTH Aachen, 2018

[HELL15] Hellmann, M.: Fertigungsabweichungen in der Auslegung von Zahnflankenmodifikationen für Stirnradverzahnungen. Diss. RWTH Aachen University, 2015

[HELL19] Hellein, R.; Müller, A.; Zerobin, S.: Pulvermetallurgische Zahnradsysteme zur Optimierung von NVH-Eigenschaften in Verbrennungsmotoren. In: Danninger, H.; Sigl, L.; Schneider, M. (Hrsg.): Pulvermetallurgie - Schlüsseltechnologie für innovative Systemlösungen. Dortmund: Heimdall Verlag, 2019, S. 33-50

[HENS10] Henser, J.: Optimierung der Mikrogeometrie von PM Zahnrädern. Diplomarbeit RWTH Aachen University, 2010 (Graue Literatur)

[HERT82] Hertz, H.: Über die Berührung fester elastischer Körper. In: J. reine und angew. Math., 1882, Nr. 92, S. 156–171

[HOFF06] Hoffmann, G.; Hanejko, F.; Slattery, R.: Crack Initiation and Propagation in RCF Gottfried Hoffmann. A New Approach to Understanding Pitting Failure of Highly Loaded Gears. In: SAE World Congress, 2006. Jg., 2006

[HOFF07] Hoffmann, G.; Jandeska, W.: effects on rolling contact fatigue performance - part II. In: Gear Technology, 2007, Nr. March/April 2007, S. 42–51

[HÖHN12] Höhn, B.-R.; Stahl, K.; Otto, M.; Nitsch, C.: Verbundzahnräder mit Hochleistungspolymeren. In: ATZ Automobiltech Z, 114. Jg., 2012, Nr. 2, S. 182–187

[HOLM19] Holmberg, A.; Andersson, M.; Rudolphi, Å.: Rolling fatigue life of PM steel with different porosity and surface finish. In: Wear, 426-427. Jg., 2019, S. 454–461

[HÜCK83] Hück, M.: Ein verbessertes Verfahren für die Auswertung von Treppenstufenversuchen. In: Werkstofftechnik, 1983. Jg., 1983, Nr. 14, S. 406 bis 417

[ISO16] ISO INTERNATIONAL STANDARD ISO 6336-5 (2016) Calculation of load capacity of spur and helical gears. Part 5: Strength and quality of materials.

[ISO19a] ISO INTERNATIONAL STANDARD ISO 6336-3 (2019) Calculation of load capacity of spur and helical gears. Part 3: Calculation of tooth bending strength.

[ISO19b] ISO INTERNATIONAL STANDARD ISO 6336-1 (2019) Calculation of load capacity of spur and helical gears. Part 1: Basic principles, introduction and general influence factors.

[ISO19c] ISO INTERNATIONAL STANDARD ISO 6336-2 (2019) Calculation of load capacity of spur and helical gears. Part 2: Calculation of surface durability (pitting).

[JACO20] Jacobs, G.: Maschinengestaltung. 10. Aufl. Aachen: Verlag Mainz, 2020

[JAND04] Jandeska, W.; Hoffmann, G.; Slattery, R.; Hanejko, F.; Rawlings, A.; Murphy, T.: Rolling Contact Fatigue of Surface Densified Material: Microstructural Aspects. In: Advances in Powder Metallurgy and Particulate Materials, 2004. Jg., 2004, Nr. 10, S. 35–52

[JANI14] Janitzky, T.: Einfluss von Dichte und Schlupf auf die Wälzfestigkeit einsatzgehärteter Sinterstähle. Diss. RWTH Aachen, 2014

[JOHA02] Johansson, P.; Bengtsson, S.; Dizdar, S.: RCF-testing of selectively densified rollers of p/m materials fpr gear applications. Orlando: PM²TEC 2002, 2002

[KAUF12] Kauffmann, P.: Walzen pulvermetallurgisch hergestellter Zahnräder. Diss. RWTH Aachen, 2012

[KLOC17a] Klocke, F.; Broeckmann, C.; Löpenhaus, C.; Frech, T.; Hajeck, M.; Gebhardt, C.; Scholzen, P.: Hochfeste Zahnräder durch pulvermetallurgische Herstellungsverfahren. Abschlusskolloquium zum Schwerpunktprogramm SPP 1551 "Ressourceneffiziente Konstruktionselemente", Deutsche Forschungsgemeinschaft, Bonn, 2017

[KLOC17b] Klocke, F.; Brecher, C.: Zahnrad- und Getriebetechnik. Auslegung - Herstellung - Untersuchung - Simulation. 1. Aufl. München: Carl Hanser, 2017

[KOCH94] Koch, H.-P.: Pulvermetallurgie im Wettbewerb mit spanabhebender Formgebung. In: Hagener Symposium, 1994, S. 21–52

[KOLL00] Kollmann, F.: Maschinenakustik. Grundlagen, Meßtechnik, Berechnung, Beeinflussung. Aufl. 2. Aufl. Berlin [u.a.]: Springer, 2000

[KONO18] Konowalczyk, P.: Grübchen- und Zahnflankenbruchtragfähigkeit großmoduliger Stirnräder. Einfluss von Werkstoffreinheitsgrad, Härte- und Eigenspannungstiefenverlauf. Diss. RWTH Aachen, 2018

[KOTT03] Kotthoff, G.: Neue Verfahren zur Tragfähigkeitssteigerung von gesinterten Zahnrädern. Diss. RWTH Aachen, 2003

[KOTT18] Kotthoff, G.: NVH Potential of PM Gears for Electrified Drivetrains. In: Gear Technol. (Gear Technology), 2018. Jg., 2018, Nr. 10, S. 40–43

[KRUZ12] Kruzhanov, V.; Arnhold, V.: Energy consumption in powder metallurgical manufacturing. In: Powder Metallurgy, 55. Jg., 2012, Nr. 1, S. 14–21

[LAUR03] Laursen, T.: Computational Contact and Impact Mechanics. Fundamentals of Modeling Interfacial Phenomena in Nonlinear Finite Element Analysis. Berlin, Heidelberg: Springer Berlin Heidelberg, 2003

[LAWC06] Lawcock, R.: Rolling Contact Fatigue of Surface Densified PM Gears. In: Gear Solutions, 2006. Jg., 2006

[LINK10] Linke, H.: Stirnradverzahnung. Berechnung - Werkstoffe - Fertigung. 2. Aufl. München: Hanser, 2010

[LINK70] Linke, H.: Untersuchungen zur Ermittlung dynamischer Zahnkräfte von einstufigen Stirnradgetrieben mit Geradverzahnung. Diss. TU Dresden, 1970

[LIPP97] Lipp, K.: Oberflächenzerrütung von Sinterstählen unter konstanter und veränderlicher Hertzscher Pressung mit überlagerter Reibung (Schlupf). Diss. Universität des Saarlandes, 1997

[MAND06] Mandt, D.: Eigenschaften und Einsatzverhalten von leichten und dämpfenden Werkstoffverbund-Zahnrädern. Dissertation RWTH Aachen, 2006

[MATH20] Mathworks: Global Optimization Toolbox: User's Guide (R2018a), 2020

[MAUE90] Mauer, G.: Gezielte Verbesserung der Leistungsübertragung von Zahnradgetrieben durch Flankenkorrekturen. Diss. RWTH Aachen, 1990

[MÖLL82] Möllers, W.: Parametererregte Schwingungen in einstufigen Zylinderradgetrieben. Einfluß von Verzahnungsabweichungen und Verzahn ungssteifigkeitsspektren. Diss. RWTH Aachen, 1982

[MÜLL91] Müller, R.: Schwingungs- und Geräuschanregung bei Stirnradgetrieben. Diss. TU München, 1991

[NAUN07] Naunheimer, H.; Bertsche, B.; Lechner, G.; Ryborz, J.; Novak, W.: Fahrzeuggetriebe. Grundlagen, Auswahl, Auslegung und Konstruktion. 2. Aufl. Berlin: Springer, 2007

[NEUP83] Neupert, B.: Berechnung der Zahnkräfte Pressungen und Spannungen von Stirn- und Kegelradgetrieben. Dissertation RWTH Aachen, 1983

[NIEM03] Niemann, G.; Winter, H.: Maschinenelemente. Band 2: Getriebe allgemein, Zahnradgetriebe - Grundlagen, Stirnradgetriebe. Bd. Nr. 2, 2. Aufl. Berlin, Heidelberg, s.l.: Springer, 2003

[NÜTZ15] Nützel, F.: Entwicklung und Anwendung eines Finite-Elemente-Systems auf Basis von Z88 zur Berechnung von Kontaktaufgaben aus der Antriebstechnik. Dissertation Universität Bayreuth, 2015

[PETE05] Petersen, J.: Wälzfestigkeitsuntersuchung von Sinterstählen und Neuentwicklung eines Wälzfestigkeitsprüfstandes. Dissertation RWTH Aachen University, 2005

[RADE07] Radev, S.: Einfluss von Flankenkorrekturen auf das Anregungsverhalten gerad- und schrägverzahnter Stirnradpaarungen. Diss. TU München, 2007

[RAJA23] Rajaei, A.: Integrierte Wärmebehandlungssimulation und Berechnung der Fußtragfähigkeit von Sinterzahnrädern. Diss. RWTH Aachen, 2023

[SALJ87] Saljé, H.: Optimierung des Laufverhaltens Evolventischer Zylinderrad-Leistungsgetriebe. Einfluß der Verzahnungsgeometrie auf Geräuschemission und Tragfähigkeit. Diss. RWTH Aachen, 1987

[SAND04] Sander C.; Dickinger J.; Rößler H.; Orth P.: Advanced Applications for Sintered Gears. Euro PM 2004 conference proceedings, Austria Centre, Vienna Austria, 17-21 October 2004. Shrewsbury, UK: European Powder Metallurgy Association, 2004

[SANZ16] Sanzenbacher, S.: Reduzierung von Getriebegeräuschen durch Körperschallminderungsmaßnahmen. Diss. Universität Stuttgart, 2016

[SCHA07] Schatt, W.; Wieters, K.-P.; Kieback, B.: Pulvermetallurgie. Technologien und Werkstoffe. 1. Aufl. Berlin: Springer, 2007

[SCHÄ08] Schäfer, J.: Erweiterung des Linienkontaktmodells für die Finite-Elemente-basierte Zahnkontaktanalyse von Stirnradverzahnungen. Diss. RWTH Aachen University, 2008

[SCHM73] Schmidt, G.: Berechnung der Wälzpressung schrägverzahnter Stirnräder unter Berücksichtigung der Lastverteilung. Diss. TU München, 1973

[SCHM84] Schmidt, W.: Untersuchungen zur Grübchen und zur Zahnfusstragfähigkeit geradverzahnter evolventischer Innenstirnräder. Diss. TU München, 1984

[SCHN19] Schneider, M.; Savu, V.: THE SUPPORT EFFECT AND ITS IMPACT ON THE DESIGN OF COMPLEX-SHAPED SINTERED PM PARTS. In: International Journal of Powder Metallurgy, 2019. Jg., 2019, Nr. Volume 55, No. 4, S. 11–22

[SCHR02] Schrade, U.: Einfluss von Verzahnungsgeometrie und Betriebsbedingungen auf die Graufeckentragfähigkeit von Zahnradgetrieben. Diss. TU München, 2002

[SHWE17] Shweiki, S.; Palermo, A.; Mundo, D.: A Study on the Dynamic Behaviour of Lightweight Gears. In: Shock and Vibration, 2017. Jg., 2017, S. 12

[SOTT16] Sottek, R.: A Hearing Model Approach to Time-Varying Loudness. In: Acta Acust. united Acust., 102. Jg., 2016, Nr. 4, S. 725–744

[SOTT94] Sottek, R.: Gehörgerechte Rauigkeitsberechnung. In: Beitrag zur Tagung der Deutschen Arbeitsgemeinschaft für Akustik. Dresden, 15.-17. März 1994, 1994, S. 1201–1204

[STAU04] Stauffer, D.: Effects of Near Surface Porosity on Automotive Powertrain Gears. Warrendale, PA: SAE International, 2004

[STEI07] Steinberg, K.: With all senses. The first book on how to eliminate interfering sound in the car. 1. Aufl. Eching: wjr-Verl., 2007

[STOR92] Storm, R.: Geräuschreduzierung bei Getriebegehäusen. In: VDI-Z, 977. Jg., 1992

[STRE12] Strehl, R.: Economic Efficiency of PM-Gears. In: Seminar Aktuelle Entwicklungen beim Vorverzahnen, 2012

[STRE97] Strehl, R.: Tragfähigkeit von Zahnrädern aus hochfesten Sinterstählen. Diss. RWTH Aachen University, 1997

[TAKE14] Takemasu, T.; Koide, T.; Shinbutsu, T.; Sasaki, H.; Takeda, Y.; Nishida, S.: Effect of Surface Rolling on Load Bearing Capacity of Pre-alloyed Sintered Steel Gears with Different Densities. In: Procedia Engineering, 2014, S. 334–339

[TENB96] Tenberge, H.-J.: Anwendung mathematischer und wissensbasierter Verfahren zur Stirnradauslegung. Diss. RWTH Aachen University, 1996

[TOPP66] Toppe, A.: Untersuchungen über die Geräuschanregung bei Stirnrädern unter besonderer Berücksichtigung der Fertigungsgenauigkeit. Diss. RWTH Aachen, 1966

[VDI01] VDI Verein Deutscher Ingenieure VDI/VDE 2608 (03.2001) Einflanken- und Zweiflanken-Wälzprüfung an Zylinderrädern, Kegelrädern, Schnecken und Schneckenrädern.

[VDI90] VDI Richtlinie VDI Richtlinie 3720 Teil 9 (Januar 1990) Lärmarm Konstruieren. Leistungsgetriebe.

[WECK92] Weck, M.: Moderne Leistungsgetriebe. Verzahnungsauslegung und Betriebsverhalten. Berlin: Springer, 1992

[WITT94] Wittke, W.: Beanspruchungsgerechte und geräuschoptimierte Strinradgetriebe Toleranzvorgaben und Flankenkorrekturen. Diss. RWTH Aachen University, 1994

[WITZ12] Witzig, J.: Flankenbruch - eine Grenze der Zahnradtragfähigkeit in der Werkstofftiefe. TU München, 2012

[YOSH03] Yoshida, A.; Ohue, Y.; Seki, M.: Influence of Shot Peening on Surface Durability of Plasma Case-Hardened Sintered Powder Metal Gears. Chicago: Proceedings of DETC'03 ASME 2003 Design Engineering Technical Conferences and Computers and Information in Engineering Conference, 2003

[YOSH94] Yoshida, A.; Ohue, Y.; Karasuno, I.: Surface Failure and Durability of Induction-Hardened Sintered Powder Metal Rollers and Gears with Various Hardened Depths. In: Journal of Mechanical Design, 1994, Nr. 3, S. 730–737

9 Anhang

Appendix

9.1 Faktoren zur Tragfähigkeitsberechnung nach ISO 6336

Factors for calculating the load capacity according to ISO 6336

Zahnfußfragfähigkeit der Prüfverzahnung m_n = 3,175 mm

Tabelle 9-1: Faktoren zur Berechnung der Zahnfußdauerfestigkeit σ_{Flim} nach ISO 6336

Factors for calculating the tooth root fatigue strength σ_{Flim} acc. to ISO 6336

Bezeichnung	Formelzeichen	Wert	Einheit
Formfaktor Pulsator	$Y_{F,puls}$	2,2378	-
Spannungskorrekturfaktor Pulsator	$Y_{S,puls}$	1,6821	-
Tiefenzahnfaktor Pulsator	$Y_{DT,puls}$	1	-
Spannungskorrekturfaktor	Y_{ST}	2	-
Schrägungswinkelfaktor	Y_{β}	1	-
Lebensdauerfaktor	Y_{NT}	1	-
Relative Stützziffer	$Y_{\delta relT}$	0,957	-
Relativer Oberflächenfaktor	Y_{RrelT}	1	-
Größenfaktor	Y_X	1	-
Radkranzdickenfaktor	Y_B	1	-
Anwendungsfaktor	K_A	1	-
Dynamikfaktor	K_V	1	-
Breitenfaktor	$K_{F\beta}$	1	-
Stirnfaktor	$K_{F\alpha}$	1	-
Korrekturfaktor Pulsator	f_{Korr}	0,9	-
Umrechnungsfaktor $P_{A50\%} \rightarrow P_{A1\%}$	f_{1F}	0,88	-

Zahnflankentragfähigkeit der Prüfverzahnung m_n = 3,175 mm

Tabelle 9-2: Faktoren zur Berechnung der Flankendauerfestigkeit σ_{Hlim} nach ISO 6336

Factors for calculating the pitting fatigue strength σ_{Hlim} acc. to ISO 6336

Bezeichnung	Formelzeichen	Wert	Einheit
Einzeleingriffsfaktor B	Z_B	1,082	-
Elastizitätsfaktor	Z_E	191,464	N/mm²
Zonenfaktor	Z_H	2,251	-
Schmierstofffaktor	Z_L	0,963	-
Lebensdauerfaktor	Z_{NT}	1	-
Rauheitsfaktor	Z_R	0,956	-
Geschwindigkeitsfaktor	Z_V	1,018	-
Werkstoffpaarungsfaktor	Z_W	1	-
Größenfaktor	Z_X	1	-
Schrägenfaktor	Z_β	1	-
Überdeckungsfaktor	Z_ε	0,912	-
Anwendungsfaktor	K_A	1,35	-
Dynamikfaktor	K_V	1,14	-
Breitenfaktor	$K_{H\beta}$	1	-
Stirnfaktor	$K_{H\alpha}$	1	-
Umrechnungsfaktor $P_{A50\%} \rightarrow P_{A1\%}$	f_{1H}	0,92	-

Zahnfußfragfähigkeit der Prüfverzahnung m_n = 1,42 mm

Tabelle 9-3: Faktoren zur Berechnung der zulässigen Zahnfußspannung ISO 6336

Factors for calculating the permissible tooth root stress acc. to ISO 6336

Bezeichnung	**Formelzeichen**	**Wert**	**Einheit**
Sicherheitsfaktor Zahnfuß	S_F	1	-
Spannungskorrekturfaktor	Y_{ST}	2	-
Lebensdauerfaktor	Y_{NT}	1	-
Relative Stützziffer	$Y_{\delta relT}$	1	-
Relativer Oberflächenfaktor	Y_{RrelT}	1,102	-
Größenfaktor	Y_X	1	-

Zahnflankentragfähigkeit der Prüfverzahnung m_n = 1,42 mm

Tabelle 9-4: Faktoren zur Berechnung der zulässigen Flankenpressung nach ISO 6336

Factors for calculating the permissible flank pressure acc. to ISO 6336

Bezeichnung	**Formelzeichen**	**Wert**	**Einheit**
Sicherheitsfaktor Zahnflanke	S_H	1	-
Lebensdauerfaktor	Z_{NT}	1	-
Schmierstofffaktor	Z_L	1,134	-
Geschwindigkeitsfaktor	Z_V	1,021	-
Rauheitsfaktor	Z_R	1,096	-
Werkstoffpaarungsfaktor	Z_W	1	-
Größenfaktor	Z_X	1	-

9.2 Parameter der FKM-RICHTLINIE

Parameter of FKM-GUIDELINE

Tabelle 9-5: Parameter der FKM-RICHTLINIE
Parameter of FKM-Guideline

Benennung	Zeichen	Wert	Einheit
Zugfestigkeit	R_m	Formel (2-7)	MPa
Fließgrenze	$R_{p0,2}$	Formel (2-8)	MPa
Elastizitätsmodul	E	Formel (2-2)	MPa
Werkstoffgruppenabhängige Konstante	$a_{r\sigma}$	0,22	-
Minimale Zugfestigkeit	$R_{m,N,min}$	400	MPa
Zyklischer Verfestigungsexponent	n'	0,15	-
Werkstoffgruppenabhängige Konstante	a_{FKM}	0,35	-
Werkstoffgruppenabhängige Konstante	b_{FKM}	-0,1	-
Größenfaktor Zugfestigkeit	$K_{dm,FKM}$	1	-
Größenfaktor Fließgrenze	$K_{dp,FKM}$	1	-
Anisotropiefaktor	$K_{A,FKM}$	1	-
Gesamtstützzahl	n_X	1,65	-
Materialsicherheitsfaktor	$j_{F,stat/dyn,FKM}$	1	-
Beanspruchungssicherheitsfaktor	$j_{S,stat,FKM}$	1	-
Sicherheitsfaktor gegen Fließen	$j_{P,stat,FKM}$	1	-
Sicherheitsfaktor gegen Bruch	$j_{M,stat,FKM}$	1	-
Sicherheit Lastannahme	$j_{S,dyn,FKM}$	1	-
Zugdruckwechselfestigkeitsfaktor	$f_{w\sigma,FKM}$	0,4	-
Kerbwirkungszahl	$K_{f,FKM}$	2	-
Randschichtfaktor	$K_{V,FKM}$	1,2	-
Mittlere Rauheit	R_z	10	µm
Eigenspannungsfaktor	$K_{E,FKM}$	1	-
Betriebsfestigkeitsfaktor	$K_{BK,FKM}$	1	-

9.3 Zusatzergebnisse zum Schwingungs- und Geräuschverhalten

Additional Results of vibration and NVH behavior

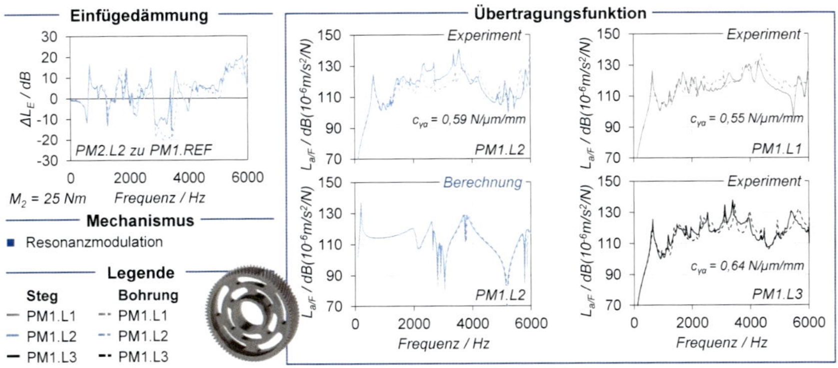

Bild 9-1: Einfluss der Radkörperposition auf das Schwingungsverhalten der Labyrinthvarianten

Influence of the gear body position on the vibration behavior of the labyrinth variants

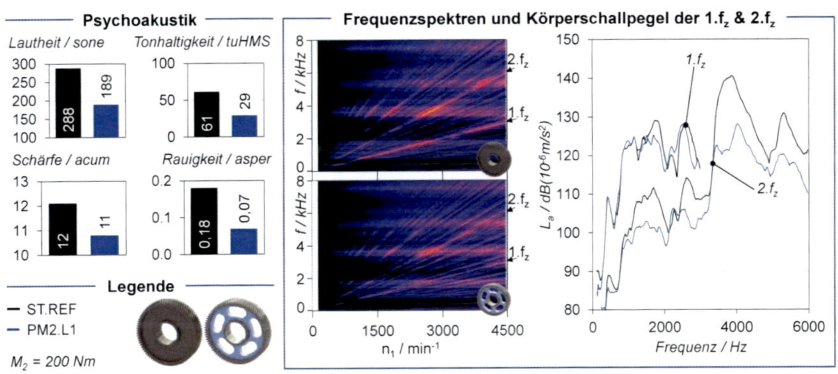

Bild 9-2: Kombination von Radkörperlanglöchern und reduzierter Radkörperdichte

Combination of gear body slot holes and reduced gear body density

9.4 Minimale und maximale Werte der Optimierungsparameter

Minimum and maximum values of the optimization parameters

Bohrungen

$$\begin{pmatrix} 6{,}6\ g/cm^3 \\ d_{RK,i} + x_{min} \\ 3x_{min} \\ x_{min} \end{pmatrix} \le \begin{pmatrix} \rho_{RK} \\ d_{RK,a} \\ b_{RK} \\ d_{Bohr} \end{pmatrix} \le \begin{pmatrix} 7{,}2\ g/cm^3 \\ 114\ mm \\ b_Z \\ \frac{114\ mm - d_{RK,i}}{2} - 2x_{min} \end{pmatrix} \quad \text{(9-1)}$$

Speichen

$$\begin{pmatrix} 6{,}6\ g/cm^3 \\ d_{RK,i} + x_{min} \\ 3x_{min} \\ x_{min} \\ \frac{360° \cdot (x_{min} + 2r_{Sp.})}{\pi \cdot d_{RK,i}} \end{pmatrix} \le \begin{pmatrix} \rho_{RK} \\ d_{RK,a} \\ b_{RK} \\ h_{Sp} \\ \alpha_{Sp} \end{pmatrix} \le \begin{pmatrix} 7{,}2\ g/cm^3 \\ 114\ mm \\ b_Z \\ \frac{114\ mm - d_{RK,i}}{2} - 2x_{min} \\ \frac{360°}{N_{Sp.}} - \frac{360° \cdot x_{min}}{\pi \cdot d_{RK,i}} \end{pmatrix} \quad \text{(9-2)}$$

Dreiecke

$$\begin{pmatrix} 6{,}6\ g/cm^3 \\ d_{RK,i} + x_{min} \\ 3x_{min} \\ d_{RK,i} + x_{min} \\ d_{RK,i} + x_{min} \\ x_{min} \\ x_{min} \\ \frac{360° \cdot (2r_D)}{\pi \cdot d_{RK,i}} \end{pmatrix} \le \begin{pmatrix} \rho_{RK} \\ d_{RK,a} \\ b_{RK} \\ d_{D1} \\ d_{D2} \\ h_{D1} \\ h_{D2} \\ \alpha_D \end{pmatrix} \le \begin{pmatrix} 7{,}2\ g/cm^3 \\ 114\ mm \\ b_Z \\ 114\ mm - x_{min} \\ 114\ mm - x_{min} \\ \frac{114\ mm - d_{RK,i}}{2} - x_{min} \\ \frac{114\ mm - d_{RK,i}}{2} - x_{min} \\ \frac{180°}{N_D} \end{pmatrix} \quad \text{(9-3)}$$

9.5 Fertigungszeichnungen der Prüfverzahnungen

Manufacturing drawings of test gears

Prüfverzahnung Kapitel 4 – Ritzel

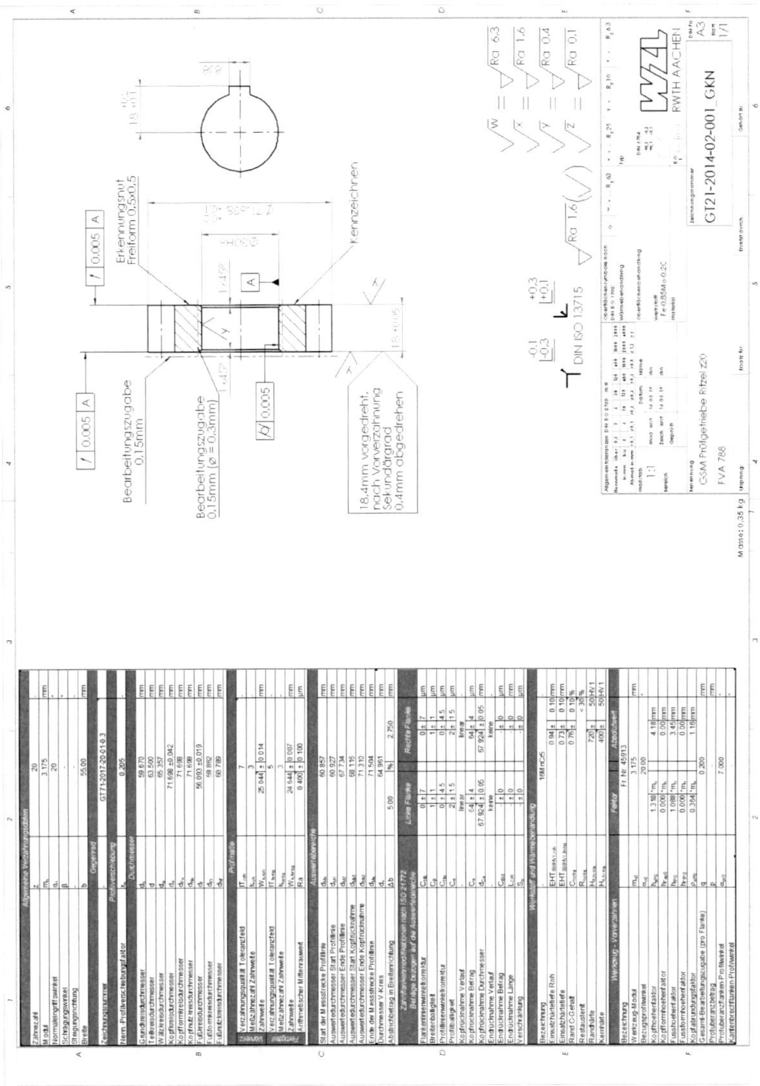

Prüfverzahnung Kapitel 4 – Rad

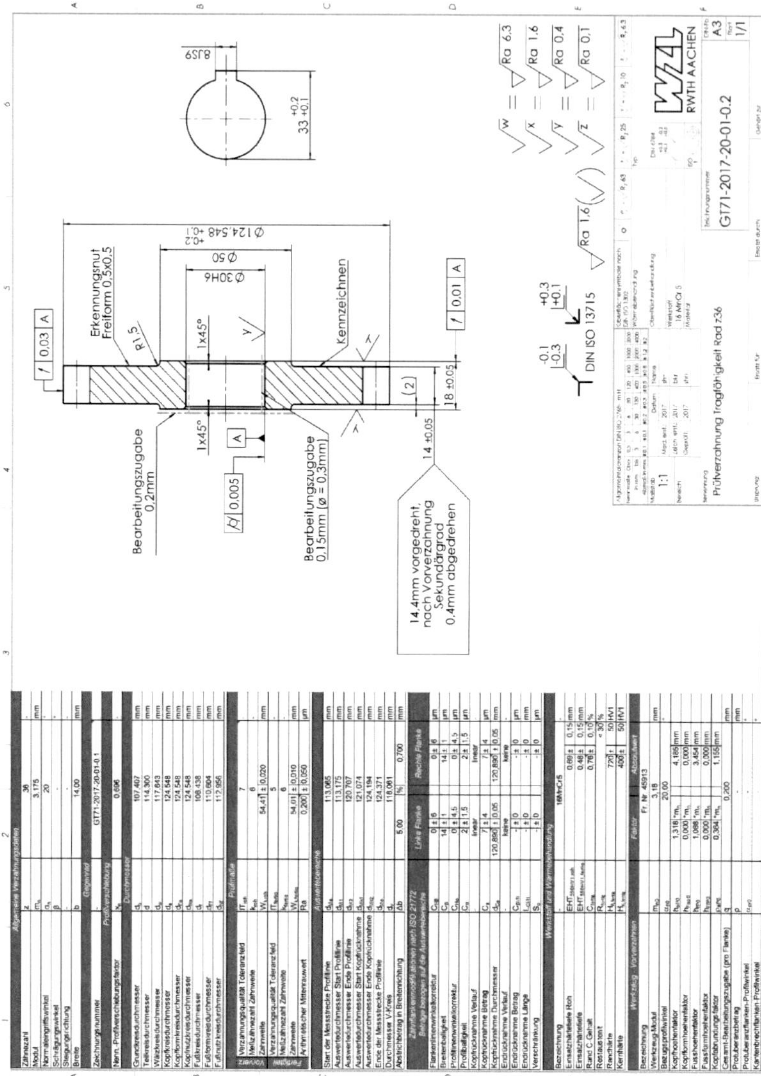

Prüfverzahnung Kapitel 5 – Ritzel

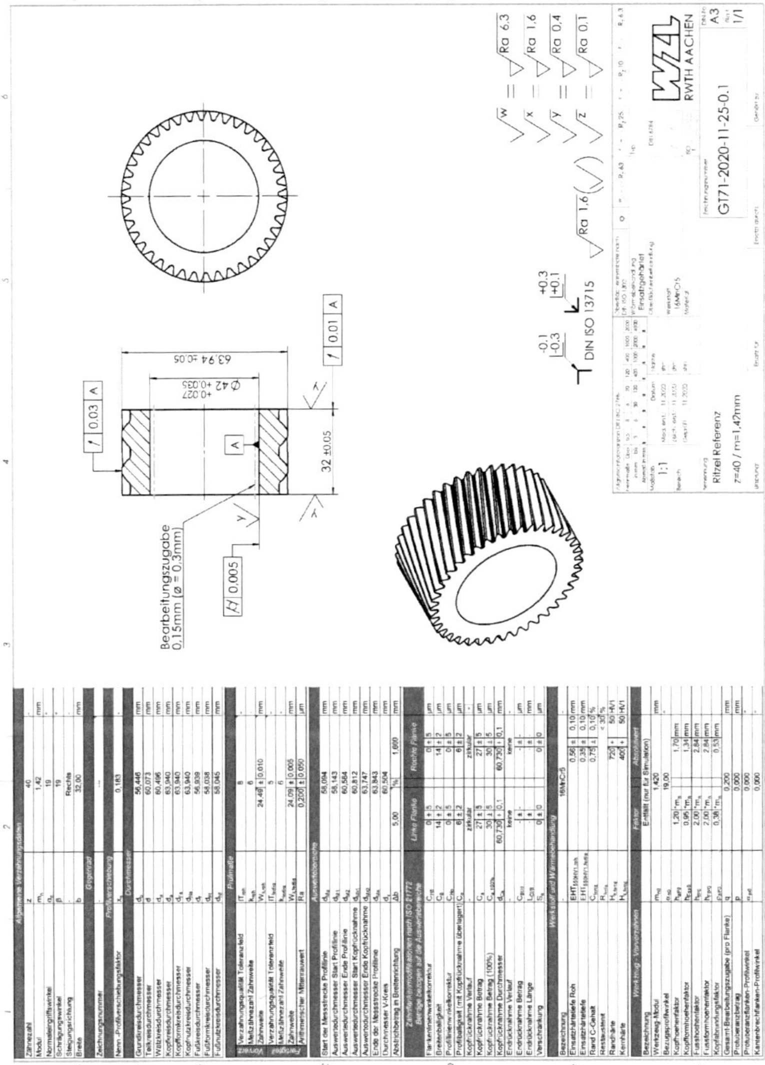

Prüfverzahnung Kapitel 5 – Rad Referenz

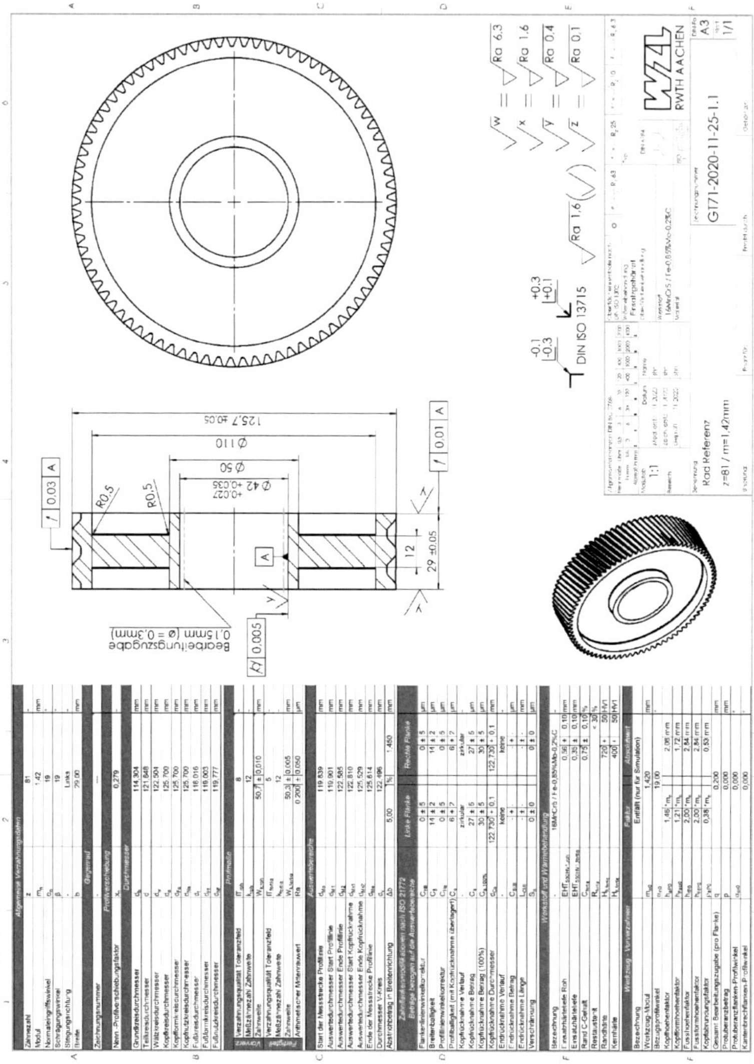

Allgemeine Verzahnungsdaten			
Zähnezahl	z	81	-
Modul	m_n	1,42	mm
Normaleingriffswinkel	α_n	19	°
Schrägungswinkel	β	19	°
Steigungsrichtung	-	Links	-
Breite	b	29,00	mm
Gegenrad			
Zeichnungsnummer	-	---	
Profilverschiebung			
Nenn.-Profilverschiebungsfaktor	x_n	0,279	-
Durchmesser			
Grundkreisdurchmesser	d_b	114,304	mm
Teilkreisdurchmesser	d	121,648	mm
Wälzkreisdurchmesser	d_w	122,504	mm
Kopfkreisdurchmesser	d_a	125,700	mm
Kopfformkreisdurchmesser	d_{Fa}	125,700	mm
Kopfnutzkreisdurchmesser	d_{Na}	125,700	mm
Fußkreisdurchmesser	d_f	118,016	mm
Fußformkreisdurchmesser	d_{Ff}	119,003	mm
Fußnutzkreisdurchmesser	d_{Nf}	119,777	mm
Prüfmaße			
Vorverz.: Verzahnungsqualität Toleranzfeld	IT_{roh}	8	-
Vorverz.: Meßzähnezahl Zahnweite	k_{roh}	12	-
Vorverz.: Zahnweite	$W_{k,roh}$	50,7 ± 0,010	mm
Fertigteil: Verzahnungsqualität Toleranzfeld	IT_{fertig}	5	-
Fertigteil: Meßzähnezahl Zahnweite	k_{fertig}	12	-
Fertigteil: Zahnweite	$W_{k,fertig}$	50,3 ± 0,005	mm
Fertigteil: Arithmetischer Mittenrauwert	Ra	0,200 + 0,050	µm
Auswertebereiche			
Start der Messstrecke Profillinie	d_{Ma}	119,839	mm
Auswertedurchmesser Start Profillinie	d_{M1}	119,901	mm
Auswertedurchmesser Ende Profillinie	d_{M2}	122,585	mm
Auswertedurchmesser Start Kopfrücknahme	d_{Mx1}	122,810	mm
Auswertedurchmesser Ende Kopfrücknahme	d_{Mx2}	125,529	mm
Ende der Messstrecke Profillinie	d_{Me}	125,614	mm
Durchmesser V-Kreis	d_v	122,496	mm
Abstrichbetrag in Breitenrichtung	Δb	5,00 % 1,450	mm

Zahnflankenmodifikationen nach ISO 21772, Beträge bezogen auf die Auswertebereiche		Linke Flanke	Rechte Flanke	
Flankenlinienwinkelkorrektur	$C_{H\beta}$	0 ± 5	0 ± 5	µm
Breitenballigkeit	C_β	14 ± 2	14 ± 2	µm
Profillinienwinkelkorrektur	$C_{H\alpha}$	0 ± 5	0 ± 5	µm
Profilballigkeit (mit Kopfrücknahme überlagert)	C_α	6 ± 2	6 ± 2	µm
Kopfrücknahme Verlauf	-	zirkular	zirkular	
Kopfrücknahme Betrag	C_a	27 ± 5	27 ± 5	µm
Kopfrücknahme Betrag (100%)	$C_{a,100\%}$	30 ± 5	30 ± 5	µm
Kopfrücknahme Durchmesser	d_{Ca}	122,730 + 0,1	122,730 + 0,1	mm
Endrücknahme Verlauf	-	keine	keine	
Endrücknahme Betrag	$C_{I,II}$	- ± -	- ± -	µm
Endrücknahme Länge	$L_{CI,II}$	- ± -	- ± -	mm
Verschränkung	S_α	0 ± 0	0 ± 0	µm

Werkstoff und Wärmebehandlung			
Bezeichnung	-	16MnCr5 / Fe-0,85%Mo-0,2%C	-
Einsatzhärtetiefe Roh	$EHT_{550HV,roh}$	0,56 + 0,10	mm
Einsatzhärtetiefe	$EHT_{550HV,fertig}$	0,35 ± 0,10	mm
Rand C-Gehalt	C_{Rand}	0,75 ± 0,10	%
Restaustenit	R_{A}	< 30	%
Randhärte	H_{Rand}	720 + 50	HV1
Kernhärte	H_{Kern}	400 + 50	HV1

Werkzeug - Vorverzahnen		Faktor	Absolutwert	
Bezeichnung		Entfällt (nur für Simulation)		
Werkzeug-Modul	m_{n0}	1,420		mm
Bezugsprofilwinkel	α_{n0}	19,00		°
Kopfhoehenfaktor	h_{aP0}	1,46 $\cdot m_n$	2,08	mm
Kopfformhoehenfaktor	h_{FaP0}	1,21 $\cdot m_n$	1,72	mm
Fusshoehenfaktor	h_{fP0}	2,00 $\cdot m_n$	2,84	mm
Fussformhoehenfaktor	h_{FfP0}	2,00 $\cdot m_n$	2,84	mm
Kopfabrundungsfaktor	ρ_{aP0}	0,38 $\cdot m_n$	0,53	mm
Gesamt Bearbeitungszugabe (pro Flanke)	q	0,200		mm
Protuberanzbetrag	p	0,000		mm
Protuberanzflanken-Profilwinkel	α_{pr0}	0,000		°
Kantenbrechflanken-Profilwinkel		0,000		°

Prüfverzahnung Kapitel 5 – Rad B1

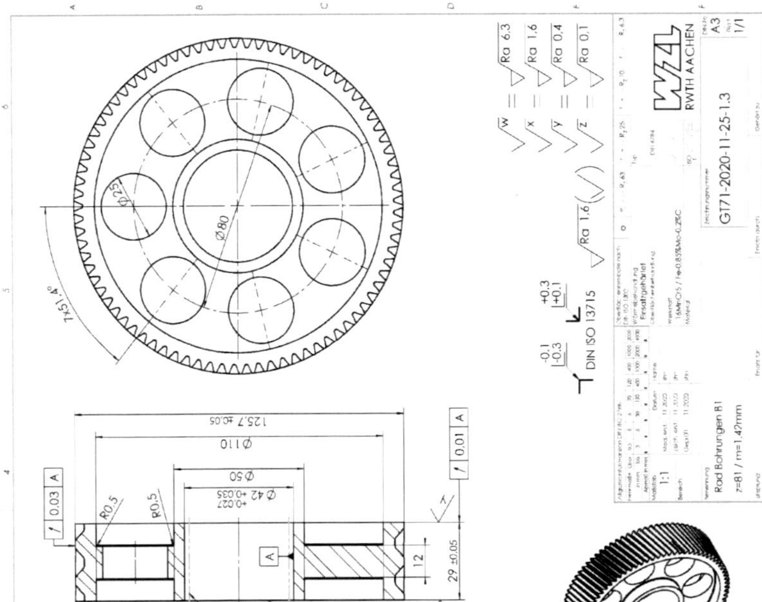

Prüfverzahnung Kapitel 5 – Rad B2

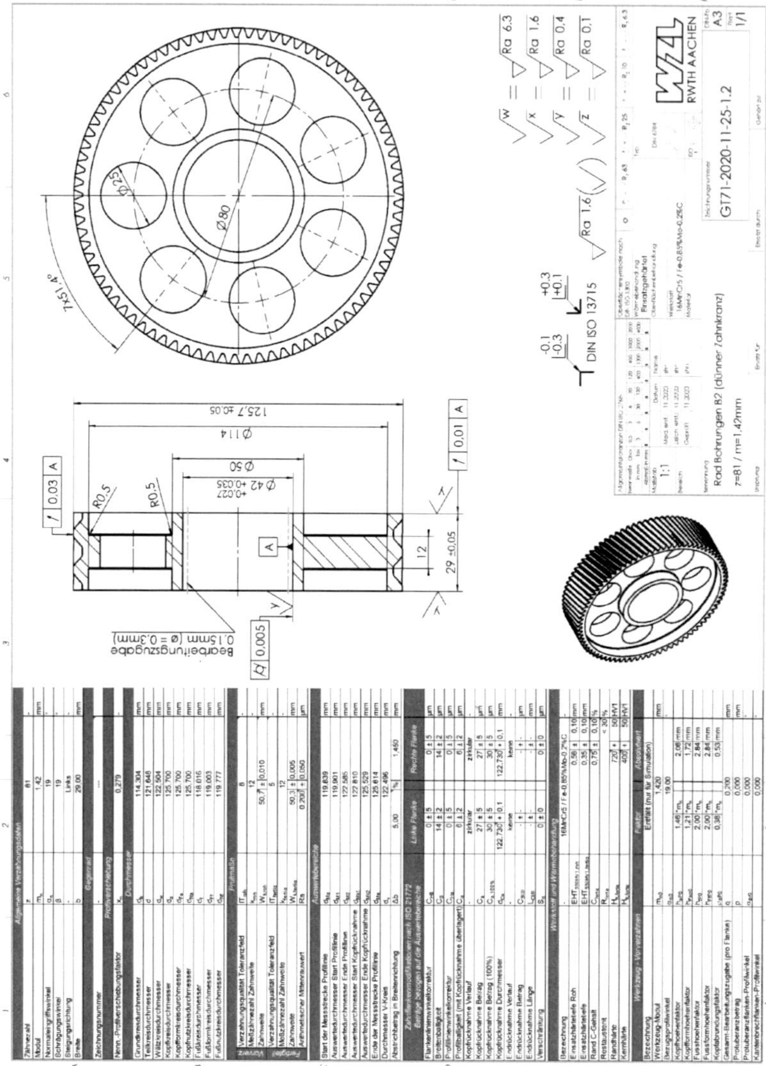

Prüfverzahnung Kapitel 5 – Rad B3

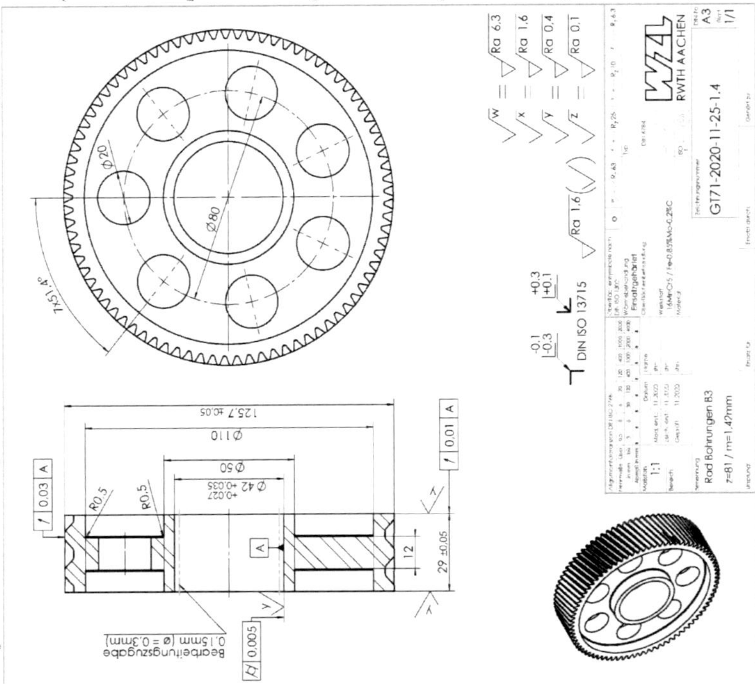

Allgemeine Verzahnungsdaten								
Zähnezahl	z	81						-
Modul	m_n	1,42						mm
Normaleingriffswinkel	α_n	19						°
Schrägungswinkel	β	19						°
Steigungsrichtung		Links						
Breite	b	29,00						mm
Gegenrad								
Zeichnungsnummer	-	---						
Profilverschiebung								
Nenn -Profilverschiebungsfaktor	x_n	0,279						-
Durchmesser								
Grundkreisdurchmesser	d_b	114,304						mm
Teilkreisdurchmesser	d	121,648						mm
Wälzkreisdurchmesser	d_w	122,504						mm
Kopfkreisdurchmesser	d_a	125,700						mm
Kopfformkreisdurchmesser	d_{Fa}	125,700						mm
Kopfnutzkreisdurchmesser	d_{Na}	125,700						mm
Fußkreisdurchmesser	d_f	118,016						mm
Fußformkreisdurchmesser	d_{Ff}	119,003						mm
Fußnutzkreisdurchmesser	d_{Nf}	119,777						mm
Prüfmaße								
Vorverz. Verzahnungsqualität Toleranzfeld	IT_{roh}	8						-
Vorverz. Meßzähnezahl Zahnweite	k_{roh}	12						-
Vorverz. Zahnweite	$W_{k,roh}$	50,7	±	0,010				mm
Fertigteil Verzahnungsqualität Toleranzfeld	IT_{fertig}	5						-
Fertigteil Meßzähnezahl Zahnweite	k_{fertig}	12						-
Fertigteil Zahnweite	$W_{k,fertig}$	50,3	±	0,005				mm
Fertigteil Arithmetischer Mittenrauwert	Ra	0,200	±	0,050				µm
Auswertebereiche								
Start der Messstrecke Profillinie	$d_{Mα}$	119,839						mm
Auswertedurchmesser Start Profillinie	d_{M1}	119,901						mm
Auswertedurchmesser Ende Profillinie	d_{M2}	122,585						mm
Auswertedurchmesser Start Kopfrücknahme	d_{VK1}	122,810						mm
Auswertedurchmesser Ende Kopfrücknahme	d_{VK2}	125,529						mm
Ende der Messstrecke Profillinie	$d_{Mα}$	125,614						mm
Durchmesser V-Kreis	d_v	122,496						mm
Abstrichbetrag in Breitenrichtung	Δb	5,00	%	1,450				mm
Zahnflankenmodifikationen nach ISO 21772 – Beträge bezogen auf die Auswertebereiche		**Linke Flanke**			**Rechte Flanke**			
Flankenlinienwinkelkorrektur	$C_{Hβ}$	0	±	5	0	±	5	µm
Breitenballigkeit	$C_β$	14	±	2	14	±	2	µm
Profillinienwinkelkorrektur	$C_{Hα}$	0	±	5	0	±	5	µm
Profilballigkeit (mit Kopfrücknahme überlagert)	$C_α$	6	±	2	6	±	2	µm
Kopfrücknahme Verlauf	-	zirkular			zirkular			-
Kopfrücknahme Betrag	C_a	27	±	5	27	±	5	µm
Kopfrücknahme Betrag (100%)	$C_{a,100\%}$	30	±	5	30	±	5	µm
Kopfrücknahme Durchmesser	d_{Ca}	122,730	±	0,1	122,730	±	0,1	mm
Endrücknahme Verlauf	-	keine			keine			-
Endrücknahme Betrag	$C_{βII}$	-	±	-	-	±	-	µm
Endrücknahme Länge	$L_{CβII}$	-	±	-	-	±	-	mm
Verschränkung	$S_β$	0	±	0	0	±	0	µm
Werkstoff und Wärmebehandlung								
Bezeichnung	-	16MnCr5 / Fe-0,85%Mo-0,2%C						-
Einsatzhärtetiefe Roh	$EHT_{550HV1,roh}$				0,56	±	0,10	mm
Einsatzhärtetiefe	$EHT_{550HV1,fertig}$				0,35	±	0,10	mm
Rand C-Gehalt	C_{fertig}				0,75	±	0,10	%
Restaustenit	R_{fertig}						< 30	%
Randhärte	$H_{s,fertig}$				720	+	50	HV1
Kernhärte	$H_{k,fertig}$				400	+	50	HV1
Werkzeug - Vorverzahnen		**Faktor**			**Absolutwert**			
Bezeichnung		Entfällt (nur für Simulation)						
Werkzeug-Modul	m_{n0}	1,420						mm
Bezugsprofilwinkel	α_{n0}	19,00						°
Kopfhoehenfaktor	h_{aP0}	1,46	$\cdot m_n$		2,08	mm		
Kopfformhoehenfaktor	h_{FaP0}	1,21	$\cdot m_n$		1,72	mm		
Fusshoehenfaktor	h_{fP0}	2,00	$\cdot m_n$		2,84	mm		
Fussformhoehenfaktor	h_{FfP0}	2,00	$\cdot m_n$		2,84	mm		
Kopfabrundungsfaktor	ρ_{aP0}	0,38	$\cdot m_n$		0,53	mm		
Gesamt-Bearbeitungszugabe (pro Flanke)	q	0,200						mm
Protuberanzbetrag	p	0,000						mm
Protuberanzflanken-Profilwinkel	α_{prP}	0,000						°
Kantenbrechflanken-Profilwinkel		0,000						°

Prüfverzahnung Kapitel 5 – Rad L1

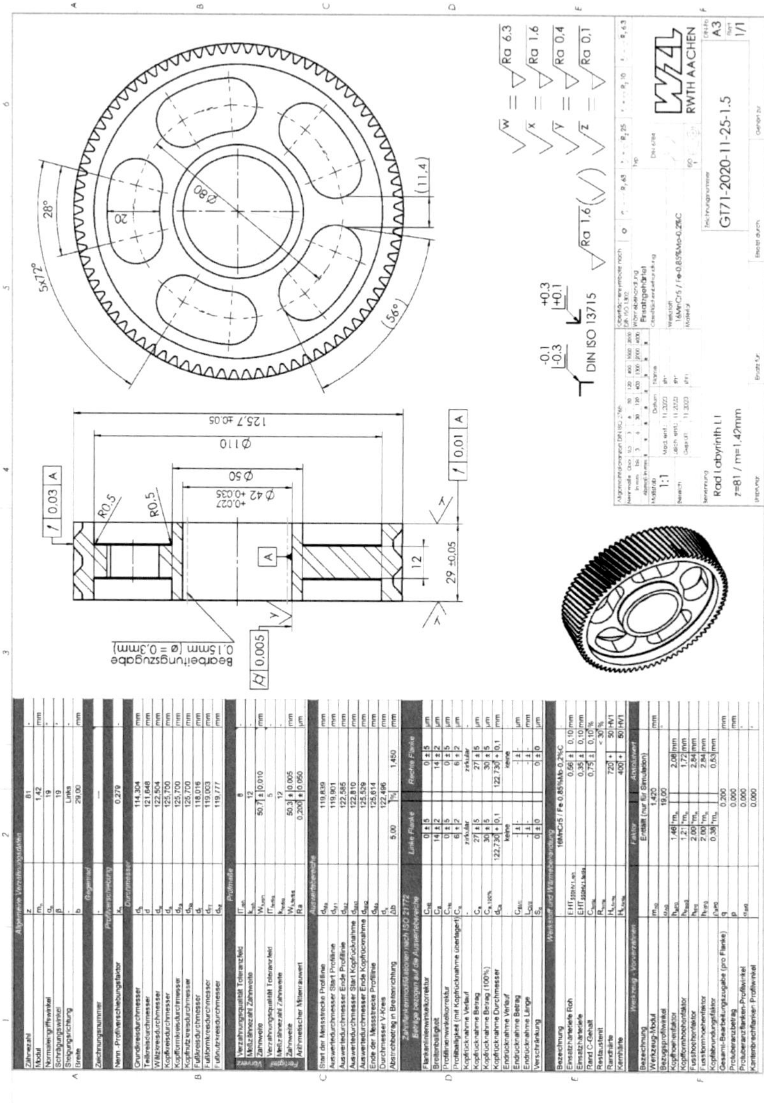

Prüfverzahnung Kapitel 5 – Rad L2

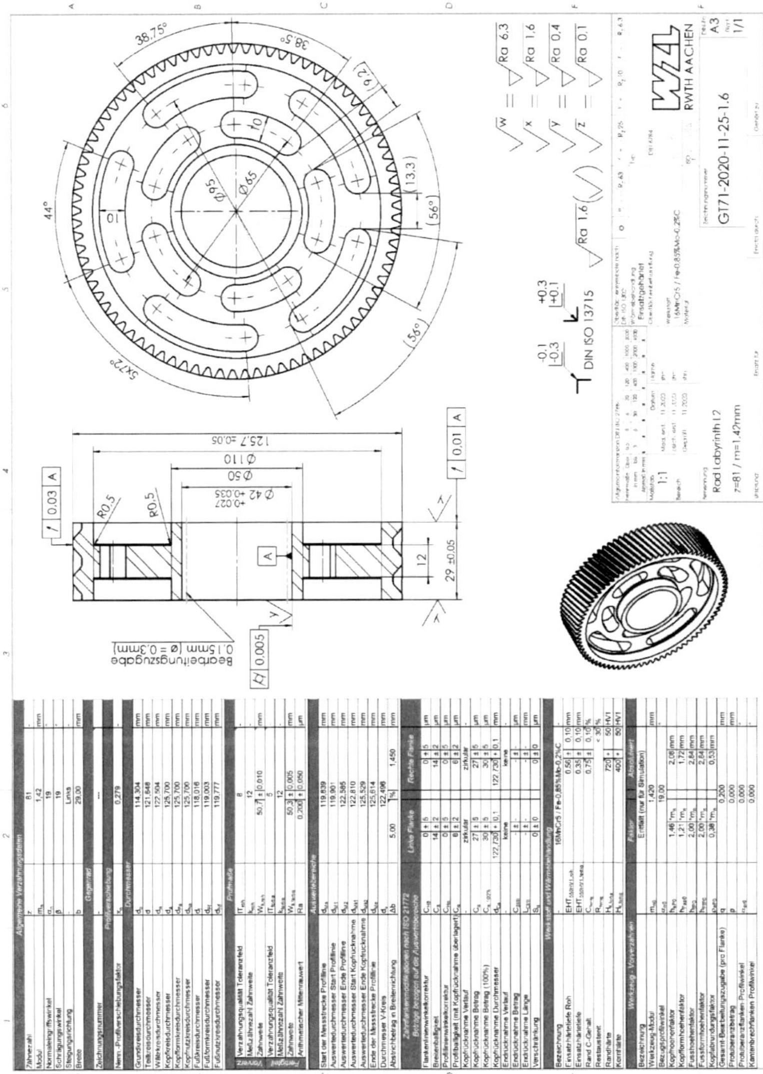

Prüfverzahnung Kapitel 5 – Rad L3

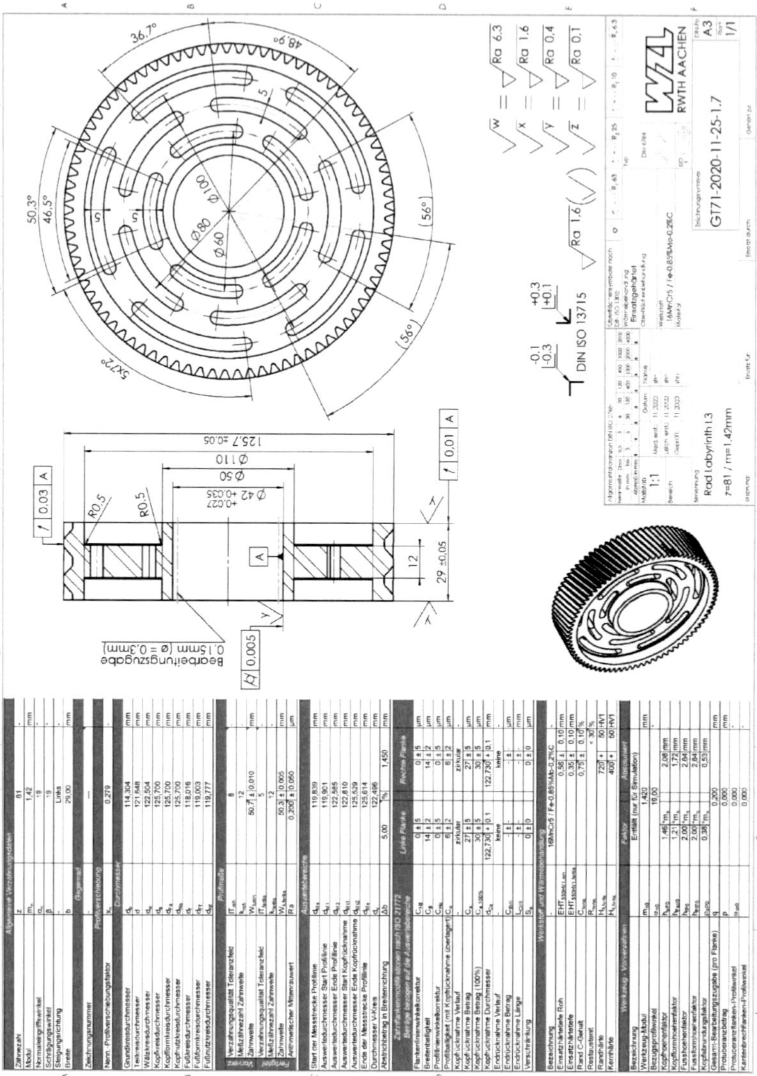

Allgemeine Verzahnungsdaten			
Zähnezahl	z	81	-
Modul	m_n	1,42	mm
Normaleingriffswinkel	α_n	19	°
Schrägungswinkel	β	19	°
Steigungsrichtung	-	Links	-
Breite	b	29,00	mm
Gegenrad			
Zeichnungsnummer	-	—	-
Profilverschiebung			
Nenn.-Profilverschiebungsfaktor	x_n	0,279	-
Durchmesser			
Grundkreisdurchmesser	d_b	114,304	mm
Teilkreisdurchmesser	d	121,648	mm
Wälzkreisdurchmesser	d_w	122,504	mm
Kopfkreisdurchmesser	d_a	125,700	mm
Kopfformkreisdurchmesser	d_{Fa}	125,700	mm
Kopfnutzkreisdurchmesser	d_{Na}	125,700	mm
Fußkreisdurchmesser	d_f	118,016	mm
Fußformkreisdurchmesser	d_{Ff}	119,003	mm
Fußnutzkreisdurchmesser	d_{Nf}	119,777	mm
Prüfmaße			
Vorverz. Verzahnungsqualität Toleranzfeld	IT_{roh}	8	-
Vorverz. Meßzähnezahl Zahnweite	k_{roh}	12	-
Vorverz. Zahnweite	$W_{k,roh}$	50,7 ± 0,010	mm
Fertigtei. Verzahnungsqualität Toleranzfeld	IT_{fertig}	5	-
Fertigtei. Meßzähnezahl Zahnweite	k_{fertig}	12	-
Fertigtei. Zahnweite	$W_{k,fertig}$	50,3 ± 0,005	mm
Fertigtei. Arithmetischer Mittenrauwert	Ra	0,200 ± 0,050	µm
Auswertebereiche			
Start der Messstrecke Profillinie	d_{Mfa}	119,839	mm
Auswertedurchmesser Start Profillinie	d_{M1}	119,901	mm
Auswertedurchmesser Ende Profillinie	d_{M2}	122,585	mm
Auswertedurchmesser Start Kopfrücknahme	d_{M31}	122,810	mm
Auswertedurchmesser Ende Kopfrücknahme	d_{M32}	125,529	mm
Ende der Messstrecke Profillinie	d_{Mfe}	125,614	mm
Durchmesser V-Kreis	d_v	122,496	mm
Abstrichbetrag in Breitenrichtung	Δb	5,00 % 1,450	mm

Zahnflankenmodifikationen nach ISO 21772 – Beträge bezogen auf die Auswertebereiche		Linke Flanke	Rechte Flanke	
Flankenlinienwinkelkorrektur	$C_{H\beta}$	0 ± 5	0 ± 5	µm
Breitenballigkeit	C_β	14 ± 2	14 ± 2	µm
Profillinienwinkelkorrektur	$C_{H\alpha}$	0 ± 5	0 ± 5	µm
Profilballigkeit (mit Kopfrücknahme überlagert)	C_α	6 ± 2	6 ± 2	µm
Kopfrücknahme Verlauf	-	zirkular	zirkular	-
Kopfrücknahme Betrag	C_a	27 ± 5	27 ± 5	µm
Kopfrücknahme Betrag (100%)	$C_{a,100\%}$	30 ± 5	30 ± 5	µm
Kopfrücknahme Durchmesser	d_{Ca}	122,730 + 0,1	122,730 + 0,1	mm
Endrücknahme Verlauf	-	keine	keine	-
Endrücknahme Betrag	C_{Ei}	- ± -	- ± -	µm
Endrücknahme Länge	L_{Ci}	- ± -	- ± -	mm
Verschränkung	S_α	0 ± 0	0 ± 0	µm

Werkstoff und Wärmebehandlung			
Bezeichnung	-	16MnCr5 / Fe-0,85%Mo-0,2%C	-
Einsatzhärtetiefe Roh	$EHT_{550HV1,roh}$	0,56 ± 0,10	mm
Einsatzhärtetiefe	$EHT_{550HV1,fertig}$	0,35 ± 0,10	mm
Rand C-Gehalt	C_{Rand}	0,75 ± 0,10	%
Restaustenit	R_{Rand}	< 30	%
Randhärte	$H_{s,Rand}$	720 + 50	HV1
Kernhärte	H_{Kern}	400 + 50	HV1

Werkzeug - Vorverzahnen		Faktor	Absolutwert	
Bezeichnung		Entfällt (nur für Simulation)		
Werkzeug-Modul	m_{n0}		1,420	mm
Bezugsprofilwinkel	α_{n0}		19,00	°
Kopfhoehenfaktor	h_{aP0}	1,46 ·m_n	2,08	mm
Kopfformhoehenfaktor	h_{FaP0}	1,21 ·m_n	1,72	mm
Fusshoehenfaktor	h_{fP0}	2,00 ·m_n	2,84	mm
Fussformhoehenfaktor	h_{FfP0}	2,00 ·m_n	2,84	mm
Kopfabrundungsfaktor	ρ_{aP0}	0,38 ·m_n	0,53	mm
Gesamt-Bearbeitungszugabe (pro Flanke)	q		0,200	mm
Protuberanzbetrag	p		0,000	mm
Protuberanzflanken-Profilwinkel	α_{pr0}		0,000	°
Kantenbrechflanken-Profilwinkel			0,000	°

In der Reihe **Ergebnisse aus der Produktionstechnik** zuletzt erschienen:

Scholzen, Philipp:
Auslegung geräuschoptimierter pulvermetallurgischer Stirnradverzahnungen
ISBN: 978-3-98555-216-0
Erscheinungsdatum: 21.05.2024

Fiedler, Falko:
Produkt- und prozessseitige Auslegung von bauteilintegrierten Vorrichtungsfunktionen
ISBN: 978-3-98555-206-1
Erscheinungsdatum: 02.04.2024

Hohenstein, Steffen:
Multidirektionaler Aufbau in der additiven Fertigung von Kunststoffen
ISBN: 978-3-98555-203-0
Erscheinungsdatum: 05.03.2024

Ochel, Janis:
Datengetriebene Strukturierung von NC-Zerspanprozessen
ISBN: 978-3-98555-204-7
Erscheinungsdatum: 14.02.2024

Schulz, Malena:
Digital Twin Methodology for the Automated Fiber Placement with In-situ Consolidation of Thermoplastic Tape
ISBN: 978-3-98555-195-8
Erscheinungsdatum: 30.01.2024

Seelbach, Tobias:
Prädiktion der Maßhaltigkeit beim Räumen von Profilnuten
ISBN: 978-3-98555-213-9
Erscheinungsdatum: 21.05.2024

Theling, Julian:
Auslegung von Planetengetrieben im elastischen Verzahnungsumfeld unter Berücksichtigung der Wechselwirkungen des Mehrfacheingriffes
ISBN: 978-3-98555-205-4
Erscheinungsdatum: 26.03.2024

Schukat, Esben:
Kapazitätsorientierte Auftragsfreigabe in matrixstrukturierten Montagesystemen
ISBN: 978-3-98555-189-9
Erscheinungsdatum: 20.02.2024

Metzmacher, Amelie Isabel:
Beschäftigungsfähigkeit im produzierenden Sektor – Entwicklung des Predictive Model of Industrial Employability
ISBN: 978-3-98555-201-6
Erscheinungsdatum: 13.02.2024

Olivier, Marcel:
Abtragmechanismen beim drahtfunkenerosiven Bearbeiten elektrisch leitfähiger Keramiken im kohlenwasserstoffbasierten Dielektrikum
ISBN: 978-3-98555-200-9
Erscheinungsdatum: 30.01.2024

Edition Wissenschaft
Apprimus

Schweins, Julian:
Datengestützte Gestaltung des nachhaltigen Werkzeuglebenszyklus
ISBN: 978-3-98555-197-2
Erscheinungsdatum: 22.01.2024

Landwehr, Markus:
Modellierung und Vorhersage des eigenspannungsbedingten Bauteilverzugs bei der Fräsbearbeitung
ISBN: 978-3-98555-194-1
Erscheinungsdatum: 09.01.2024

Ecker, Christian:
Flexible Inbetriebnahme roboterbasierter Montagesysteme durch Prozessdemonstration
ISBN: 978-3-98555-189-7
Erscheinungsdatum: 11.12.2023

Goergen, Fabian:
Analogieversuch zur Erzeugung von Zahnflankenbrüchen an Stirnrädern
ISBN: 978-3-98555-191-0
Erscheinungsdatum: 11.12.2023

Padberg, Melanie:
Ansätze der inhärent sicheren Konstruktion modifizierbarer, cyberphysischer Produktionssysteme
ISBN: 978-3-98555-184-2
Erscheinungsdatum: 07.12.2023

Studerus, Bastian:
Gestaltung von Kooperationen zwischen Technologiekonzernen und Start-ups
ISBN: 978-3-98555-186-6
Erscheinungsdatum: 04.12.2023

Wlecke, Shari:
Industrialisierung hochiterativ entwickelter Produkte
ISBN: 978-3-98555-171-2
Erscheinungsdatum: 13.11.2023

Riedel, Jörn:
Scannendes Verfahren zur flexiblen Messung asphärischer Optiken
ISBN: 978-3-98555-177-4
Erscheinungsdatum: 31.10.2023

Müller, Clemens:
Elektrische Widerstandserwärmung von Blechwerkstoffen zur Steigerung der Umformbarkeit
ISBN: 978-3-98555-175-0
Erscheinungsdatum: 16.10.2023

Buckhorst, Armin Friedrich:
Planung und Steuerung von Abläufen in linienlosen mobilen Montagesystemen
ISBN: 978-3-98555-174-3
Erscheinungsdatum: 26.09.2023

Scheuer, Thomas:
Fähigkeitsbündel zur Steigerung der Arbeitsproduktivität für intelligente produzierende Unternehmen
ISBN: 978-3-98555-173-6
Erscheinungsdatum: 25.09.2023

Schwarberg, Annika:
Identifizierung von Innovationspotenzialen durch die Analyse von Produktnutzungsinformationen
ISBN: 978-3-98555-169-9
Erscheinungsdatum: 17.08.2023

Edition Wissenschaft
Apprimus

FSC
www.fsc.org
MIX
Papier | Fördert gute Waldnutzung
FSC® C083411

Zeitfracht Medien GmbH
Ferdinand-Jühlke-Straße 7
99095 Erfurt, Deutschland
produktsicherheit@kolibri360.de